[개정판] **수로학개론**

개정판 수로학개론

초판 1쇄 발행 2017년 7월 17일
개정판 1쇄 발행 2018년 5월 31일

지은이 한국수로학회 | 김영배 · 김종인 · 김현수 · 박요섭 · 서영교 · 오세웅 · 유동근 ·
윤창범 · 장은미 · 장태수 · 최윤수

펴낸이 김선기
펴낸곳 (주)푸른길
출판등록 1996년 4월 12일 제16–1292호
주소 (08377) 서울특별시 구로구 디지털로 33길 48 대륭포스트타워 7차 1008호
전화 02–523–2907, 6942–9570~2
팩스 02–523–2951
이메일 purungilbook@naver.com
홈페이지 www.purungil.co.kr

ISBN 978–89–6291–432–0 93500

■이 책은 국립해양조사원의 지원을 받아 개발되었습니다.
■이 도서의 국립중앙도서관 출판예정도서목록(CIP)은 서지정보유통지원시스템 홈페이지 (http://seoji.nl.go.kr)와 국가자료공동목록시스템(http://www.nl.go.kr/kolisnet)에서 이용하실 수 있습니다.(CIP제어번호: CIP2017030118)

개정판

수로학개론
An Introduction to Hydrography

한국수로학회 지음

김영배 · 김종인 · 김현수 · 박요섭 · 서영교 · 오세웅
유동근 · 윤창범 · 장은미 · 장태수 · 최윤수

푸른길

발간사

    세계 각국은 바다를 국부창출의 기반이 되는 경제영토로 간주하여 영해는 물론 배타적 경제수역(EEZ), 대륙붕 석유, 천연가스 및 심해저 광물자원개발, 첨단 해양과학기술 개발에 이르기까지 불꽃 튀는 경쟁을 하고 있습니다. 이와 같은 변화와 IT 및 GNSS 기술의 발달에 따라 수로조사 기술이 비약적으로 발전하면서 단순히 안전항해정보 제공을 위한 정보뿐만 아니라 해양영토 수호, 해양환경 보호 및 해양자원 개발 등 다양한 분야에서 수로학의 중요성이 부각되고 있습니다.

    따라서 해양력 또는 해양경쟁력을 갖추는 것이 요구되고 있으며, 이와 같은 요구에 부응하기 위하여 수로 분야의 전문적인 지식을 갖춘 인재를 양성하고자 『수로학개론』을 발간하게 되었습니다.

    『수로학개론』은 수로학을 처음 접하는 대학교의 1학년 학생들, 수로 분야 초급기술자들이 쉽게 읽고 이해하도록 집필진들이 고심하여 내용을 구성하였습니다. 따라서 수로 분야와 관련된 모든 분야를 망라하였으며 개론서라는 이름에 걸맞게 각 장의 깊이를 조절하여 같은 이해도로 구성하려 노력하였습니다. 또한 설명에서 특수한 용어나 지식이 필요하지 않도록 핵심용어와 그에 대한 간결한 정의, 사진과 개념도를 통해 쉽게 이해하고 학습할 수 있게 구성하였습니다.

    그리고 실제 해당 분야 전문가의 참여를 바탕으로 실무에서 이용되는 용어와 이론을 포함하여 교육과 실무 현장이 분리되는 상황을 최소화하고자 노력하였습니다. 따라서 수로학을 배우려는 학생들과 가르치려는 선생님 모두에게 좋은 지침서 역할을 할 수 있다고 생각합니다. 다소 미흡한 점이 있는 부분에 대해서는 앞으로도 독자들의 많은 충고와 편달을 통해 지속적으로 다듬어 나갈 것을 약속합니다.

    마지막으로 『수로학개론』이 국제적인 경쟁력을 지닌 수로 분야의 전문가들을 양성하는 데 일조하게 되기를 기대하면서 이 책을 펴내기 위해 수고하신 저자들과 협조해 주신 국립해양조사원 관계자들에게 감사드립니다.

2017년 6월
사단법인 한국수로학회
회장 김현수

추천사

해양은 물류의 통로이며 다양한 수산, 광물, 대체 에너지 등 소중한 자원을 제공할 수 있는 무한한 공간입니다. 그리고 해양관광, 레저 등 삶의 질을 높이는 우리 모두의 친수공간으로서 미래의 후손과도 공유해야 할 가치 있는 공간이기도 합니다. 또한 안전항해에 대한 정보, 해양자원에 따른 국가의 경제적 이득, 해양관할권에 대한 주권행사 등 해양이용 및 관리의 중요성은 날로 부각되고 있습니다.

각 나라는 자국 해양영토의 관리와 보호를 위하여 첨단기술을 개발하고 이를 활용한 해양조사를 통하여 해양영토관리, 해양주권 확보 등을 위해 치열한 경쟁을 하고 있습니다. 그 어느 때보다 해양에 대한 이해가 중요한 현 시점에서 해양의 발전과 우수한 해양 인재 양성을 위해 국내 최초로 수로학문 전용 서적인 『수로학개론』을 출간한 것에 대해 매우 기쁘게 생각합니다.

이번에 발간되는 『수로학개론』은 그동안 수로 분야의 전문가 양성을 위해 산·학·연·관이 연계하여 국제수로기구(IHO)의 기술지침과 일선 교육현장의 교육 자료를 토대로 연구·분석한 성과입니다. 이 책은 수로학에 대한 정의와 역사를 시작으로 수로측량, 해양관측, 해양지구물리탐사 등 수로학문에 대한 기본 개념과 활용 분야를 이해할 수 있도록 짜임새 있게 구성되어 있습니다.

따라서 수로학문을 새롭게 접하는 대학 초년생, 초급 수로기술자 등이 수로분야에 대한 이해와 학문을 습득하는 데 크게 기여하게 될 것으로 기대하고 있으며, 국립해양조사원은 앞으로도 수로 관련 서적의 연구·개발을 지속적으로 지원하여 보다 많은 산학현장에 수로학문의 대중적 정착에 기여토록 하겠습니다. 앞으로도 해양관련 분야에서 묵묵히 힘써 온 관계자의 아낌없는 지원과 활약을 기대하겠습니다.

끝으로 본 교재를 시작으로 더욱 더 알찬 서적들이 발간되어 국내 수로 분야의 학문과 기술이 더욱 발전하기를 바라면서 미래 수로 인재 양성을 위해 열정과 성의를 다해 노력해 주신 본 교재 집필진과 편집 및 출판을 위해 수고하여 주신 관계자 여러분께 감사의 말씀을 드립니다.

2017년 6월
해양수산부 국립해양조사원
원장 이동재

차 례

1장   서론

2장   수로측량의 기초

3장   수심측량과 해저지형

7장   해도

8장   항해용 서지

Hydrography(수로학)는 'Hydro(water)'와 'Graph(write)'가 결합되어 '물을 그리다'라는 의미로 '수로학', '수로측량술'이라는 뜻으로 발전되어 왔습니다. 이처럼 수로학은 지구 상에 존재하는 바다, 하천, 호수 등의 모든 물에 관련된 여러 문제를 다루는 학문입니다. 『수로학개론』은 총 10개의 장을 구성하여 수로학의 전반적인 내용을 담고자 하였습니다.

1장은 수로학 정의와 역사를 소개하고 왜 배워야 하는지, 어떤 종류로 구성되어 있고 어떻게 활용되고 있는지 등 수로학의 전반적인 개요로 구성되어 있습니다.

2장은 수로측량의 기반지식이 되는 좌표체계, 측량기준, 측량원리에 대한 설명을 바탕으로 해양의 위치결정에 대한 이해를 돕도록 구성되어 있습니다.

3장은 수심측량의 기초이론과 해저지형의 특성에 대해 설명하고 있으며, 이러한 데이터를 바탕으로 수심측량 처리방법에 대해 기술되어 있습니다.

4장은 해안선 및 지형측량을 다루고 있습니다. 해안선과 지형측량의 정의 및 분류, 측량방법에 대해 설명하고 있습니다.

5장은 해양관측에 대한 내용을 다루고 있습니다. 해수의 물리적 성질에 대한 설명과 조석, 조류관측방법과 활용에 대한 설명으로 내용이 구성되어 있습니다.

6장은 해양지구물리탐사에 대한 개요와 탄성파탐사, 중력탐사, 자력탐사에 대한 기초적인 이론과 자료 해석방법 등이 기술되어 있습니다.

7장은 해도의 기본적인 이해를 돕기 위해 해도의 구성, 활용, 유지관리 등 해도의 전반적인 내용에 대해 설명하고 있습니다.

8장은 항로지, 항행통보 등 서지의 종류와 목적에 대해 소개하고 있습니다.

9장은 해양공간정보와 전자해도에 대한 내용으로 해양공간정보의 개요와 전자해도 제작절차, 관련된 표준 등에 대해 설명하고 있습니다.

10장은 수로학과 관련된 국내외 법과 관련 용어에 대해 설명하고 있습니다.

본 교재는 개론서로서 수로학을 공부하는 학생이든, 수로학에 관심이 있는 일반 독자이든 누구나 수로학을 쉽게 이해할 수 있도록 내용을 구성하였습니다. 그러나 심도가 떨어지지 않게 난이도를 조절하였습니다. 따라서 이 책을 통해 수로학의 개념과 내용을 체계적으로 이해할 수 있을 것이라 생각합니다.

마지막으로 수로 분야의 발전과 전문적인 인재양성이 중요해지고 있는 현 시점에서 해양강국으로서 경쟁력을 가지는 데 유용한 지침서가 되길 기원하며 이 책이 출간될 수 있도록 도와주신 많은 분들께 진심으로 감사의 말씀을 전합니다.

2017년 6월
저자 일동

1장

서론

1. 수로학의 개요

1.1 수로학의 배경

중세의 십자군 수송과 16세기 해상 무역 및 신대륙 탐험으로 시작된 해도제작의 필요성은 1908년 국제항해회의의 '국제 선원 및 측량사 회의'를 통해 기존 기호 및 약호, 항로지, 항해규정, 해안 등대 및 부의 등의 통일성에 대해 광범위하게 논의되었다. 1912년 4월 14일 영국의 사우샘프턴을 떠나 미국의 뉴욕으로 향하던 영국의 화이트 스타라인이 운영하는 타이태닉호가 빙산과 충돌하여 침몰하면서 1,514명의 사망자를 낸 사상 최악의 해양사고 그리고 제1차 세계대전이라는 큰 이슈로 인해 많은 국가들이 수로조사의 중요성에 대해 인식하게 되면서 각 국가의 국가 수로국 및 현 국제수로기구의 전신인 국제수로국이 창설되었다.

이후 물류의 통로이며, 다양한 수산자원과 광물은 물론 에너지 자원의 보고인 해양에 대한 중요성이 날로 증대되고 있는 가운데 해양선진국에서는 첨단 기술을 이용한 정밀조사를 실시하여 해양영토관리, 기후변화에 따른 해양재해 예방 그리고 해양주권의 확보 등을 위해 빠르게 대처해 나가면서 수로학의 필요성이 그 어느 때보다 커지고 있는 실정이다.

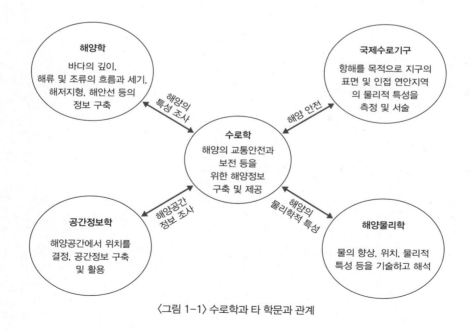

〈그림 1-1〉 수로학과 타 학문과 관계

1.2 수로학의 정의

수로란 바닷길을 뜻하며, 이것을 연구하는 학문을 수로학(hydrography)이라고 한다. 현재 우리 나라에서 수로학의 학문적 정의는 해양학, 해양공학, 공간정보공학 등의 관련 학문에서 찾아볼 수 있다. 따라서 본 장에서는 해양학에서의 수로학, 공간정보공학에서의 수로학, 해양물리학적 관점 에서의 수로학과 국제수로기구(IHO: International Hydrographic Organization)가 정의한 수로학 을 살펴보았다.

1) 해양학에서의 수로학

해양학에서 수로학이란 해도제작을 위한 바다의 깊이, 해류 및 조류의 흐름과 세기, 해저지형, 해 안선 등의 정보를 구축하고 해도로 표현하는 기술이다. 특히 항해에 필요한 해도제작에 많은 관심 과 연구가 이루어졌으며, 1187년 나침반의 발명으로 대양의 항해가 가능해짐에 따라서 항해를 위 한 해도의 수요는 급진적으로 증가했다.

초기에는 경도와 위도 1°를 동일한 크기로 가정하고 이에 근거한 해도를 제작하였다. 이 방법은 적도에서는 큰 오차가 없었으나 고위도 지방으로 올라갈수록 그 오차와 왜곡이 커진다는 것을 알 게 되어 해도제작에 요구되는 각종 연구를 수행하기 시작하였다.

수로조사는 수괴(해양에서의 물리적·화학적 성질이 거의 같은 해수의 모임) 및 해저면 위에 있는 점들의 수평좌표 결정(위치 고정)과 그 지점들에서의 수심 결정 등의 2가지로 구성된다. 수로지도 의 축척은 해도 상의 거리와 그것이 지표에서 나타내는 실제거리의 관계를 나타내며 해도는 매우 다양한 축척으로 제작된다. 극지역을 대상으로 만든 것을 제외한 모든 항해도는 메르카토르 도법 을 이용하여 표현되고 있다.

해양학에서의 수로학이란 해도제작뿐만 아니라 수온, 염분분포 등 해양 전반에 대한 각종 연구를 수행하는 학문이라 할 수 있다.

2) 공간정보공학에서의 수로학

공간정보공학에서 수로학이란 해양공간에서 위치를 결정하고 공간정보를 구축 및 활용하기 위 하여 해양데이터를 수집, 저장, 관리하고 그 데이터를 처리하여 분포, 배치, 인접관계 등의 공간분 석을 수행하며, 그 결과를 표시하거나 종합하여 의미 있는 정보를 제공하는 학문을 말한다.

3) 해양물리학적 관점에서의 수로학

　해양물리학적 관점에서 수로학은 지구 상에 존재하는 모든 물의 여러 가지 국면을 다루는 학문이다. 지구 상의 모든 물을 탐사하여 표를 만들고, 지구를 다양한 목적에 맞게 도시하거나 하천, 호소, 저수지, 얕은 못이나 깊은 못 등의 형상이나 위치 및 물리적 특성을 비롯하여 바람, 조류, 흐름 등의 양이나 방향 등을 기술하고 해석하는 학문이다.

4) 국제수로기구가 정의한 수로학

　국제수로기구는 수로학을 "응용과학의 한 종류로 지구의 표면 및 인접 연안의 항해가능한 지역에서 항해하기 위해 특별히 물리적 특성을 측정 및 서술하는 것이다."라고 정의하고 있다. 즉 수로학이란 항해를 그 목적으로 원하는 지역, 개체의 정보를 정확히 알고자 하는 것이다.

　이와 같이 여러 학문에서 정의하고 있는 수로학에 대하여 살펴본 결과 수로학이란 지구공간 상에서 해양의 이용과 보전, 항해와 관련된 물의 특성과 물에 인접한 지역의 물리적 특성을 조사하고, 조사된 결과를 토대로 안전한 항해에 필요한 정보를 구축·가공·제공하는 학문이라고 할 수 있다.

　최근 해양정보는 해상교통 안전을 확보하고, 해양의 이용과 보전, 해양영토 관할권의 확보 및 해양재해 예방에 활용되는 핵심정보로 관심받고 있다. 이러한 정보는 해양정책 수립을 위한 기초정보, 기후변화 등을 위한 과학활동의 기반정보로 활용된다. 또한 전자해도, 자동항법 등에 이용되며 자연, 사회, 경제, 환경 등의 기반정보로 종합화하며 인간사회에 필요한 해양정보 기반을 정비하는 역할을 수행한다.

해양정보 기반 정비	과학적 정보 제공
예: 해양수산부, 해양수산청 등에 해양 관련 정보 제공	예: 기후변화 연구 및 대응 해저지형 및 심해 탐사
정보의 시각적 전달	**의사 결정 지원**
예: 전자해도, 자동항법장치	예: 해양영토 관리 및 정책

〈그림 1-2〉 수로학의 활용 분야

1.3 수로학의 역할과 목표

수로학은 다음과 같이 두 가지 중요한 사회적 역할을 수행하여 인류에 공헌한다.

첫째, 지구 상에 존재하는 모든 물의 여러 가지 국면을 다루어 물리적 관계를 규명하고, 관련 정보를 수집하여 해양에 대한 정책 및 영토관리 등 다양한 의사결정을 지원한다.

둘째, 해안선의 형상, 지형점, 암초의 위치와 높이, 해저지형, 저질, 해수간만의 유동상태 등의 측량하고 조사하여 해도를 제작한다. 이는 해양의 보전·이용·개발을 위한 정보를 제공하여 해양영토 관할권의 확보 및 해양재해 예방에 활용된다.

따라서 수로학은 해양의 교통 안전을 위한 수로조사와 관리, 기후변화 대응과 해양재해의 예방, 해양영토 주권의 수호, 삶의 질 향상을 위한 해양과학 기술 개발, 수로 분야 국제교류 및 협력강화 등의 역할을 수행하며, 나아가 이러한 기능이 국가 핵심역량으로 이어진다는 점을 인식하여 미래 국가정책과 국민들의 요구에 부응할 수 있는 전문 인력 양성과 배출을 목표로 한다.

2. 수로학의 역사와 국제수로기구

2.1 수로학의 역사

1) 중세시대

십자군의 수송에서 시작된 지중해의 해상교통은 베네치아, 제노바 등 이탈리아의 여러 항구를 중심으로 항해술이나 조선술을 발달시키는 계기가 되었다. 또 이 무렵부터 항해에 나침반을 이용하게 됨에 따라 유럽에서는 포르톨라노 해도(Portolan Chat)라 불리는 해도가 제작되어 사용되었다.

현재까지 남아 있는 가장 오래된 포르톨라노 해도는 피사 지도(Carte Pisane)로 13세기 말 동물가죽에 그려진 해도이다. 1829년에 프랑스 국립도서관이 피사(Pisan) 가문으로부터 구입하게 되면서 이런 명칭이 사용된 것으로 알려져 있다. 해양지도학 학교가 있던 제노바에서 그려진 것으로 추측되며, 이 해도의 가장 뚜렷한 특징은 지도 상에 그려진 많은 방위반으로부터 방사상으로 그려진 32갈래의 방위선이 복잡하게 교차하여 그물모양으로 짜여진 점이다. 이들 방위선을 기준으로 삼으면 항해자가 한 항구에서 다른 항구로 향할 때 필요한 방위각을 지도 상에서 쉽게 읽을 수 있다.

〈그림 1-3〉 현존하는 가장 오래된 포르톨라노 해도인 피사 해도

이와 같은 해도는 항해안내서와 더불어 해상교통에서 실제적인 필요성에 의해 생긴 것으로 선박에서 사용하기 쉽도록 양피지 등에 손으로 그려진 것이 많았다.

이 해도는 해안선의 굴곡이나 암초, 사주 등의 위치, 항만 사이의 거리나 방위 등이 항해자의 경험이나 관측에 의하여 기록되었으며, 해안의 지명도 상세하게 게재되었으나 수심은 표시되어 있지 않았다. 내륙은 오늘날의 해도와 같이 대부분 공백으로 두고, 거리를 정확하게 나타내기 위하여 축척을 사용하였는데 지도에 눈금이 있는 축척을 사용한 것도 포르톨라노가 그 시초라 하겠다. 포르톨라노는 투영법은 아직 사용하지 못하였으나 메르카토르 도법에 의한 근대적인 해도가 발달하는 1600년경까지는 포르톨라노가 해도로서 널리 이용되었다.

2) 16세기

16세기 이전까지 이탈리아 인들이 주도해 왔던 지도제작의 영역은 지리상의 발견시대를 지나오면서 포르투갈 인에게 넘어왔고 활발한 활동을 통해 지도제작술이 발달하면서 르네상스의 황금시대를 맞이하게 되었다. 16세기의 지도학의 발달은 크게 두 부분으로 나누어 볼 수 있다. 첫째, 항해에 필요한 해도제작술과, 둘째 투영법을 도입한 정확한 세계지도 제작술의 발달이다.

지리상의 발견시대를 지나면서 그동안 인류에게 알려지지 않았던 지역에 대한 탐험과 교역이 활발해지고 대양을 지나 세계 각지를 연결하는 교통로가 개발되기 시작함에 따라 항해에 필요한 해도에 대한 수요가 더욱 커지게 되었다.

중세 말기부터 이탈리아의 해상 도시들을 중심으로 하여 카탈루냐 해도가 제작되어 왔으나 항해경험이 풍부한 포르투갈 인들은 이 해도의 오류를 인식하게 되었고 항해에 보다 적합한 해도를 제작하기 위한 포르투갈의 천문학자, 수학자, 지도학자들의 노력이 있었다.

포르투갈의 천문학자이며 수학자인 페드루 누네스(Pedro Nunes)는 기존의 해도가 지표면이 둥글다는 점과 경선이 극 지점에 수렴하고 있다는 점을 무시한 채 제작되었다는 점을 지적하고 이런 문제점을 해결하려고 노력하였다. 그는 1534년에 항정선의 개념을 이론적으로 제시하였다. 경도선이 극지방으로 갈수록 모아지고 각 지점마다 진북과 자북의 차이가 다르다는 점이 유럽을 항해하는 데는 큰 문제가 되지 않았지만 신대륙의 해안으로 항해하는 데는 상당한 문제가 되었다.

이러한 문제점을 해결하기 위해 그는 항해사들이 가고자 하는 목적지까지 나침반의 방향을 직선으로 나타내 줄 수 있는 해도를 구축하고자 하였다. 이것이 바로 현재 지도제작법의 기틀이라고 볼 수 있는 메르카토르 투영법이다.

메르카토르는 실제로 1569년에 누네스의 이론적 원리를 응용하여 지도를 제작하였다. 그러나

〈그림 1-4〉 *Great Britain's Coasting Pilot*

출처: http://www.otago.ac.nz/library/exhibitions/insearchofscotland/cabinet1-5.html

실제로 지도제작에 이러한 투영법을 처음 도입한 사람은 독일의 에르하르트 에츨라우프(Erhard Etzlaub)이다. 그는 북아프리카와 유럽의 지도를 그릴 때 고위도로 올라갈수록 위선 간의 거리가 멀어지는 투영법을 이용하여 지도를 제작하였다.

이와 같은 메르카토르 투영법이 나타나면서부터 해도제작 활동은 매우 활발해졌으며 해도 지도 첩들이 발행되었다. 두 지점 간을 직선으로 나타낼 수 있는 항정선은 모든 경선과 정각으로 만나기 때문에 항해사들은 이런 지도를 이용하여 정확하게, 그리고 쉽게 목적지까지 항해할 수 있게 되었다. 그러나 이 투영법은 경선이 평행한 직선으로 표현되며, 극지방을 나타낼 수 없고, 극으로 갈수록 왜곡도가 매우 큰 단점을 갖고 있었다. 해도제작은 스페인, 이탈리아, 프랑스, 그리고 네덜란드로 확산되어 16세기는 해도제작의 전성기였다고 볼 수 있다.

3) 17~19세기

해도들을 묶어 최초로 책의 형태로 만든 네덜란드의 루카스 얀스존 바헤나르(Lucas Janszoon Waghenaer)의 뒤를 이은 수많은 네덜란드 지도제작자들의 노력으로 약 100여 년간 네덜란드 지도가 널리 사용되었다. 당시 영국해역에서도 네덜란드의 해도가 사용되는 것을 못마땅하게 여긴 영국의 찰스 이세는 영국 해안과 항만 전체를 측량할 것을 결정하였다. 당시 해군장교였던 그린빌 콜

린스(Greenville Collins)는 1681년부터 11년간 측량을 실시하였다. 이 측량결과는 1693년 'Great Britain's Coasting Pilot'이라는 이름의 지도첩으로 간행되었다. 이 지도첩에는 47도엽의 해도와 조석표 30페이지, 항로지 등이 수록되었다. 특히 해도에는 수심값과 항만입구를 알 수 있도록 측심선이 정확히 표시되었다.

1661년 프랑스의 정치가 장 바티스트 콜베르(Jean John Baptiste Colbert)는 프랑스 해군을 개혁하라는 임무를 받았는데 그의 임무 중 하나가 프랑스의 많은 항구에 수로측량센터를 설립하는 것이었다. 임무를 충실히 수행한 그는 전체 프랑스 해안선을 측량할 수 있었고, 모든 해도는 국가 삼각망과 직접적으로 연결되었다. 그는 또한 전 세계 처음으로 수로국(Hydrographic Office)을 설립하였다. 덴마크가 그다음으로 설립한 국가가 되었으며, 영국에는 1795년에 수로국이 설립되었다. 19세기에는 약 20여 개국이 수로국을 설립하게 되었다.

1775년 두 명의 영국 측량사 머독 매켄지(Murdoch Mackenzie)와 그의 조카는 해안의 고정된 세 점 간의 두 수평각 관측으로 선박의 위해를 정확히 표시할 수 있는 장치인 스테이션 포인터(station pointer)를 발명하였다. 이것은 전시나 평시에 항해용 해도에 대한 요구가 급격히 증가한 19세기의 해양 측량에서 혁신적인 것으로 중요한 기술적 진보였다.

4) 20세기

제1차 세계대전 이전, 많은 수의 수로측량사들은 국제 간 협력이 해도제작의 교환과 표준화를 어떻게 이끌 것인가를 생각하였다. 대전 이후 영국과 프랑스 수로측량사들은 국제총회를 공동으로 개최하였으며, 1919년 6월 런던에서 22개국 대표가 모이게 되었다. 해도표준화에 대한 많은 결의안이 총회에서 채택되었으며, 세 명의 이사를 가진 국제수로사무소(International Hydrographic Office)를 결성하자는 결의안을 채택하였다. 모나코의 알베르 일세는 사무소를 위한 건물을 모나코 내에 제공하여 오늘날의 국제수로기구(International Hydrographic Organization)가 발전할 수 있는 모태가 되었다.

2.2 우리나라 수로측량의 역사

1) 고려시대와 조선시대

우리나라의 바다에 관해 서술한 옛 문헌을 찾아보면 외부와의 교역을 목적으로 간략하게나마 해로안내기나 해로도와 같은 것이 존재했음을 나타내는 기록은 볼 수 있지만, 직접적으로 바다와 해로를 다룬 문헌이 보전된 것은 거의 없다. 그러나 우리 민족은 고대부터 각 도서 간의 수로를 개척해 왔다.

실제로 신라 흥덕왕 시대의 해상왕 장보고는 완도에 청해진을 설치하고 "바다를 제패하는 자만이 세계를 제패할 수 있다."는 신념으로 신라·당·일본을 잇는 해상무역을 개척하고 아라비아·페르시아 등 서아시아 지역과도 교역을 활발히 전개하여 동아시아에서 처음으로 해상질서를 이룩하였다.

그리고 조선시대의 충무공 이순신 장군은 풍부한 조선기술과 조류에 대한 지식을 바탕으로 왜군과의 해전에서 빛나는 성과를 올릴 수 있었다.

〈표 1-1〉 해양한국 특별기고를 통해 본 신라시대와 조선시대 수로의 이용

극동의 해상권을 장악한 장보고	13:130의 불가사의 명량해전
당시의 당나라와 신라, 일본 간의 뱃길은 당나라와는 청해진에서 명량수도(울돌목)를 지나 서해 연안을 거슬러 당진 또는 옹진에서 서해를 횡단하는 뱃길을 가장 많이 활용한 것 같은데, 해양학적으로 이 루트는 우리나라 남·서해안 조류의 흐름을 이용하면 당시의 무동력선(범선)으로도 그리 힘들이지 않고 도달할 수 있는 최적의 경로이다. 그 이유는 청해진 부근의 조류는 주로 동-서 방향으로 주기적으로 흐르지만 명량수도를 지나면서 우리나라의 서해 연안은 남-북의 주기적인 흐름, 당진과 옹진 부근의 백령도 부근에서는 북서-남동 방향의 흐름이 주된 흐름의 방향으로 적절한 시간대만 맞춘다면 별 어려움 없이 양국을 오갈 수 있는 천혜의 바닷길이 열리는 것이다. 현대에도 이 조류의 흐름은 선박의 경제적인 항로 유지를 위해 아주 중요하게 활용되고 있다.	명량해협(울돌목)은 조류의 흐름이 우리나라에서 가장 강한 지역으로 최강 유속이 12노트에 이른다. 지형적으로도 그 폭이 좁아 가장 좁은 폭이 120m 정도이며, 물이 가장 많이 빠지게 되는 저조(간조) 시에는 80m로 그 폭이 감소한다. 명량해전 당일인 1597년 음력 9월 16일 아침 6시부터 조류의 흐름은 명량해협을 통해 서해로 빠지기 시작하여 8~9시경에 명량해협의 유속이 제일 강하게 흐르게 되며, 이후 유속이 점차 감소하여 12시경까지 지속되다가 12시경에 흐름의 방향이 반대로 바뀌어 18시까지 남동쪽 방향으로 흐르게 된다. 그리고 12시경에 울돌목은 해수의 높이가 가장 높아지는 고조(만조)가 된다. 울돌목 주변의 조류의 흐름은 좁은 울돌목의 좁은 수로에서는 전투 당일 8노트 정도의 유속을 보이지만 이 지점에서 500m 정도만 벗어나면 1.5노트도 안 되는 유속의 세기를 보이는 지점별 편차가 그 어느 곳보다 큰 지역인 것을 이미 우리 수군은 알고 함대를 포진시키고 있었을 것이다.

출처: 해양한국, 2006(1), pp.170-173.

2) 구한말~일제 강점기

조선시대 말기에는 대원군의 쇄국정책으로 말미암아 새로운 외국문명을 받아들이지 못함으로써 해양진출은 극도로 위축되었다. 이 시기에 프랑스, 영국, 미국, 러시아 등 여러 나라는 자국의 영역 확대를 위해 통상이나 포교 형식을 취하여 동남아시아를 거쳐 우리나라까지 진출하여 우리 해안이나 도서의 수로를 대상으로 각국의 측량선이 빈번히 왕래하면서 수로측량을 강행하였다. 이와 같이 우리나라 연안에서 수로측량을 시작한 것은 최초로 구미제국에 의해, 그리고 일제에 의해 이루어지게 되었다.

〈표 1-2〉는 구한말 이전 구미 여러 나라가 우리나라 부근 해역에서 수행한 주요 수로측량의 기록을 정리한 것이며, 〈표 1-3〉은 조선 말기에서 일제 강점기까지 일제에 의한 수로측량에 대해 정리한 내용이다.

〈표 1-2〉 프랑스, 영국, 미국, 러시아에 의한 수로측량

구분	시기	주요 내용
프랑스	1875년	울릉도의 발견 및 동해안 측량, 수로측심 및 해도표기
	1874년	전북 고군산도의 수로측량 및 조석관측
	1866년	인천 작약도에서 손돌목 측량 및 수로도 작성
	1866년	강화 수로측량 및 수심도 제작
영국	1797년	부산항 스케치 및 해도 간행
	1816년	서·남해안 일대 탐색도 작성
	1845년	제주도 실측 및 해도 간행
	1845년	거문도 근해 측량, 해도 및 연해측심도 간행
	1855년	거문도항 대축척으로 정측, 독도 재발견하여 실측
	1866년	교동도수도 및 부근 측량
	1877년	대흑산도 및 부근 측량
	1884년	황해안 일대 측량
미국	1867년	대동강하구 부근 측량, 최초의 미국인에 의한 측량
	1868년	제너럴셔먼호의 생존자 탐색 중 대동강하구 일대 측량
	1871년	인천 염하 수로측량
러시아	1853년	타타르 해협에서 대한해협까지의 연안 측량
	1854년	울릉도 및 독도 측심
	1861년	두만강하구 측량하여 해도 간행
	1885년	제물포와 작약도를 중심으로 측심하여 측심원도 제작
	1886년	무수단에서 마양도까지 측량 및 해도 간행

구분	시기	주요 내용
조선 말기	1869년 ~ 1896년	• 우리나라 연해에 침투하여 연안과 항로 등을 측량하기 시작 • 1871년 해군에 수로부 창설하면서 빈번한 측량 실시 • 1873년 조선전도의 해도를 간행 • 1875년 운양호사건을 통한 병자수호조약(강화도조약) • 1894년 청일전쟁을 위한 조선연안의 항만 및 연안항로 등 각지를 측량하고 해도를 정비
대한 제국	1897년 ~ 1910년	• 식민지 정책과 대륙침공에 대비한 수로측량 활동 강화 • 1904년 러일전쟁으로 인한 해도 작성을 위해 측량요원 증원 • 1905년 동해안 집중 측량 • 삼각망이 설치되기 이전이므로 육상원점의 경위도는 천측에 의하거나 자오선 경위의에 의해 결정
일제 강점기	1910년 ~ 1945년	• 조선토지조사사업으로 삼각망의 설치 완료, 경위도의 원점으로 사용 • 전국에 약 34,447점의 삼각점을 설치하여 토지측량의 수평기준점으로 사용 • 전국 5개소에 검조소를 설치하여 조위자료에 의해 평균해수면을 산출하고 이를 수준기점으로 삼아 전국수준망 구성(1,391점) • 해도의 측량단위와 기준면의 통일 • 국제수로회의에 따른 수심의 기준면은 기본수준면(약최저저조면) 채택 및 표고의 기준면은 평균해수면 채택 • 1943년 우리나라 연안에 대한 수로측량 완료 및 해도 간행(총 41종) • 일본수로부에서 조선연안수로지 및 수로잡지(수로요보), 수로고시 간행

3) 광복 이후

해방 후 1949년 11월 1일에 해군 작전지원의 일환으로 해군본부 작전국 산하에 수로과가 창설되면서 우리나라의 역사적인 수로업무가 시작되었다. 하지만 1949년 수로과에는 수로업무를 수행하기 위해 필요한 기술직원과 조사장비 및 선박도 확보되지 못한 상태였다. 이후, 1951년 4월에 군작전상의 해상교통 안전을 위한 동해안 및 남해안에서의 항만조사를 실시하였고, 이것이 수로조사의 실질적인 효시라 할 수 있다. 이어 8월 4일에는 우리나라 제1호 조위관측소(전 검조소)인 진해검조소를 설치하였다.

1991년 수로과에서 수도관실로 승격된 이후 1952년 1월 10일에는 최초의 항로지이자 수로도서지인『한국연안수로지』제1권, 제2권을 간행하였으며, 8월에는 진도수도 및 맹골수도에서 우리나라 최초로 조류관측을 실시하였다. 같은 해 9월 1일에는 해도의 효시인 인천항과 마산항의 해도를 간행하는 등 초창기적 수로업무가 점차 질과 양적인 차원에서 기반을 굳히고 발전하게 되었다.

1953년 수로국으로 승격되면서 수로업무도 각 분야에서 한 단계 발전하고 새로운 기틀을 마련하

<표 1-4> 우리나라 수로업무의 역사

구분	시기	주요 내용
해군본부 수로과	1949. 11. 1	해군본부 작전국 수로과 창설(국립해양조사원의 효시)
	1951. 4. 4	항만조사 실시(연안항로조사의 효시)
	1951. 8. 4	진해항 검조소 설치(조위관측소의 효시)
해군본부 수로관실	1951. 8. 10	해군본부 수로관실로 승격
	1951. 8. 16	수로고시 제1호 간행(항행통보의 효시)
	1951. 11. 4	교동도 부근 수로측량(수로측량의 효시)
	1951. 11. 25	105정 수로측량 투입(보유선박의 첫 현장투입)
	1952. 1. 10	『한국연안수로지』 제1권, 제2권 간행(항로지, 서지간행의 효시)
	1952. 8. 15	진도수도 및 맹골수도 조류관측(조류관측의 효시)
	1952. 9. 1	인천항, 마산항 해도 간행(해도간행의 효시)
해군본부 수로국	1953. 3. 20	해군본부 수로국으로 승격
	1953. 4. 5	극천해용 정밀음향측심기 SD-3형 도입
	1953. 4. 30	『수로요보』 간행(해양조사기술연보의 효시)
	1954. 9	독도부근 수로측량
	1955. 2	부산검조소 신설
	1955. 7. 23	인쇄공장 설치
	1957. 1. 1	국제수로기구 가입
	1961. 12. 23	수로업무법 제정 및 공포
	1962. 5. 1	영일만일대 해양관측(해양관측의 효시)
	1963. 10. 10	교통부 수로국으로 이관

기 시작하였다. 또한 1953년에는 최초로 극천해용 정밀음향측심기 SD-3형이 도입되어 연추측심 시대에서 음향측심의 시대로의 전환기를 맞이하게 되었으며, 4월 30일에는 해양조사기술연보의 효시인 『수로요보』 제1호를 간행하였다.

1954년 4월 1일에는 해도도식을 제정하여 초판을 간행하였으며, 55년 2월에는 부산검조소를 신설하였다. 이어 7월에는 인쇄공장을 설치하면서 모노타이프를 도입, 11월에는 자체적으로 최초로 항로고시를 간행하는 단계에 이르렀다.

또한 1957년 2월 제19차 국회 본회의에서 국제수로기구 가입 비준동의안이 승인되고, 같은 해 1월 1일자로 소급하여 국제수로기구 정회원국으로 가입하게 됨으로써 국제간 수로업무에 관한 상호협력과 수로도서지의 국제적 통일 및 정보의 교환 등 획기적인 발전을 가져오게 되었다.

2.3 국제수로기구

1) 국제수로기구 개요

1919년 국제수로회의에서 상설기관으로 국제수로국(IHB: International Hydrographic Bureau)의 창설을 결의하고, 1921년 19개국을 회원으로 모나코에 설치하였다. 이후 1967년 모나코에서 열린 제9차 국제수로회의에서 국제수로기구 협약을 채택하고 이에 의거하여 1970년 9월 정부 간 국제기구인 국제수로기구(IHO: International Hydrographic Organization)로 확대·개편되면서, 국제수로회의(International Hydrographic Conference)와 국제수로기구 이사회(Directing Committee) 및 국제수로기구 사무국(International Hydrographic Bureau)으로 개편·구성되었다.

국제수로기구는 각국의 수로업무 활동을 조정하고, 해도 및 항해서지의 국제적 표준화를 도모하며, 수로측량의 효율적 수행을 위한 여러 가지 기술기준을 채택하고, 해양조사 및 수로업무 기술 개발에 대한 국제적 협력을 주요 목적으로 활동하고 있으며, 모나코에 국제수로국 본부를 두고, 5년마다 정례적인 총회를 개최하고 있다.

2) 국제수로기구의 구성과 주요 기능

(1) 국제수로기구

국제수로기구(International Hydrographic Organization)는 각국 수로 관련업무 조정, 해도 및 항해서지의 통일화, 수로측량의 기준 및 기술개발 등을 목적으로 활동하고 있다.

(2) 국제수로회의

국제수로기구 총회인 국제수로회의(International Hydrographic Conference)는 5년마다 국제수로기구 본부가 있는 모나코에서 개최되며, 동 회의에서는 국제수로기구의 사업 및 재정에 관한 보고 등 상정된 안건을 각 분과회의 토의를 거쳐 총회에서 출석 회원국의 과반수 이상 찬성으로 의결한다.

(3) 국제수로기구 이사회

국제수로기구 이사회(Directing Committee)는 항해 및 수로학에 많은 경험을 가진 국적이 다른 3명의 이사로 구성되며, 그중 1명이 이사장이 되어 국제수로기구를 대표한다. 이사들은 5년마다 개최되는 총회에서 비밀투표로 선출되며 임기는 5년이고 재선도 가능하다. 이사회는 사무국을 운영하고 보통 주 2회의 회의를 가진다.

(4) 국제수로기구 사무국

국제수로기구 사무국(International Hydrographic Bureau)은 이사 3명, 기술직원 5명, 사무직원 13명 등 총 21명으로 구성되어 있다. 사무국은 총회 준비와 수로 분야에 대한 각국의 자문 및 기술지원, 국제수로기구에서 간행하는 각종 간행물의 제작 및 배포 이외에도 각국 수로기관 간의 협력체제 구축, 수로학 및 관련 과학기술의 연구, 회원국 수로기관과의 해도 및 항해서지 교환, 회원국 간 문서 회람, 국제기구와의 협력체제 구축 등의 업무를 수행하고 있다.

또한 사무국은 전 세계적으로 통일성 있는 해도 및 항해서지에 대한 표준화를 위하여 '수로측량기준(S-44)', '국제해도 제작기준(M-4)', '전자해도 제작기준(S-52, S-57)' 등의 기준 제정뿐만 아니라 '해양과 바다의 경계(S-23)' 등 간행물과 매년 수로기술연보, 수로기술논문집 등을 발행하고 있다.

국제수로기구의 회원국은 2014년 12월 현재 총 82개국이며, 가입절차는 자국이 보유하는 선박 규모(t)를 명시하여 모나코 정부에 회원국 가입을 신청하고, 기존 회원국의 3분의 2 이상의 승인을 얻으면 회원국이 된다. 우리나라는 1957년 회원국으로 가입하였으며, 국립해양조사원이 우리나라 대표기관으로 지정되어 있다. 북한도 1989년 회원국으로 가입하여 활동하고 있다.

현재 3명의 이사진은 지난 2012년 4월 제18차 총회에서 새로 선출되었으며, 임기는 2012년 9월 1일~2017년 8월 31일(5년간)까지로 되어 있다.

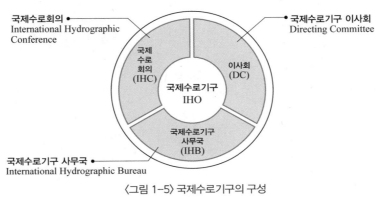

〈그림 1-5〉 국제수로기구의 구성

출처: 국립해양조사원 홈페이지

3. 수로학과 수로측량

3.1 수로학과 수로측량의 관계

수로학은 지구공간 상에서 해양의 이용과 보전, 항해와 관련된 물의 특성과 물에 인접한 지역의 물리적 특성을 조사하고 조사된 결과를 토대로 안전한 항해에 필요한 정보를 구축, 가공 및 제공하는 학문이다. 이러한 수로학에서 해도제작을 위한 측량원도 제작, 해상교통의 안전확보를 위한 정보를 구축, 가공하여 서비스하는 일련의 과정을 수로측량이라 할 수 있다.

수로측량은 해안선의 형상, 지형, 암초의 위치와 높이, 바닷속의 해저지형, 해저지층, 해상중력, 저질, 해수간만의 유동상태 등을 조사하고 측량하여, 그 성과를 해도 및 항해서지에 나타내고 이를 해상교통 안전에 이용함은 물론, 해양영토 관리, 관할 해역의 이용 및 보전에 활용된다. 따라서 해양의 이용과 개발 및 해양관할권 확보를 위해 중요한 측량 활동이라고 할 수 있다.

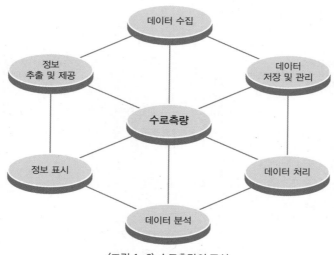

〈그림 1-6〉 수로측량의 구성

3.2 수로측량의 종류와 용어의 정의

1) 수로측량 성과의 종류

「수로측량 업무규정」제4조에 따른 수로측량의 종류는 다음과 같다.

① 항만측량

② 항로측량

③ 해안선측량

④ 연안해역조사

⑤ 국가해양기본조사

⑥ 영해기준점조사

⑦ 보정측량(법 제31조 제2항의 수로조사)

⑧ 내륙수로조사

⑨ 해상경계확인을 위한 수로측량

⑩ 그 외 국립해양조사원장(이하 "원장"이라 한다.)이 별도로 시행하는 조사 및 측량

이 경우 성과물에는 성과도면, 결과보고서, 성과철, 기록지 및 디지털데이터 등을 포함한다.

2) 용어의 정의

이 규정에서 사용하는 용어의 정의 다음과 같다.

① "수로측량"이란 「측량·수로조사 및 지적에 관한 법률」 제2조 제5호에 따른 해양의 수심·지구자기(地球磁氣)·중력·지형·지질의 측량과 해안선 및 이에 딸린 토지의 측량을 말한다.

② "수로기준점측량"이란 수로측량 및 항해에 이용되는 목표물의 위치 등을 결정하기 위한 수로측량기준점, 기본수준점, 해안선기준점 등의 기준점 측량을 말한다.

③ "수준(고저)측량"이란 수로기준점, 항해목표물 등의 높이를 결정하는 작업을 말한다.

④ "해안선측량"이란 해안선 및 부근의 지형과 지물을 실측하여 도화하는 작업을 말한다.

⑤ "조석관측"이란 달, 태양 등의 기조력과 기압, 바람 등에 의해서 일어나는 해수면의 주기적인 승강현상을 연속 관측하는 것을 말한다.

⑥ "해상위치측량"이란 해역에서 수로측량을 실시하는 지점의 위치를 측정하는 작업을 말한다.

⑦ "수심측량"이란 해역 및 수로에서 수심(깊이)을 측정하는 작업(이하 "측심"이라 한다.)을 말한

다.

⑧ "저질조사"란 해역 및 수로의 수저면(水底面)을 구성하고 있는 저질의 구성분포 및 종류를 조사하는 작업을 말한다.

⑨ "해저지형측량"이란 해역 및 수로의 수저면 형상을 묘사하기 위한 해상위치측량 및 수심측량 작업을 말한다.

⑩ "해저지층탐사"란 해양지질학적 기초자료를 획득하기 위하여 음파 또는 탄성파 탐사장비를 이용하여 해저지층 또는 음향상 분포를 조사하는 작업을 말한다.

⑪ "해상지자기관측"이란 해상에서의 지자기 전자력을 파악하기 위하여 관측하는 작업 및 이와 관련하여 관측점에서의 지구자기를 관측하는 육상지자기 관측작업을 말한다.

⑫ "해상중력관측"이란 해상에서 중력을 관측하는 작업 및 이와 관련하여 시행하는 육상중력 관측작업을 말한다.

⑬ "보정측량"이란 해도를 최신상태로 유지하기 위하여 자연적, 인위적(준설, 매립 등)으로 변화된 부분에 대하여 실시하는 수심측량 또는 해안선측량, 지형측량 등의 작업을 말한다.

⑭ "항만측량"이란 항만법에 따라 지정된 항만해역을 대상으로 해저지형, 해저지층, 해저면영상 등을 조사하는 측량을 말한다.

⑮ "연안해역조사"란 영해내측수역을 대상으로 해저지형, 천부지층, 해저면영상 등을 조사하는 측량을 말한다.

⑯ "국가해양기본조사"란 해양의 이용과 개발, 해양환경의 보전, 재해방지 등에 필요한 기초자료를 제공할 목적으로 실시하는 해저지형, 해저지층, 중력, 지자기 등의 해양의 과학적 조사측량을 말한다.

⑰ "항공레이저측량"이라 함은 항공기에 레이저 거리측정기, GPS 안테나와 수신기, INS(관성항법장치) 등으로 구성된 시스템 등을 탑재하여 레이저를 주사하고, 그 지점에 대한 3차원 위치좌표를 취득하는 측량방법을 말한다.

⑱ "해상경계확인을 위한 수로측량 "이란 각 개별법에 의하여 정해진 관할경계 구역 기타 사적권리의 외곽선의 위치를 확인하고 이를 도면에 좌표로 표시하기 위하여 해양을 측량하는 것을 말한다.

⑲ "영해기준점조사"란 측량·수로조사 및 지적에 관한 법률시행령(이하 "시행령"이라 한다.) 제8조1항에 정의된 영해기준점의 결정, 관리를 위해 시행되는 수로측량, 조석관측 등을 말한다.

⑳ "내륙수로조사"란 내륙수로에서 수체(waterbody)를 직접적 대상으로 수심을 측정하여 수로(waterway)를 측량하는 것을 말한다.

3.3 수로측량과 해도제작

　수로측량은 궁극적으로 해도제작을 위한 측량원도를 생산하는 일련의 과정을 의미한다고 할 수 있다.

1) 수로측량 계획의 수립

　해도제작을 위한 계획을 세우기 이전에, 충분한 자료수집이 이루어져야 하며, 이 자료를 토대로 계획을 세워야 한다. 해도제작 해역 선정을 시작으로 해역 상태에 따라 어떤 축척을 사용하여 수로측량을 시행할 것인지 결정해야 하며, 수심, 해저의 상태 등 여러 요소를 고려하여 측심선 간격을 산정해야 한다. 또한 위치 측량을 실시할 때, 어떤 방법이 가장 효율적인지 판단해야 한다.

2) 수로측량의 시행

　계획 수립이 완료되면, 실제 수로측량 시행을 위한 해역 답사를 통해 계획의 실행 여부를 점검한다. 조석관측을 위한 조위계 설치 위치 확보와 같이 현지측량에 필요한 부분을 확인하고 해역의 상황에 맞게 가장 안전하고 작업에 적합한 측량선 선정 등 답사를 통해 얻은 성과를 토대로 계획을 수정하여 진행한다. 수정이 완료된 최종 계획 진행을 위해 측량반 편성을 실시한다. 측량 작업의 특성상 장시간 작업에 임해야 하므로 측량구역 및 측량장비에 따라 여러 사람의 기술자가 한 조를 이루게 하여 각 측량선에 편성하고, 각 조당 해당 작업의 목적을 숙지시키고 안전 교육을 철저히 해야 한다. 정밀한 측량성과를 얻기 위해 현지측량작업에 투입되기 이전에 장비의 성능 검사는 반드시 이루어져야 한다.

　현지측량작업은 기준점, 고저, 지형, 해안선, 수심 등을 측량하고 해상중력, 조석, 지자기관측과 조사, 탐사 등 다양한 작업을 수행하게 된다. 이 중 해상작업은 기상의 영향을 많이 받으므로 현지의 기상과 바다의 상태에 유의해야 하며, 암초지역 등 위험이 발생할 수 있는 요소들을 미리 파악해야 한다. 이런 요소들을 정확히 인지하지 않으면 현지측량 중 계획을 변경해야 하는 일이 발생할 수 있다. 현지측량이 완료되면 작업을 통해 얻은 각 조의 성과를 종합하여 분석을 실시한다.

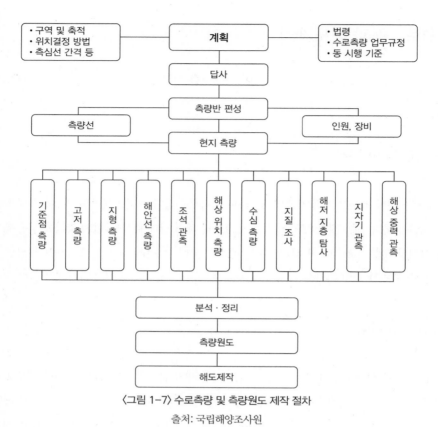

〈그림 1-7〉 수로측량 및 측량원도 제작 절차

출처: 국립해양조사원

3) 해도제작

현지측량 성과를 토대로 측량원도를 작성하며, 이 측량원도는 「수로측량 업무규정」에 있는 측량
원도의 작성기준에 따르며, 작성된 측량원도를 토대로 「해도제작업무지침」에 따라 해도를 제작한
다. 해도는 항박도, 해안도, 항해도, 항양도, 총도 등으로 여러 종류가 있으며, 수요자의 요청에 따라
서도 해도를 제작할 수 있다. 「해도제작업무지침」에 따라 도법, 자료의 표기 등을 명시해야 한다.

·1장·

참고문헌

국립해양조사원, 2009, 『수로 60년사: 1949-2009』.

국립해양조사원, 2011, 『수로측량 업무편람』.

김옥수, 2008, "해안침수예상도 제작을 위한 지형자료 취득방법의 개선방안", 석사학위논문, 인하대학교.

박종록, 2005, "해양정보를 이용한 선조들의 지혜", 해양한국 특별기고.

Andrew, B., Abbas, R. Phiil A, C. and Ian, W., 2003, *Issues in Defining the Concept of Marine Cadastre for Australia, minerva-access*.unimelb.edu.au.

인터넷

국립해양조사원 홈페이지 http://www.khoa.go.kr.

국립해양측위정보원 홈페이지 http://www.nmpnt.go.kr/html/kr/index.html.

미국 해양대기국(수로학의 정의) https://www.nauticalcharts.noaa.gov/hsd/learn_survey.html.

오타고 대학교 http://www.otago.ac.nz/library/exhibitions/insearchofscotland/cabinet1-5.html.

2장

수로측량의 기초

1. 측량과 좌표계

측량이란 공간 상에 존재하는 일정한 점들의 위치를 측정하고 그 특성을 조사하여 도면 및 수치로 표현하거나 도면 상의 위치를 현지에 재현하는 것을 말하며, 측량용 사진의 촬영, 지도의 제작 및 각종 건설사업에서 요구되는 도면작성 등을 포함한다. 수로측량이란 해양의 수심, 지구자기, 중력, 지형, 지질의 측량과 해안선 및 이에 딸린 토지의 측량을 말한다. 따라서 측량에서는 거리, 각, 방향, 평면 및 수직위치, 면적, 체적과 같은 정량적 정보가 획득되며, 이러한 정보가 지형도 및 해도에 도해적(圖解的)으로 표현되기도 한다. 현재는 단순히 각과 거리에 의한 위치결정이라는 전통적인 정의보다 다양한 정보를 획득하여 처리, 분류, 저장, 갱신 등을 통하여 인간의 삶의 질 향상과 활용성에 비중이 커지고 있다. 이렇게 측량의 의미가 변화하는 것은 측량의 범위가 넓어지고 측량 기술이 발전하기 때문이다.

1.1 좌표계의 정의와 종류

측량을 이용하여 획득된 점들의 상대적 위치는 동일한 좌표계에 의하여 결정된다. 좌표계는 원점의 위치와 좌표계를 이루는 각 축의 방향, 축척 등이 정의되어야 한다. 이러한 좌표계는 전 지구를 동일한 좌표계로 표현하는 방법과 지역별로 표시하는 방법으로 구분되며, 세계좌표계와 지역좌표계로 구분할 수 있다. 또한 2차원 좌표계(평면좌표계)와 3차원 좌표계로 구분할 수 있다.

지난 50여 년간 좌표계는 더 넓은 영역에 적용할 수 있는 기준좌표계에 대한 요구가 꾸준히 증가해 왔다. 또한 전 세계에서 동일한 기준계를 적용해야 할 필요성이 대두되어 왔다. 위성 측량이 등장함에 따라 단일 지구중심 좌표계를 채택하는 것이 가능해졌고, 이에 따라 지구 상의 모든 지역에서 지역기준 좌표계와 지구중심 좌표계 사이의 적절한 근사면을 찾을 필요성이 더욱 커지게 되었다. 아래는 실제적으로 많이 사용되는 기준좌표계이다.

1) 지리좌표

기준타원체면으로 투영된 어느 점의 위치를 위도, 경도, 높이로 표현하는 방법을 지리좌표(Geo-

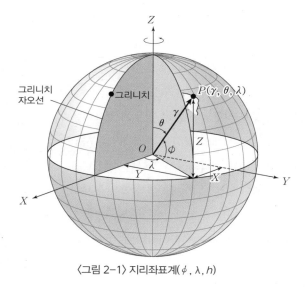

〈그림 2-1〉 지리좌표계(ϕ, λ, h)

graphic Coordinates) 또는 측지좌표(Geodetic Coordinates)라고 한다. 이 방법은 1880년 헬머트에 의해 고안되었다.

경도(λ)는 영국 그리니치 천문대를 통과하는 본초자오선을 기준으로 임의의 지점을 지나는 자오선까지의 각거리를 의미하며, 본초자오선을 기준으로 우측을 동경, 좌측을 서경으로 하여 0°~180°로 나타낸다. 위도(ϕ)는 자오선을 따라 적도에서 어느 점까지 관측한 각거리를 의미한다. 이는 자오선에 내린 수선의 연장이 적도면과 이루는 각으로 북위, 남위로 하여 0°~90°로 나타낸다. 높이의 경우 회전타원체면을 기준으로 하는 경우 타원체고로 표현되며, 지오이드면을 기준으로 하는 경우와 국가별 수직기준면을 기준으로 하는 표고로 정의될 수 있다.

2) 3차원 직각좌표

3차원 직각좌표(Three Dimensional Coordinates)는 지구 전체를 하나의 단일 좌표계로 표현할 때 편리한 좌표로 지심좌표 또는 타원체좌표라고도 한다. 3차원 직각좌표의 경우 인공위성에 의한 지구 상의 위치결정이나 서로 다른 기준타원체 간의 좌표 변환에 많이 사용된다. 아래의 그림과 같이 지구의 회전축을 Z축으로 하고 지구질량의 중심을 좌표의 원점으로 하여 그리니치 자오면과 적도면이 교차하는 선을 X축으로, 적도면에서 이에 직교하는 축을 Y축으로 한다.

지리좌표와의 관계식은 아래와 같다.

$X=(v+h)\cos\phi\cos\lambda$

$Y=(v+h)\cos\phi\sin\lambda$

$Z=[v(1-e^2)+h]\sin\phi$

여기서, ϕ는 해당점의 위도, λ는 해당점의 경도, h는 타원체면으로부터 해당점까지의 수직거리(타원

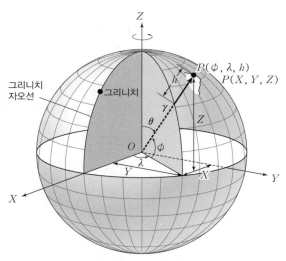

〈그림 2-2〉 3차원 직각좌표계(X, Y, Z)

체고), v는 묘유면의 곡률반경, e^2는 타원체의 이심률을 의미한다.

3) 평면 직각좌표

    평면 직각좌표(Plane Rectangular Coordinates)는 측량 대상지역이 넓지 않은 경우에 적용하는 좌표계로서 측량지역에 적당한 점을 원점으로 정하고 직교하는 두 개의 직선을 좌표축으로 하고 각 축으로부터의 수직거리로 점의 위치를 표현하는 방법이다. 평면 직각좌표는 간단한 수학적 표현에 의하여 편리하게 사용할 수 있으나 지구의 곡률을 고려해야 하는 넓은 지역은 투영을 이용하여 표현한다. 측량의 경우 평면상에서 원점을 지나는 자오선을 X축(N, 북쪽방향을 +), 동서방향을 Y축(E: 동쪽방향을 +)으로 한다. 위치는 X축과 Y축에 내린 수선의 발로 표시하며 거리와 방향각을 알면 아래와 같이 산출할 수 있다.

$$x = S\cos\theta$$
$$y = S\cos\theta$$

    여기서 S는 두 점 간의 거리를 의미하며, θ는 방향각이다. 두 점의 좌표가 주어지는 경우 거리는 아래와 같이 산출이 가능하다.

$$\overline{PQ} = \sqrt{(x_2 - x_1)^2 + (y_2 - y_1)^2}$$

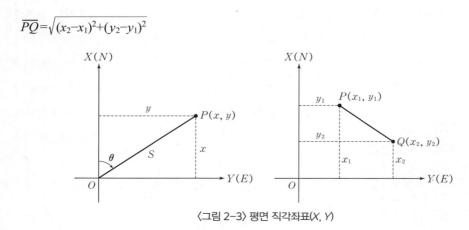

〈그림 2-3〉 평면 직각좌표(X, Y)

4) 극좌표

    어느 점의 위치를 거리와 방향으로 표현하는 방법을 극좌표(Polar Coordinates)라고 한다. 극좌표는 일반적으로 직각좌표보다 사용이 적으며, 평면 극좌표계와 구면 극좌표계로 구분할 수 있다.

평면 극좌표는 다음과 같다.

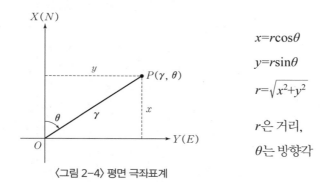

$x=r\cos\theta$

$y=r\sin\theta$

$r=\sqrt{x^2+y^2}$

r은 거리,

θ는 방향각

〈그림 2-4〉 평면 극좌표계

지리좌표와의 관계식은 아래와 같다.

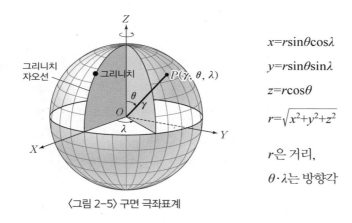

$x=r\sin\theta\cos\lambda$

$y=r\sin\theta\sin\lambda$

$z=r\cos\theta$

$r=\sqrt{x^2+y^2+z^2}$

r은 거리,

$\theta\cdot\lambda$는 방향각

〈그림 2-5〉 구면 극좌표계

그 외에 3차원 직각좌표계에서 XY평면의 직각좌표를 극좌표로 표현한 원주좌표계 등이 있다.

5) UTM 좌표

수로측량 및 해도의 좌표는 UTM(Universal Transverse Mercator Grid) 좌표를 많이 사용하고 있다. UTM 좌표계는 세계를 하나의 통일된 좌표로 표시하기 위한 좌표 체계의 하나이다. 제2차 세계대전 말기 1947년 미국 측지부대에서 UTM 좌표를 사용해 연합군의 군사지도를 제작하였다. 적도를 횡축으로 하고 자오선을 종축으로 하는 국제평면직각좌표로 남위 80°에서 북위 84°까지의 지역을 경도 6° 간격으로 총 60개의 좌표지역대로 분할하여 UTM 좌표로 표시하고 양 극지방은 극좌표계인 UPS(Universal polar Stereographic Grid)를 독립적으로 사용한다. 좌표의 표시는 중앙자오선과 적도를 각각 좌표계의 종축과 횡축으로 정하여 m(미터)로 표기하고 좌표의 음수(−) 표기를 피하

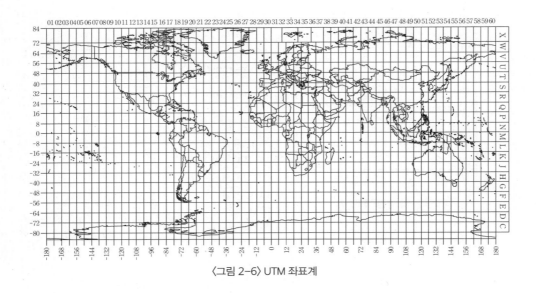

〈그림 2-6〉 UTM 좌표계

기 위하여 횡좌표에 500,000m를 가산한 (500,000mE, 0mN) 좌표를 사용하며, 남반구에서는 종좌표에 10,000,000m를 가산한 (500,000mE, 10,000,000mN) 좌표를 사용한다. 축척계수는 중앙자오선에서 0.9996으로 최솟값을 나타내며 중앙자오선에서 횡방향으로 멀어짐에 따라 점점 증가하다가 동서 180km 되는 지점에서 1.0000이 되고, 좌표계의 경계에서는 약 1.0010이 된다. 우리나라의 UTM 좌표는 경도 129°와 적도를 좌표계의 원점으로 하는 51S와 52S 지역대에 속한다.

1.2 좌표계의 변환

단일 모델이 개발됨에 따라 모든 해도를 유일한 기준계 상에서 구현하는 작업이 가능해졌지만, 하나의 기준계에서 작성된 해도를 다른 기준계로 변환하는 것은 단순한 작업이 아니다. 이러한 이유로 오늘날 통용되는 수많은 해도들은 여전히 구(舊) 기준계를 참조하고 있다.

지구 중심 기준계를 참조하는 데카르트 좌표나 지구타원체를 참조하는 지리적 좌표들은 위성 위치파악 기술을 이용해 만들어졌다. 이러한 좌표들을 해당 지역의 국지기준계로 변환하려면, 확률 계산을 통해 결정되는 매개변수들과 함께 알고리즘을 적용하여 위성에서 측정한 대단히 정밀한 데이터를 국지기준계의 그물망에 적용해야 한다. 이때 불가피한 왜곡이 발생한다.

국지적으로 기준점을 잡는 모든 타원체는 불가피하게 WGS84 기준계에서 채택한 지구 중심 타원체로부터 약간 치우치게 되는데, 이는 단순히 매개변수가 다르기 때문만이 아니라 중심의 위치

구분	적도반축(Equatorial Semi-Axis, m)	극지방반축(Polar Semi-Axis, m)
WGS84	6,378,137	6,356,752.31
ED50	6,378,388	6,356,911.95

〈그림 2-7〉 WGS84와 헤이포드 타원체의 비교

와 축의 방향성 때문이기도 하다. 따라서 국지기준계 상의 한 지점에 대한 지리적 좌표와 세계기준 좌표는 서로 다르며, 치우친 위치를 거리로 환산하면 약 수백 m 정도가 된다.

〈그림 2-7〉은 헤이포드 타원체와 WGS84 타원체 간의 차이를 보여 주고 있다. WGS84 타원체의 적도반축, 극반축이 더 작다는 점을 주목해야 한다. 크기와 원점에서 나타난 차이는 지구 상의 한 점에서의 측지학적 위도(또는 타원체 위도)와 수평좌표계(horizontal coordinates)에도 반영된다. 마찬가지로 타원체의 경도와 직각 좌표계(rectangular co-ordinates)에서도 같은 일이 발생한다.

가우스(UTM) 좌표계로 정의할 수 있는 수평좌표계를 평가할 때, 지리적 좌표를 단순 비교하는 것은 상당한 혼란을 일으킬 위험이 있다. 가우스 좌표계 상에서의 이동은 타원체 좌표계 상에서의 선형적인 수치 이동과 다르다. 이는 타원체 상에서 위도와 경도의 각도에 해당하는 호의 길이가 타 원체의 크기에 따라 달라지며, 원점의 위치도 바뀌기 때문이다. 따라서 사용자에게 완전한 정보를 제공하고, 사용자가 이러한 문제를 이해할 수 있도록 충분히 훈련시켜야 한다.

지리적 수평좌표계를 하나의 기준계에서 다른 기준계로 변환하려면 좌표계 상의 모든 점에 $\Delta\phi$, $\Delta\lambda$, ΔN, ΔE 를 적용해야 하는데, 이 값들은 모두 점에 대한 함수로 표현된다. 모든 점에 변환을 적용하면 곧 위치의 변환으로 이어진다.

같은 지역 상의 서로 다른 두 개의 국지 기준계 간 변환은, 두 개의 기준면이 별개이기는 하지만 서로 상당히 유사하며 가장 중요한 차이점은 방위라는 사실에 기반을 두고 경험적인 방법을 이용 하여 진행한다. WGS84 같은 세계 지구중심 기준계 사이에서 변환할 때는 두 개의 기준면이 서로 다르므로 좀 더 일반적인 변환 알고리즘을 적용할 필요가 있다.

기준계 간 변환은 특히 GPS의 등장과 함께 그 중요성이 인식되고 있다. 실제로 GPS 측량을 하는 동안 측량할 지역의 구(舊) 측지시스템 상의 몇몇 측점들을 포함시켜야 할 필요가 있다. 이렇게 함 으로써 해당 지역에 맞는 적절한 변환 매개변수를 계산하는 것이 가능하다.

가장 단순하면서도 널리 이용되는 방법은 앞서 언급한 타원체와 연결된 데카르트 좌표계의 스케 일 팩터를 이용하여 좌표축의 회전과 평행이동을 가정하는 것이다.

좌표변환 모델로서는 부르사 울프(Bursa-Wolf)의 변환모델이 있다. 변환 관계를 설명하는 식은 다음 식 (1)과 같다. 7개의 매개변수를 이용하는 이 식에서,

$$\begin{bmatrix} X_2 \\ Y_2 \\ Z_2 \end{bmatrix} = \begin{bmatrix} X_0 \\ Y_0 \\ Z_0 \end{bmatrix} = (1+\Delta K) \begin{bmatrix} 1 & R_Z & -R_Y \\ -R_Z & 1 & R_X \\ R_Y & -R_X & 1 \end{bmatrix} \begin{bmatrix} X_1 \\ Y_1 \\ Z_1 \end{bmatrix} \quad \text{식 (1)}$$

(X_1, Y_1, Z_1) 첫 번째 좌표계(S1)의 한 점에 대한 데카르트 좌표,

(X_2, Y_2, Z_2) 두 번째 좌표계(S2)에 S1과 같은 점이 있을 때 이 점의 데카르트 좌표,

(X_0, Y_0, Z_0) 원점 이동량

$(1+\Delta K)$ 스케일 팩터(축척변화량)

(R_X, R_Y, R_Z) S1축을 중심으로 3축 회전량(라디안으로 표시하고 반시계 방향으로 회전함)

이다.

이 모델은 GPS 기술을 이용하여 결정된 측지학 네트워크상의 모든 점(위의 예에서 S2)과, S1에서 전통적인 삼각측량과 삼변측량 기술로 결정된 점들이 지리학적으로 완벽하게 일치함을 보여 준다. 물론 이와 같은 경우는 현실에서 항상 일어나지는 않는다. 그 주된 이유는 고전적인 측지학 네트워크는 기존의 측정 과정에서 불가피하게 발생하는 오차의 전파(propagation of errors)로 인해 왜곡된 정보가 유입되기 때문이다. 위의 관계식은 네트워크를 제한된 영역 안에서 적용할 경우 대체로 성립된다.

좌표변환 수식을 적용하려면 7개의 변수를 알아야 하는데, 이를 일반적으로 7파라미터 변환이라고도 하며, 원점이동, 회전이동, 축척을 의미한다. 이는 국지기준계 상에서 최소제곱법의 해로서 결정될 수 있다. 최소제곱법에서 측정한 데이터는 네트워크 상에서 일정 숫자 이상의(≥3) 좌표들이며(데카르트 또는 측지좌표계 상), 이 값들은 S2의 GPS 측정을 통해 또는 S1의 고전적인 방식의 측량 기술을 통해 얻을 수 있다.

2. 측량의 기준

　측량의 기준을 이해하기 위해서는 지구의 표면, 기준타원체, 지오이드에 대한 이해가 필요하다. 지구는 반경이 약 6,370km이며, 표면이 약 72%의 바다와 28%의 육지로 구성된 타원체 모양을 이루고 있다. 실제적인 지구의 표면(지형)은 매우 불규칙적이고 불연속이어서 대상물의 위치결정을 위한 기준면으로 사용하기에는 어렵고 부적절하다. 따라서 대상물의 위치결정을 위하여 기준면을 수학적 그리고 물리학적으로 정의하여 사용한다. 여기에서 수학적인 기준면은 기준타원체(Reference Ellipsoid)를 의미하며, 기준타원체는 수평위치의 기준이다. 각 국가별로 이용하는 타원체를 의미하는데, 지구중심을 원점으로 하는 지심타원체(Geocentric Ellipsoid), 특정 지역을 원점으로 하는 지역타원체(Local ellipsoid) 등이 기준타원체가 될 수 있다. 물리적인 기준은 지오이드(Geoid)를 의미하며, 수직위치의 기준이다.

　모든 국가들은 일반적으로 다른 방식으로 정의된 두 개의 기준면을 찾는다. 수평면(지역타원체)과 수직면(지오이드/평균해수면)에서 위치를 따로 구분하기 때문이다. 다음 그림에서 이러한 관계를 표현하였다.

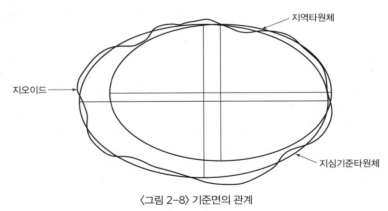

〈그림 2-8〉 기준면의 관계

2.1 수평위치의 기준

　수평기준면(Horizontal Datum)은 지구의 수학적 모델로서 측점의 지리적 좌표를 계산하는 데 사용된다. 수평의 기준은 수학적으로 정의된 회전타원체를 이용하며, 이를 기준타원체 또는 지심기준타원체(Geocentric Reference Ellipsoid)라고 한다. 일반적으로 기준타원체는 지오이드에 가장 맞는 타원체라고 정의한다. 지오이드와 가장 알맞는 회전타원체는 축이 3개(장축, 중간축, 단축)인 3축 타원체인 것으로 알려져 있으나 이 타원체는 계산과정이 복잡하여 장반경과 편평률에 의하여 결정되는 2축 타원체를 기준타원체로 사용한다. 이러한 기준타원체는 특정 지역에 가장 적합한 지역측지계(타원체)라고 하며, 우리나라에서도 세계측지계를 이용하기 전까지 베셀(Bessel) 타원체를 사용하다가, 지구 전체를 표시하기 위하여 세계측지계를 사용하게 되었다. 특히 1979년 12월 호주 캔버라에서 열린 국제측지학 및 지구물리학연합(IUGG: International Union of Geodesy and Geophysics) 제17차 총회에서는 측지기준체계1980(GRS80: Geodetic Reference System, 이하 GRS80)이 채택되었다. 우리나라에서는 현재 GRS80타원체 상수를 이용한 세계측지계를 법률로 규정하여 사용하고 있다. 아래는 GRS80 타원체의 결정 요소이다.

- 장반경: 6,378,137.000m
- 편평률: 1/298.257222101
- 중력상수×지구질량(GM): $398,600.5 \times 10^9 m^3 s^{-2}$
- 역학적 형상요소(Dynamic Form Parameter, J_2): $1,082.63 \times 10^{-6}$
- 지구의 회전각속도(ω): $7.292115 \times 10^{-5} rads^{-1}$

이러한 세계측지계는 지역에 따라 기복이나 연직선편차가 지역측지계를 사용했을 때보다 큰 오차가 발생할 수 있으나 어느 곳에서나 하나의 측지계를 통일하여 사용할 수 있다는 장점이 있어 많은 나라들이 사용하고 있다.

2.2 수직위치의 기준

수직기준면은 지오이드 또는 특정 지점에 대한 일정 기간 평균해수면을 채용한다. 수직적인 차이는 물리적으로 위치에너지의 차이를 나타낸다.

지구의 표면이 어떠한 영향을 받지 않고 오직 중력의 힘에 의해서만 유지되는 평형 상태의 바다를 생각하고 중력에 의해서만 자유로이 흐르도록 하면, 그 모양은 회전타원체의 모양과 매우 유사한 폐곡면이 이루어지며, 이 곡면은 모든 점에서 퍼텐셜의 크기가 같은 하나의 등퍼텐셜면을 형성한다. 이렇게 형성된 면을 지오이드(geoid)라고 한다. 지오이드는 평균해수면에 가장 가까운 등퍼텐셜면으로 정의되며 표고는 평균해수면으로부터의 연직거리 즉, 지오이드로부터의 연직거리로 정의된다. 지오이드는 등퍼텐셜이기 때문에 지오이드면은 모든 점에서 중력퍼텐셜 값이 같으며,

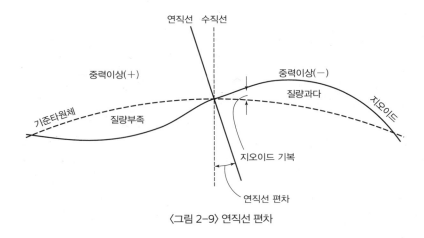

연직선 수직선

중력이상(＋)

기준타원체

질량부족

중력이상(－)

질량과다

지오이드

지오이드 기복

연직선 편차

〈그림 2-9〉 연직선 편차

어느 점에서나 표면을 관통하는 수직선은 중력의 방향(연직선)과 같다. 따라서 토털스테이션, GPS, 레벨을 지표면에 세울 때 기계의 연칙축은 중력의 방향을 의미하는 것과 동시에 지오이드면에 수직하는 것을 의미하며, 수평기준인 기준타원체에 수직인 것은 아니다. 지오이드는 지구 질량의 부등분포 때문에 상·하 불규칙적으로 기복이 있어 중력장에서 정의되는 높이의 기준면으로는 이상적이지만 평면위치를 결정하는 경우에는 기준면으로 사용할 수 없다.

기존에는 중력관측시설이나 위성을 이용한 관측이 어려워 전 지구적인 지오이드를 결정하기 힘들었으며, 이에 수직기준은 일정 기간 해수면의 높이(조위)를 관측하여 수직기준을 결정하였다.

바다의 수면은 거의 모든 지역에서 접근 가능하기 때문에, 지도제작 작업의 전통적인 고도 측량법에서 평균해수면은 통상적으로 해발고도 0으로 정의되어 있다. 평균해수면은 오랜 기간 동안 검조기를 관찰한 후 짧은 기간 동안의 조수 효과를 제거하는 것만으로도 충분히 결정할 수 있다.

『국제수로기구 수로사전』(IHO, 1994)에서는 평균해수면을 다음과 같이 정의하고 있다. "검조소에서 19년 동안 관측한 모든 단계의 조수에 대하여 평균을 낸 해수면의 평균 높이인 기본수준면(해도기준면, chart datum)으로부터 높이로 나타낸다."

우리나라의 육상 수직기준면은 1913년 12월부터 1916년 6월까지 2년 7개월간 인천만 조위관측치의 만·간조위를 평균하여 결정한 것으로 인천만의 평균해수면(또는 인천만 중등조위면)이라 부르고 있다. 이를 모든 육지의 높이를 표시하는 데 동일하기 이용하고 있으나, 해양에서는 수심이나 간축지형의 높이를 나타내는 데 선박의 안전을 위하여 그 지역의 기본수준면을 사용하고 있다.

이 기본수준면은 조위 또는 해수면 높이를 나타내는 기준으로 사용되므로 조위기준면이라고도 부른다. 조위기준면을 설정하는 방법은 기준면을 잡고자 하는 지역에서 조석관측을 실시한 후 관측기간 동안의 평균해수면을 산술평균하여 먼저 구한다. 조석 관측자료를 조화분해하면 4대분조

<표 2-1> 주요 4대분조 특성과 각종 조석기준면 계산식

구분	분조	분조명	각속도 (°/hr)	주기 (hr)	조화상수 기호	
					반조차	지각
조화 상수	M2	주태음반일주조	28.9841042	12.4206012	Hm	Km
	S2	주태양반일주조	30.0000000	12.0000000	Hs	Ks
	K1	일월합성일주조	15.0410686	23.9344697	H′	K′
	O1	주태음일주조	13.9430356	25.8193417	Ho	Ko
조석 기준 면	비조화상수			계산식		
	약최고고조면		A.H.H.W.	2(Hm+Hs+Ho+H′)		
	대조평균고조면		H.W.O.S.T.	2(Hm+Hs)+Ho+H′		
	평균고조면		H.W.O.M.T.	2Hm+Hs+Ho+H′		
	소조평균고조면		H.W.O.N.T.	2Hm+Ho+H′		
	평균해수면		M.S.L.	Hm+Hs+Ho+H′		
	소조평균저조면		L.W.O.N.T.	2Hs+Ho+H′		
	평균저조면		L.W.O.M.T.	Hs+Ho+H′		
	대조평균저조면		L.W.O.S.T.	Ho+H′		
	약최저저조면		A.L.L.W.	Ao−(Hm+Hs+Ho+H′)		
	대조차		Spring Range	2(Hm+Hs)		
	평균조차		Mean Range	2Hm		
	소조차		Neap Range	2(Hm−Hs)		

의 반조차 합을 얻을 수 있으며, 평균해수면에서 4대분조의 반조차 합을 빼면 기본수준면(조석기준면)을 얻을 수 있다. 조화상수는 그 지역의 조석에 관한 특성들이 들어간 자료이므로 이 값을 이용하여 조석을 예보할 수 있다. 산출되는 조화상수는 관측기간에 따라 다르며, 기본수준면을 결정하는 방법도 나라마다 다르지만, 우리나라의 경우 기본수준면은 4개(M2, S2, K1, O1)의 조화상수로 결정한다. 〈표 2-1〉은 주요 4대분조와 조석기준면을 계산하는 방법을 나타낸 표이다.

1) 조위관측을 통한 기준면의 종류

해도에서는 사용되는 수직기준면은 기본수준면(DL: Datum Level, 조석기준면, 약최저저조면), 평균해수면(MSL: Mean Sea Level), 약최고고조면(AHHW: Approximate Highest High Water)의 3가지가 있다. 수심과 간출암은 해수면이 가장 낮아졌을 때를 기준으로 나타내기로 국제적으로 약속하였으므로, 선박의 안전한 운항을 위해 기본수준면을 사용한다. 평균해수면은 항상 해수면에 위에 존재하는 노출암, 섬, 등대, 육상높이의 기준이 된다. 약최고고조면은 해면이 가장 높아졌을 때의 해수면을 말하며, 정확히는 평균해수면에 주요 4대분조의 반조차의 합을 더하여 값을 얻는다. 해도에서는 해안선, 항로를 가로지르는 교량, 전력선이 높이의 기준이 되며, 선박의 통항이 가능한

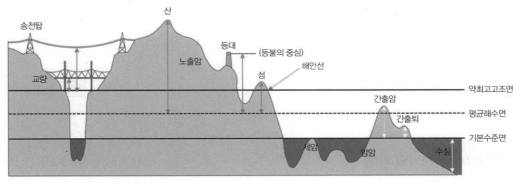

<그림 2-10> 수로측량 및 해도의 기준면

지를 알려주는 의미를 가지고 있다.

(1) 기본수준면

우리나라의 경우 약최저저조면(Approximate Lowest Low Water: 인도대저조면)을 기본수준면이라고 하며 조석표의 조위 및 해도에서 수심을 표시하는 기준면으로 사용한다. 수심 기준면은 각국가마다 규정에 따라 다르지만 국제수로회의에서 수심 기준면은 조석이 그 이하로는 내려가지 않는 면으로 해야 한다고 규정하고 있다. 기본수준면의 경우 각 지역마다 조차가 다르기 때문에 기준면이 다르며, 기본수준점(TBM: Tidal Bench Mark)을 매설하여 그 지역의 기본수준면의 높이를 성과로 관리하고 있다.

(2) 평균해수면

평균해수면은 해수면의 높이를 1일, 1개월, 1년 등 일정한 기간 동안 평균한 값이다. 일평균해수면은 매일 다른 값을 나타내며, 월평균해수면은 계절의 변화에 따라 다르며, 연평균해수면도 그 변화가 적지만 차이는 있다. 평균해수면의 변화에 영향을 주는 요인으로는 바람, 하천수 유입, 기압변화, 해수의 밀도변화(수온변화) 등이 있다. 평균해수면을 오랫동안 관측하고 비교함으로써, 관측지점 부근의 지반의 융기, 침강 등의 현상을 조사할 수 있다.

(3) 약최고고조면

우리나라는 약최고고조면을 해안선을 표시하는 기준으로 삼고 있다. 그 외 항로를 가로지르는 교량, 전력선, 통신케이블 등 가공선의 높이를 표시하는 기준으로 사용한다. 선박은 각기 크기와 선체높이가 다르기 때문에 항로를 가로지르는 장애물의 높이를 해도에서 확인하고 통과 여부를 결정한다. 또한 지적측량에서 육지와 바다의 기준면으로 사용된다.

2.3 수로측량의 기준

1) 평면(수평)위치의 기준

「공간정보의 구축 및 관리 등에 관한 법률」 제6조 제1항에 따른 세계측지계는 지구를 편평한 회전타원체로 상정하여 실시하는 위치측정의 기준으로서 다음 각 호의 요건을 갖춘 것을 말한다.

① 회전타원체의 장반경 및 편평률은 다음과 같음

가. 장반경: 6,378,137m

나. 편평률: 1/298.257222101

② 회전타원체의 중심이 지구의 질량중심과 일치할 것

③ 회전타원체의 단축이 지구의 자전축과 일치할 것

우리나라의 측지원점(경위도 원점)은 2002년 새롭게 결정되었으며, 경위도 원점 성과는 초장기선거리 갑섭게(VLBI) 관측점의 ITRF 2000성과를 기준하여 산출한 것이다. 기준타원체는 GRS80 타원체를 적용하고 있다. 아래는 우리나라 경위도 원점의 위치와 수치이다.

– 경도: 동경 127°03′14.8913″

– 위도: 북위 37°16′33.3659″

※ 경기도 수원시 영통구 월드컵로 92(국토지리정보원 내 대한민국 경위도원점)

– 원방위각: 3°17′32.195″(원점으로부터 진북을 기준으로 오른쪽 방향으로 측정한 서울산업대학교에 있는 위성기준점의 방위각)

2) 수직(표고)위치의 기준

높이의 기준면으로는 특정 지점에 대한 일정 기간의 평균해수면을 채용한다. 우리나라에서는 1913년 12월부터 1916년 6월까지 2년 7개월간의 인천만 조위관측치의 만·간조위를 평균하여 결정한 것으로 인천만의 평균해수면(또는 인천만 중등조위면)이라 부르고 있다. 당초에는 인천을 비롯한 청진, 원산, 목포, 진남포의 5개소에서 1년 이상의 조위관측 결과를 토대로 각각의 평균해수면

〈그림 2-11〉 우리나라 수준원점

을 계산하고, 이를 높이의 기준면으로 하여 한반도를 진남포, 평양, 원산을 지나는 수준노선을 기준으로 남·북 2개 망으로 나누어 수준망의 평균계산이 이루어졌으나 그 당시의 측량기록이 남아 있지 않아 현재로서는 보다 상세한 것을 알 수 없는 실정이다. 전국에 걸쳐 높이의 기준을 통일하고, 새로운 수준망을 설정하기 위하여 인천만의 평균해수면을 수준원점에 연결한 것은 1963년이며, 오늘날 이 수준원점의 높이를 전국의 수준점 등 측량기준점의 높이의 기준으로 삼고 있다. 우리나라 국토에 대한 높이의 기준이 되는 수준원점은 1963년 12월 2일 인천광역시 남구 인하로 100 인하공업전문대학 구내에 설치된 수준원점의 수정판(영눈금)을 원점수치로 하고 있으며, 그 표고는 인천만 평균해수면상의 높이로부터 26.6871m이다. 이 표고는 1964년 2월 28일~3월 11일에 국립지리원 측량반(김광수)이 1917년 구 토지조사국이 설치한 인천수준기점으로부터 본 수준원점까지 3구간으로 구분하고, Wild N3 수준의로 정밀수준측량한 성과이다. 기점의 기준은 1914~1916년 인천항의 검조자기곡선(1/50)을 면적측량의 방법으로 평균조위를 얻어 이를 인천중등조위로 삼았다(국토지리정보원, 2010).

수로조사에서 간출지(干出地)의 높이와 수심은 기본수준면(일정 기간 조석을 관측하여 분석한 결과 가장 낮은 해수면)을 기준으로 측량하고 해안선은 해수면이 약최고고조면(일정 기간 조석을 관측하여 분석한 결과 가장 높은 해수면)에 이르렀을 때의 육지와 해수면과의 경계로 표시한다.

3) 수로측량의 기준

수로측량의 기준은 「수로측량 업무규정」 제5조(수로측량의 기준)에 아래와 같이 정의되어 있다.

① 좌표계는 세계측지계에 의함을 원칙으로 한다. 다만 필요한 경우에는 베셀(Bessel)지구타원체에 의한 좌표를 병기할 수 있다.

② 위치는 지리학적 경도 및 위도로 표시한다. 다만 필요한 경우에는 직각좌표 또는 극좌표로 표시할 수 있다.

③ 측량의 원점은 대한민국 경위도 원점으로 한다. 다만 도서나 해양측량, 기타 특별한 사유가 있는 경우 원장의 승인을 얻은 때에는 그러하지 아니하다.

④ 노출암, 표고 및 지형은 평균해면으로 부터의 높이로 표시한다.

⑤ 수심은 기본수준면으로부터의 깊이로 표시한다.

⑥ 간출암 및 간출퇴 등은 기본수준면으로 부터의 높이로 표시한다.

⑦ 해안선은 해면이 약최고고조면에 달하였을 때의 육지와 해면과의 경계로 표시한다.

⑧ 교량 및 가공선의 높이는 약최고고조면으로 부터의 높이로 표시한다.

⑨ 투영법은 특별한 경우를 제외하고 국제횡메르카토르도법(UTM)을 원칙으로 한다.

제1항 제3호에 따른 측량원점의 수치는 「측량·수로조사 및 지적에 관한 법률 시행령」 제7조제1항부터 제3항까지의 규정을 따른다.

제1항 및 제2항 이외의 수로측량에 대한 세부기준은 국제수로기구(IHO)에서 정한 수로측량기준(S-44)을 근거로 정한 수로측량기준을 따른다. 수로기준점은 수로조사 시 해양에서의 수평위치와 높이를 결정하기 위한 기준점으로 수로측량기준점, 기본수준점, 해안선기준점으로 구분한다.

「수로측량 업무규정」 제6조에 따른 수로기준점의 정의는 다음과 같다.

① "수로측량기준점"이란 수로조사시 해양에서의 수평위치 측량의 기준으로 사용하기 위하여 위성기준점, 통합기준점 및 삼각점을 기초로 정한 국가기준점을 말한다.

② "기본수준점"이란 수로조사 시 높이 측정의 기준으로 사용하기 위하여 조석관측을 기초로 정한 국가기준점을 말한다.

③ "해안선기준점"이란 수로조사 시 해안선의 위치 측량을 위하여 위성기준점, 통합기준점 및 삼각점을 기초로 정한 국가기준점을 말한다.

영해기준점은 우리나라의 영해를 획정하기 위해 정한 기준점이다. 대한민국의 영해는 기선으로부터 측정하여 그 외측 12해리의 선까지에 이르는 수역으로 하며, 영해의 폭을 측정하기 위한 통상의 기선은 대한민국이 공식적으로 인정한 대축척 해도에 표시된 해안의 저조선으로 한다.

수로측량기준점   기본기준점   해안선기준점

〈그림 2-12〉 우리나라 수로기준점

출처: 한국해양조사협회

동판제   주석제

〈그림 2-13〉 우리나라 영해기준점

출처: 한국해양조사협회

3. 수로측량의 방법

3.1 수평위치 측량

1) 육분의와 삼간분도의에 의한 수평위치 측량

과거에는 육분의(Sextant)와 삼간분도의(Three Arm Protractor)를 사용하여 선박의 위치를 측정하였다. 육분의는 과거 선박이 대양을 항해할 때 태양, 달, 별의 고도를 측정하여 현재 선박의 위치를 구하는 데 사용된 광학기기로 천체의 고도 외에 산의 높이나 두 목표물 사이의 수평각을 측정할 때 사용되었다. 육분의란 이름은 원의 6분의 1, 즉 60°의 원호 모양을 한 프레임을 가지고 있는 데서 유래한다. 원호의 2배, 즉 120°까지 측정할 수 있고 전반사 프리즘을 사용한 프리즘육분의는 180° 까지 측정할 수 있다. 육분의의 각도 측정오차는 0.5′(분; 1°=60′) 정도이며, 정밀한 것은 10″(초; 1° = 3600″)까지 읽을 수 있다.

원호의 중심을 축으로 움직이는 인덱스바, 인덱스바에 장착된 인덱스거울, 프레임에 고정된 수평거울, 망원경, 원호 위에 새겨진 각도눈금 등으로 구성된다. 천체의 고도를 측정하려면 망원경을 통하여 수평거울의 한쪽 면에서 수평선을 본다. 다음은 인덱스거울에 반사되어 수평거울에 비쳐지는 천체의 상이 수평선에 일치하도록 인덱스바를 움직인다. 이때 인덱스바의 회전각은 천체고도의 1/2이 되므로, 각도눈금을 읽어 1/2을 취하거나 눈금을 실제각의 2배로 해 두면 천체의 고도를 측정할 수 있다. 또한 위치를 알고 있는 육상의 2개 지점 사이의 각을 측정하여 배의 위치를 측정한다.

삼간분도의는 육분의에 의해 측정된 좌, 우 2개의 각도를 이용하여 해도에 위치를 표시할 수 있게 하는

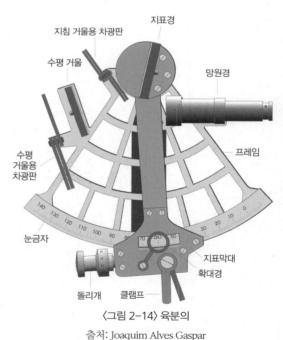

〈그림 2-14〉 육분의

출처: Joaquim Alves Gaspar

〈그림 2-15〉 삼간분도의

출처: British Hydrographic Department

장비로, 바깥 쪽 둘레에 도와 분으로 눈금이 표시되어 있으며 중심을 통하는 직선자(Three Arm)가 설치되어 있다. 분도의의 중심에는 연필을 넣을 수 있는 작은 구멍이 있어서 해도에 결정된 위치의 점을 표시할 수 있다.

2) 거리측량

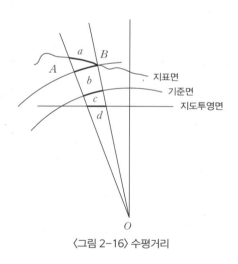

〈그림 2-16〉 수평거리

거리는 임의의 두 점 간의 길이를 말하며, 측량에서는 일반적으로 수평거리를 거리를 말한다. 실제 지구에서 A, B의 거리가 a이면, 이에 대한 수평거리를 측정할 경우 b를 측정하는 것과 같다. 지구를 완전한 구로 보았을 때의 거리 c는 호의 길이로 표현되는데, 2차원 도면 상에 표현하기 위해서는 직선 d로 변형되어 왜곡이 발생하게 된다. 즉, 임의의 두 점 A, B에서 거리를 표현할 때, 무엇을 기준으로 두고 거리를 측량하는지에 따라 같은 거리가 다르게 표현된다.

(1) 직접거리측량

직접거리측량은 줄자 등을 사용하여 거리를 직접 측정하는 방법으로 측정 도구 종류에는 천 줄자, 강철테이프, 인바테이프가 있으며 특징은 다음과 같다.

① 천 줄자(Cloth Tape): 20~50m 정도로 간단한 거리측량에 쓰이며 신축이 심하다. 정밀측량에는 부적당 정도는 1/500~1/20,000이다.

② 강철테이프(Steel Tape): 10~50m 정도로 정밀한 거리측정에 쓰이며 정도는 1/5,000~1/10,000, 보정을 하면 1/10,000~1/100,000 정도를 얻는다(표준장력 10kg, 표준온도 15℃). 강철테이프의 장점으로는 측정 시 온도보정 등을 하면 높은 정도가 얻어지지만 단점으로는 온도변화에 의한 신축이 상당히 크며 녹슬기 쉬우며 꺾어지기 쉬운 단점이 있다.

③ 인바테이프(Invar Tape): 열팽창 계수가 매우 작은 니켈(36%)과 강철(64%)의 합금으로 제작되며 전체 길이는 25m, 눈금은 8cm이고 단척에만 1mm 간격으로 표시를 한다. 인바테이프의 장점은 온도에 따른 신축이 적고(팽창률이 강철테이프의 1/20~1/200, 일반 테이프의 1/30~1/60 정도) 단점으로는 녹슬기 쉬우며 강철 테이프보다 강성이 적어 휘거나 파손되기 쉬운 단점이 있다. 인바테이프는 삼각측량 등의 정밀기선측정(1/500,000~1/1,000,000가 요구될 때)되며 댐의 변형측정 및 긴 교량의 건설 등에 이용되고 있다.

(2) 간접거리측량

간접거리측량은 거리를 직접 측정하지 않고, 다른 측점의 거리나 각을 관측하고 전파, 광학, 삼각법 및 기하학적 방법 등을 통해 거리를 간접적으로 구하는 방법으로 종류는 다음과 같다.

① 수평표척에 의한 거리측량

보통 2,000mm ± 0.1mm

$$S = \frac{b}{2} \cot \frac{a}{2} \quad 단, b는 표척길이$$

② 앨리데이드(alidade)에 의한 수평거리 측량

③ 시거법(stadia) 지형측량 시 수평·수직거리 측정

④ 음측

⑤ 전자파 거리측량

⑥ 사진측량(photogrammetry)

⑦ 초장기선거리 간섭계(VLBI)

⑧ GPS

3) 다각측량

다각측량(Traverse)은 인접되어 있는 여러 개의 측점을 서로 연결하여 만든 다변형의 도형에서

인접한 측선들에 의하여 만들어진 수평각과 측점 사이의 거리를 관측하여 상대적인 좌표를 결정하는 측량의 의미한다. 다각측량은 거리 관측의 정확도에 한계가 있기 때문에 삼각측량에 비해 낮은 정확도의 기준점 측량이나 소규모 측량에만 활용되었으나 전자파거리 측량기의 개발은 다각측량의 개념을 바꾸어 놓았으며 최근에는 변장 길이 50km 이상의 기준점 측량이 가능하게 되었다. 다각측량은 트래버스 측량이라고도 하며, 삼각측량에 비하여 간편하고 신속하다.

트래버스의 종류는 다음과 같다.

① 개방 트래버스: 기지점에서 출발하여 미지점에서 종료되는 트래버스를 의미한다. 측량한 결과의 오차를 검사할 수 없기 때문에 정확도가 매우 낮으며 측량결과를 신뢰할 수 없다.

② 폐합 트래버스: 어느 한 기지점에서 측량을 시작하여 각 측점을 차례로 측량하고 처음의 출발점으로 돌아오는 측량을 의미한다. 방향이 이미 알려진 기준측선(기선)의 방향과 다각형의 각 꼭짓점에서 측정된 내각을 사용하여 관측된 각을 조정한다. 최종적인 측점의 좌표를 구하여 폐합오차를 계산하여 조정할 수 있으며, 면적을 계산할 수 있다.

③ 결합 트래버스: 기지점에서 출발하여 다른 기지점에 결합시키는 형태로 가장 정확한 방법이다. 일반적으로 기준점을 기지점으로 사용한다. 출발점에 대한 기준 방위각을 산출하고 각 측점에서 관측된 각을 이용하여 각 측선의 방위각을 순서대로 계산하여 기지점에 연결하여 조정한다.

트래버스를 이용한 좌표를 산출하기 위해서는 방위각과 위거, 경거의 개념을 이해해야 한다. 방위각은 자오선의 북쪽 끝으로부터 그 측선에 이르는 각을 시계방향으로 측정한 각의 크기를 의미

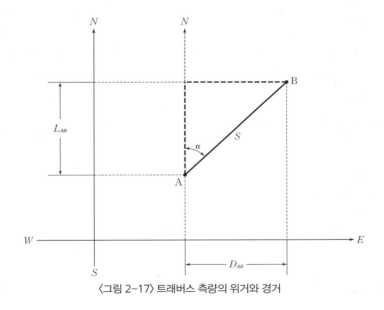

〈그림 2-17〉 트래버스 측량의 위거와 경거

한다. 위거는 측선에 대한 남북자오선의 방향의 성분을 의미하며, 남북자오선축에 정사투영된 투영거리를 나타내며, 북쪽방향을 (+), 남쪽방향을 (−)로 나타낸다. 경거의 경우 측선의 동서방향의 성분을 의미하며, 동서축에 정사투영된 투영거리를 나타내며, 동쪽방향을 (+), 서쪽방향을 (−)로 나타낸다. 위거와 경거는 트래버스의 정밀도를 계산하고 오차를 조정하는 데 사용되며, 측점의 제도, 면적 계산에 사용된다.

측선 AB의 방위각을 α, 측선의 길이를 S라고 할 때 위거와 경거는 아래의 공식으로 산출 가능하다.

L_{AB}(측선 AB의 위거)=$S\cos\alpha$, D_{AB}(측선 AB의 경거)=$S\sin\alpha$

3.2 수직위치 측량

1) 직접수준측량

(1) 직접수준측량의 원리

직접수준측량은 레벨을 이용하여 두 점 간의 고저 차를 구하는 방법을 말한다. 직접수준측량의 시준거리는 일반적으로 50~60m를 말하며 레벨에서 다음 표척까지의 거리를 의미한다. 전시·후시에 등시준거리를 취하면 레벨의 조정이 불완전하여 시준선의 해당 레벨이 기포관측과 평행하지 않을 시에 발생하는 표척의 눈금값에 생기는 오차를 소거할 수 있으며

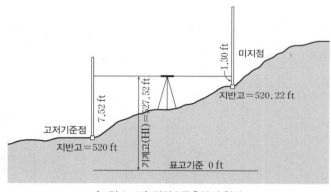

〈그림 2-18〉 직접수준측량의 원리

영향이 적은 지구의 곡률오차 및 빛의 굴절오차 역시 소거할 수 있다. 〈그림 2-18〉과 〈그림 2-19〉는 직접수준측량의 원리와 등시준거리의 원리를 도식화한 것이다.

$\Delta H = (a_1 - b_1) + (a_2 - b_2) + (a_3 - b_3) + \cdots + (a_n - b_n)$

$= \sum a - \sum b$

$= \sum (B.S) - \sum (F.S)$

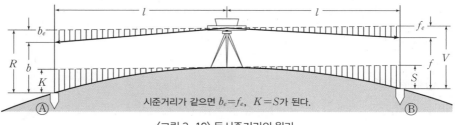

시준거리가 같으면 $b_e = f_e$, $K = S$가 된다.

〈그림 2-19〉 등시준거리의 원리

$$\therefore H_B = H_A + (\sum B.S - \sum F.S)$$

(2) 직접수준측량 시 주의사항

직접수준측량을 실시할 때는 먼저 측량에 필요한 장비를 점검하여 시준거리는 60m 내외를 표준으로 정한다. 표척은 1~2개를 사용하고 출발과 도착점의 표척은 동일한 표척을 사용해야 한다. 표척을 설치할 때에는 견고한 지반에 세워야 하며 시준거리는 오차를 줄이기 위하여 등거리로 한다. 오독과 오기를 주의하며, 기포는 중앙에 오도록 한다. 왕복 또는 폐합측량을 실시하며 적당한 거리에 임시수준점을 설치한다. 레벨을 이동시킬 때는 수직으로 운반하며 되도록 직사광선을 피한다. 만약 측량한 값이 오차 한계를 초과한 경우에는 재측을 실시한다.

2) 간접수준측량

GPS 측량, 사진측량, 평판측량 등에 이용되며 레벨을 제외한 다른 관측기기들을 사용하여 높이를 측량하는 방법을 말한다.

(1) 앨리데이드를 이용한 수준측량

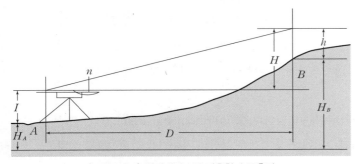

〈그림 2-20〉 앨리데이드를 이용한 수준측량

$$H_B = H_A + I + H - h$$

$$H = \frac{n}{100} D$$

$$H_B = H_A + I + \frac{n}{100} D - h$$

I: A점으로부터 시준공까지의 높이,

H: 표척의 읽음값, h: B점의 시준고,

n: 앨리데이드 눈금의 분획수

I와 h의 높이가 같다면 다음과 같은 식으로 나타낼 수 있다.

$$\therefore \ H_B = H_A + \frac{n}{100}D$$

(2) 기압수준측량

대기압은 표고, 온도, 습도 등에 의하여 그 수치가 달라진다. 따라서 기압수준측량을 할 때는 대기압을 관측하여 고저차를 구한다.

$$\Delta H = 18,460(\log b - \log a)(1 + \theta t)$$

a: A점의 기압, b: B점의 기압, θ: 공기 팽창계수(0.003665/C°), t: 평균온도

(3) 스타디아측량

$$H_B = H_A + \frac{1}{2} + i + H$$

$$H = V - h = \frac{1}{2}kl\sin 2\alpha + C\sin\alpha - h$$

$$K = \frac{f}{i} \ (일반적으로 \ 100)$$

$$C = f + d \ (일반적으로 \ 20\sim30cm)$$

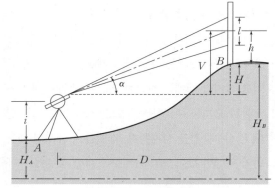

〈그림 2-21〉 스타디아를 이용한 수준측량

(4) GNSS를 이용한 간접수준측량

간접수준측량의 방법 중 GPS 높이측량은 GPS 측량으로부터 결정된 타원체고와 지오이드 모델로부터 산출된 지오이드고 간의 차이로 표고를 산출하는 방법이다. 이러한 방법은 직접수준측량에 비해 시간이나 비용적으로 유리하다. 미국의 경우에는 GNSS 측량을 통해 2cm, 5cm 정확도를 갖는 표고를 결정할 수 있도록 GNSS 높이측량 가이드라인을 제공하고 있으며, 일본의 경우에는 3급 수준점 측량에 적용할 수 있도록 4cm 수준의 정확도를 갖는 표고를 결정할 수 있는 작업규정을 고시하였다. 우리나라에서는 2013년 12월 국토지리정보원에서 EGM2008 범지구중력장 모델을 토대로 하여 육상, 항공 및 해상 중력자료를 융합하여 구축한 합성 지오이드 모델을 제공하고 있다. 이에 따라 우리나라에서도 합성 지오이드 모델을 이용하여 GNSS 측량을 통해 정밀하게 표고를 결정할 수 있는 기반이 마련되었다.

어떤 기준면을 사용하느냐에 따라 높이의 종류는 다양하다. 표고(orthometric height, H)는 평균해수면으로부터의 높이를 의미하며, 평균해수면에 가장 가까운 가상의 기준면을 지오이드로 정의하기 때문에 지오이드로부터의 연직거리로 정의되게 된다. 여기서 연직거리는 중력방향을 따라 측

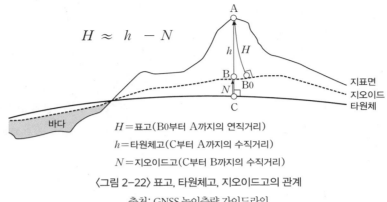

$$H \approx h - N$$

H = 표고(B0부터 A까지의 연직거리)

h = 타원체고(C부터 A까지의 수직거리)

N = 지오이드고(C부터 B까지의 수직거리)

〈그림 2-22〉 표고, 타원체고, 지오이드고의 관계

출처: GNSS 높이측량 가이드라인

정한 거리를 의미한다. 타원체고(ellipsoid height, h)는 기준타원체로부터 측정된 수직거리로 정의되며, GNSS 측량을 통해 산출될 수 있다. 지오이드고(geoid height, N)는 기준타원체로부터 지오이드까지의 수직거리로 정의된다. GNSS 측량을 통해 산출된 타원체고와 지오이드 모델로부터 계산된 지오이드고가 있으면 표고는 다음의 관계식으로 근사할 수 있다.

$H \approx h - N$

3) 삼각수준측량

삼각수준측량은 트랜싯을 이용하여 고저각(α)과 거리(D)를 관측하고 삼각법에 의하여 두 점 간

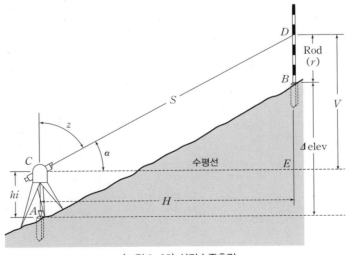

〈그림 2-23〉 삼각수준측량

의 고저 차를 계산하는 측량을 말한다. 측량을 실시할 시 측점 간의 거리가 긴 경우에는 지구의 곡률오차와 대기굴절오차를 고려해서 측량을 실시하여야 한다.

　삼각수준측량은 고저각과 거리를 관측하여 삼각법으로 두 점 간 x, y 기준점의 높이(h)를 계산하기 위해 삼각측량의 보조수단으로 쓰이며 직접고저측량에 비해 시간과 비용이 절약되는 장점이 있지만 정확도는 훨씬 떨어지는 단점이 있다. 삼각수준측량은 두 점의 수평거리 D와 고저각 α를 알고 있는 경우, 세 점이 동일 연직면 내에 있을 경우, 세 점이 동일 연직면 내에 없을 경우에 사용한다.

3.3 위성에 의한 위치측량

　일반적으로 GNSS(Global Navigation Satellite System)는 인공위성을 이용하여 지상물의 위치, 고도, 속도 등에 관한 정보를 제공하는 시스템이며, 각국의 위성측위시스템들을 GNSS 라고 통칭한다. 작게는 1m 이하 해상도의 정밀한 위치 정보까지 파악할 수 있으며, 군사적 용도뿐 아니라 항공기, 선박, 자동차 등 교통수단의 위치 안내나 측지, 긴급구조, 통신 등 민간 분야에서도 폭넓게 응용된다. 하나 또는 그 이상의 인공위성과 신호를 받을 수 있는 수신기, 지상의 감시국 및 시스템 보전성 감시체계로 이루어진다. 인공위성에서 발신된 전파를 수신기에서 받아 위성으로부터의 거리를 구하여 수신기의 위치를 결정하는 방식이다.

　현존하는 GNSS는 미국 국방부가 개발하여 운영하고 있는 GPS(Global Positioning System)

〈표 2-2〉 위성항법시스템의 종류

항법시스템	시스템 명	운용 국가	비고
GNSS 위성항법	GPS	미국	성능 보강 DGPS NDGPS
	GLONASS	러시아	
	Galileo	EU	구축 중
	Beidou	중국	구축 중
지역항법	QZSS	일본	
	IRNSS	인도	
지상파항법	LORAN-C	28개국	82개 송신국 성능 향상 eLORAN(EU 추진 중)

출처: 국립해양측위정보원

가 안정적으로 운영되며 전 세계적으로 많이 사용되고 있다. 이에 대응하여 러시아가 GLONASS (GLObal NAvigation Satellite System)를, 유럽연합(EU)은 갈릴레오(Galileo)를, 중국은 베이더우(北斗 Beidou)를 구축하고 있다.

1) GPS

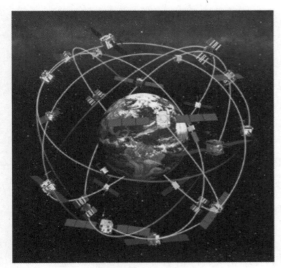

〈그림 2-24〉 GPS 위성
출처: GNGL

NAVSTAR(NAVigation System with Time And Ranging)/GPS는 1973년 미 국방성에 의하여 개발된 범지구 위성체계로서 로스앤젤레스 미 공군기지에 위치한 합동운영본부(JPO: Joint Program Office)에 의하여 계획 및 통제되고 있다. GPS에 의한 위치결정은 도플러 위성에서와 마찬가지로 궤도가 정확히 알려진 위성으로부터 송신되는 신호에 위치결정의 근거를 두고 있다.

도플러 위성에서와 같이 위성으로부터 지구 상에 설치된 수신 장치까지 정밀한 거리와 시간 그리고 신호정보를 사용하여 수신 장치가 설치된 위치의 좌표 계산을 가능하게 한다.

초기 GPS는 군사적 목적으로 개발되었으나 미국 의회는 GPS의 민간 분야에서의 활용을 허가하였으며, 이후 지난 20년 동안의 민간 분야의 이용은 GPS의 엄청난 발전을 가져왔다. 또한 2000년 5월 2일 SA(Selective Availability)가 해제되면서 민간 분야에서의 GPS는 측지, 측량, 항법, 통신, 기상 등 매우 다양한 분야에서 광범위하게 활용되고 있다. 또한 GPS 기술을 이용하면 수 밀리미터의 정밀도로 지각 및 단층 등의 위치 및 변위 측정이 가능한 것으로 알려져 있다. 현재 세계 각국에서 지각변동 및 지진에 의한 영향을 모니터링하기 위해 GPS 기술을 사용하고 있으며, 최근에는 스마트폰의 보급과 더불어 정밀한 3차원 공간정보를 요구하는 민간용 어플리케이션에 대한 수요도 지속적으로 증가하고 있다.

(1) GPS 구성

GPS는 신호를 방송하는 위성으로 구성된 우주 부문과 시스템 전체를 제어하는 제어 부문, 그리고 다양한 형태의 수신기를 포함하는 사용자 부문으로 구성되어 운영된다. 우주 부문은 적도면에 대하여 약 55°의 경사를 이루고 있는 6개의 궤도면에 각각 4개의 위성과 1~2개의 예비위성으로 배치되어 있으며, 약 20,200km 고도 상에서 약 12시간 주기로 궤도운동을 하고 있다. 이러한 위성배치는 지구 상 어느 위치에서나 최소 4개 위성의 동시관측을 가능하게 한다. GPS 위성의 궤도를 추적하고 위성을 관리하는 제어 부문은 지상에 위치한 5개의 지상 제어국으로 이루어져 있으며, 주요 임무는 궤도와 시각의 예측 및 결정을 위한 위성의 추적, 시각동기, 위성으로의 데이터 전송 등이다. 지상 제어국에서 수집한 위성 추적 자료는 주 관제국에 전송되며, 위성 궤도 및 시각 파라미터를 계산하고 안테나를 통해 GPS 위성으로 정보를 전송한다. 사용자 부문은 수신 단말기로서 위성신호를 수신하여 정밀한 위치 및 시간 정보를 제공해 준다. 초기에는 항공기, 선박, 육상차량, 보병 등과 같은 주요 방위시스템을 위한 군사용 위주였으나 최근에는 측량, 차량항법, GIS, 지진감지 및 방재 등 다양한 분야에서 민간용으로 사용되고 있다.

(2) GPS 위성신호

GPS 위성에서 송출되는 신호는 크게 반송파와 PRN(Pseudo Random Noise), 그리고 위성의 상태와 시각 및 궤도와 같은 보정 정보가 포함된 항법메세지로 구성된다. 반송파는 기본 주파수(10.23 MHz)에 각각 154와 120을 정수 배함으로써 유도된 L1(1572.42MHz), L2(1227.60MHz) 두 가지로 구성된다.

L1 반송파에는 항법메시지, CA코드, P코드를 전송하지만, L2 반송파는 항법메시지와 P코드만을 전송한다. PRN 코드는 CA코드와 P코드 모두에 들어 있다. CA코드는 민간에 개방되었지만, P코드는 군사용으로만 사용되게 암호화되어 있다. 그러나 최근 미국의 GPS 현대화 계획으로는 L2의 민간사용을 허가하는 방안(L2C), 군사 목적의 새로운 M(military)코드를 추가, 항공운용을 향상시키기 위한 새로운 L5(1176.45MHz)를 제공한다.

(3) GPS 측위법의 기본원리

GPS 위성으로부터 얻어지는 관측성과는 두 가지가 있다. 첫째는 위성에서 수신기까지의 거리(의사거리)이고, 둘째는 위상차이다. 위상차는 위성에서 송신된 위성신호가 지상의 수신기 자체의 발진기(oscillator)에서 생성된 신호와의 위상변위이며 위성에서 수신기까지 거리 계산에 사용된다. GPS 측위법은 위성으로부터 수신기까지의 거리를 사용하여 수신기의 위치를 결정하는 측위법이다. 후방교회법으로 미지점의 좌표를 구하는 방법으로, 위성의 위치가 기지점이 되고 수신기의 위치가 미지점이 된다. GPS에 의한 3차원 측위법은 단독측위법(point positioning)과 상대측위법(relative or differential positioning)으로 구분한다. 단독측위법에서는 한 개의 수신기에서 여러 개

(4개 이상)의 위성을 관측하는 방법으로 절대측위법이라고 부르기도 한다. 상대측위법에 비하여 정밀도가 낮다. 반면에 상대측위법은 한 개의 수신기 대신에 두 개의 수신기에서 한 개의 똑같은 위성을 동시에 관측하는 방법으로 단독측위법 보다 정밀도가 높다. 이때 두 점 중 한 점은 기지점으로 사용한다.

일반적으로 단독측위법에서는 의사거리를 사용하며 상대측위법에서는 반송파의 위상변위, 즉 위상차를 사용한다. GPS 측량의 정밀도는 사용되는 반송파 신호(L1, L2파) 또는 코드 신호(CA코드와 P코드)의 종류와 측위방법에 따라 좌우된다.

(4) GPS 현장관측방법

GPS 측량의 현장관측방법은 크게 스태틱(static)과 키너매틱(kinematic)으로 구분된다. 스태틱이란 관측 장소가 고정되는 것을 의미하며, 키너매틱은 관측 장소가 이동하는 것을 의미한다. GPS 현장관측방법은 수신기의 성능과 측량 목적에 따라 달라진다. 보편적으로 사용되고 있는 현장관측방법은 스태틱(static), 신속 스태틱(rapid static), 키너매틱, 의사 키너매틱(pseudo kinematic), 실시간 키너매틱(RTK: Real Time Kinematic) 등이 있다.

2) 위치 파악의 원리

GPS 위치 파악은 공간측정교차(Spatial Measurement Intersection) 기술을 이용한다. 여기에서 사용되는 측지기준계는 WGS84로서, 지구의 질량 중심을 원점으로 하는 데카르트 좌표계를 시계 방향으로 회전하여 만든 것이다. 이 기준계에서 지구 중심 타원체와 WGS84가 연결된다. WGS84 기준계에서의 위성 좌표가 알려진 경우, 위치를 모르는 어느 점의 좌표는 위성과 측정 지점에 있는 수신기에 연결된 안테나의 위상 중심 사이의 거리를 충분히 측정한 후에 관찰된 위성의 좌표와 연결된다. 위치 파악에서 가장 중요한 3가지 기본 원리는 절대측위(또는 일반), 상대적 위치 파악, 상대측위이다.

(1) 절대측위

이 방법의 목적은 WGS84 기준계 상에서 위치 좌표를 결정하는 것이다. 이를 위해 신호의 펄스부를 이용하거나(CA 코드 또는 가능하다면 P코드), 두 개의 반송파 L1과 L2를 분석한다.

첫 번째 경우, 위성과 수신기 사이의 거리를 '의사거리(pseudo-range)'라고 부르는데, 이 값을 위성에서 출발한 신호가 수신기에 도착할 때까지의 시간에 대하여 계산한다. 이 시간은 수신된 신호

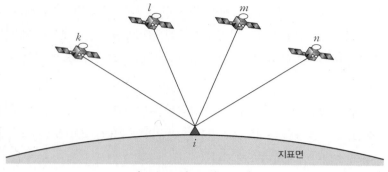

〈그림 2-25〉 절대측위 개념

와 수신기에서 만든 복사본 신호 사이의 상관관계를 통해 수신기에서 측정되고, 수신기 안의 복사본 신호는 위상을 옮겨 위성 신호와 맞추어진다. 이렇게 계산된 시간 차는 수신기 시계의 추이뿐만 아니라 위성과 수신기의 시계들 사이의 비동기 오차(asynchronous error)에 의해서도 영향을 받는다. 수신기 시계는 위성의 원자 시계에 비해서 정확도가 떨어진다. 그렇기 때문에 한 지점의 위치를 결정하는 데 필요한 미지수는 4개이며 3차원 좌표에 4번째 항목으로 수신기 신호의 오차를 추가한다. 이로써 절대 위치를 얻기 위해 실시간으로 동시에 적어도 네 개의 위성을 관찰해야 한다는 조건이 생기게 된다.

두 번째 경우에서는 두 개의 반송 주파수의 위상을 분석하고, 위성-수신기 사이의 거리는 전송되는 순간의 신호의 위상과 수신되는 순간의 반송신호의 위상을 비교하여 얻을 수 있다. 이때 모든 관측 위성에 대하여 초기 모호정수(initial integer ambiguity)라는 알려지지 않은 추가적인 양이 도입된다. 모호정수는 측정이 시작될 때 위성에서 수신기까지 횡단하는 신호 사이클의 정수이다. 따라서 모든 새로운 관측 위성에 대하여, 각기 다른 거리로 인해 새로운 모호정수가 생기게 된다. 결과적으로 위상 측정에 의한 실시간 절대측위는 위치 파악에 사용되는 위성들의 모호정수들을 알고 있는 경우에만 가능하며, 모호정수를 결정하는 절차를 초기화(initialization)라고 한다.

(2) 상대적 위치 파악

상대적 위치 파악의 목적은 임시로 두 개의 수신기가 위치한 두 지점을 연결하는 기준선 벡터 또는 벡터 성분을 결정하는 것이다. 만일 이 두 지점 중 하나의 절대 좌표가 알려져 있으면, 기준선 벡터의 성분을 더하여 두 번째 지점의 절대 좌표를 구할 수 있다. 이러한 위치 파악 방법은 코드 또는 위상의 측정을 통해 가능하지만, 실제로는 위상 측정만이 이용된다. 위상 관측 방정식은 주어진 순간에 위성을 관찰한 모든 수신기에 생성될 수 있다. 기선의 양 끝에서 두 개의 수신기로부터 같은 시간에 같은 위성을 관찰하고, 그 후 한 수신기에서 다른 수신기를 빼면 위상에 관한 두 개의 방정식과 단 차분(single difference)에 대한 방정식 하나가 만들어진다. 이를 다른 위성을 관찰한 방정식에 도입하고, 두 방정식 간의 차이를 단 차분에 추가하면, 2중 차분(double differences)에 대한 방정식이 만들어진다. 이 두 연산의 결과로 두 위성 사이의 시계 오차가 제거된다. 마지막으로 존재할 가능성이 있는 신호 간섭은 두 2중 차분 방정식들 사이의 차이인 3중 차분(triple differences) 방정식을 통해 걸러지고 연속성을 확립함으로써, 알려지지 않은 모호정수가 제거된다.

(3) 상대측위

상대측위는 절대측위와 비슷하지만, 실시간 또는 지연시간의 의사거리에 대한 보정값을 가지고 있다. 이 값은 알려진 절대 좌표 상에 설치된 수신기로부터 전송되거나 수신기에 저장되어 있는 값이다. 원격 수신기는 의사거리 또는 위상 측정의 보정값을 적용하고, 그 후 정확한 절대 위치를 계산하여 좌표의 정확도를 높인다.

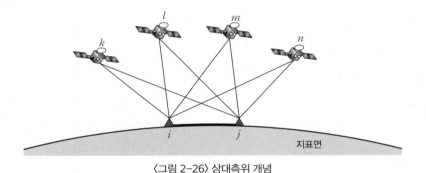

〈그림 2-26〉 상대측위 개념

(4) 위치측정 원리와 오차

위성신호를 받아 거리를 측정하기 위해서는 정밀시계가 필요하다. $1\mu s$(0.000001Sec)의 시간 차는 300m의 거리오차로 나타난다. GPS 위성에는 고가의 고정밀 원자(세슘, 루비듐, 수소)시계가 탑재되어 있지만, 일반 GPS 수신기는 필요한 정밀도에 따라서 원자시계 또는 수정시계를 사용한다. 위성으로부터 수신한 항법메시지를 통해 수신기의 시계와 위성시계를 맞춘다.

시간 차는 위성으로부터 송신된 CA코드를 수신한 것과 수신기 내부에서 똑같이 생성한 코드를 비교하여 측정하게 되며, 이 시간 차에 전파속도를 곱하면 거리가 불균질로 인한 전파속도 오차 및 굴절오차, 위성 시계와 수신기 시계의 동기 불일치 오차, 수신기 내부 회로에서 발생하는 오차 등이 합쳐져 있어, 단순히 시간 차로만 계산된 거리는 위 그림에서처럼 위성과 수신기 간 실제거리가 아닌 의사거리가 된다. P코드 역시 거리 계산은 CA코드에 의한 방법과 같다.

GPS 수신기에서 위치를 계산하기 위해서는 위성과 동기된 시각, 위성 위치, 신호 지연량을 모두 정확히 알아야 한다. 위치오차는 이 가운데 주로 위성 위치오차와 신호지연 측정의 부정확으로부터 발생한다. 신호의 지연 시간은 GPS 위성으로부터 수신한 신호와 동일한 신호를 GPS 수신기에서 발생시켜 비교하여 측정한다. 측정 정밀도는 수신 상태가 양호한 경우, 코드 길이의 1%까지 측정할 수 있어 1MHz를 사용하는 CA코드는 약 3m(10ns) 정도까지 측정하며, 10MHz인 P코드로는 약 30cm까지 측정할 수 있다.

GPS를 이용한 거리측정에 영향을 미치는 오차들을 정리하면 다음과 같다.

〈그림 2-27〉 의사거리 측정

- 전리층의 영향: ±5m
- 대류권의 영향: ±0.5m
- 천체력 오차: ±2.5m
- 위성의 시계 오차: ±2m
- 다중경로 오차: ±1m
- 수신기회로 오차: ±1m 이하

① 전리층과 대류권의 영향

전리층과 대류권 오차를 합쳐서 대기권 오차(atmospheric delays)라고 한다. 의사거리로부터 실제거리를 구하는 데는 대기권 오차를 줄이는 것이 가장 효과적이다. 대기권의 영향은 위성이 수신기 바로 위에 있을 때 가장 작고 위성이 지평선 부근에 있으면 가장 크다. 이는 대기권을 통과하는 경로의 거리 차이 때문이다.

전리층 오차는 산란으로 인한 것으로 신호의 주파수에 따라서 달라진다. L1과 L2 채널을 동시에 수신하는 고정밀 GPS 수신기는 주파수를 달리하는 두 개 채널의 신호도달 시간 차로부터 전리층 오차를 바로 보정할 수 있다. 그러나 L1 채널만을 수신하는 수신기는 항법메시지가 제공하는 전리층 수치 모델로 추정한 오차 보정계수를 사용하므로 그 만큼 부정확하다. 전리층 오차는 태양활동이 극대일 때에 가장 크게 나타난다. 대류권 오차는 공기와 수증기로 인한 것으로 전리층 오차보다 그 변화가 빠르다.

GPS 수신기가 위치하는 고도는 대류권 오차의 크기에 영향을 미치며, 이것은 위성신호가 통과하는 대류권의 거리가 고도에 따라 차이가 있기 때문이다. DGPS(Differential GPS) 방식을 사용한 위치결정은, 이미 좌표를 알고 있는 관측점에서 GPS 위성의 거리측정을 함으로써 시간 차 측정에 미치는 오차의 보정량을 찾을 수 있어, 이 보정량을 주변의 다른 GPS 관측점에 전달하여 오차를 보정하게 한다.

② 다중경로 오차

GPS 신호는 수신기 안테나까지 도달하여 직접 수신되는 것도 있으나 안테나 주변의 건물, 나무, 지면 등으로부터 반사, 굴절되어 오는 다중경로(multi path) 신호가 있어 거리오차를 만든다. 이 다중경로 신호는 유효신호의 대역폭을 소프트웨어적으로 조정하거나 다중경로 신호가 차단되게 안테나를 제작함으로써 그 영향을 줄일 수 있다. 움직이는 물체(차량, 항공기, 선박)에 장착된 GPS 수신기의 경우는 플랫폼에서 반사되는 신호 외에는 주변형상으로부터 반사하는 다중경로 효과는 심각하지 않다.

③ 천체력 및 위성 시계오차

항법메시지는 50Hz로 전송되는 코드로 전체 메시지를 전송하는 데 12.5분이 소요된다. 만약 다음 항법 메시지를 받기 전에 그 GPS 위성이 궤도수정을 하면, 항법메세지의 예정 위치정보만 의존하는 수신기는 실제와 다른 위치를 계산하게 된다. 그러므로 더 정확한 위성의 궤도 정보와 이력(almanac)을 이용하는 방법을 사용하면 쉽게 오차를 보정할 수 있다.

위성에 탑재된 시계는 대단히 정밀한 시계이지만 시간이 지남에 따라 클락 드리프트(clock drift)가 발생한다. 이 때문에 위치결정에 최대 2m 정도의 오차가 생길 수 있다. 위성시계 오차는 전리층 오차와 달리 몇 날 또는 몇 주간에 걸쳐서 일정한 변화를 보이므로 안정적인 편에 속한다.

④ 기타 간섭과 전파 방해

지상에 도달하는 GPS 신호는 약하기 때문에 다른 강한 전자파가 있는 경우 GPS 신호를 추적하는 것이 매우 어려워진다. 태양 플레어는 GPS 수신을 저해할 수 있는 자연적인 원인 중의 하나로, 태양 쪽을 향하는 지구의 절반 지역이 태양플레어의 영향을 받게 된다. 지자기폭풍 역시 GPS 신호 수신을 저해하는 원인의 하나이다.

또, 차량 내부에 장착된 수신기안테나는 앞 유리의 결빙을 방지하기 위해 내장된 열선 때문에 GPS 신호를 수신하는 데 장애가 될 수 있다. 전파교란 역시 GPS 신호에 영향을 미친다. 자연적 또는 인공적인 이유로 발생하는 GPS 수신 장애에 대처하기 위해 많은 방법들이 개발되었다. 한 가지 방법은 GPS만을 사용하지 않고 러시아의 GLONASS, 유럽연합이 개발하는 갈릴레오 등과 같은 다른 대체 위성 시스템을 함께 사용하는 것이다.

⑤ 전리층 오차감쇠

GPS를 이용한 위치 계산의 정확도는 정밀한 모니터링과 함께 GPS 신호를 다른 방법으로 측정하는 등으로 개선할 수 있다.

SA가 없어진 이후, GPS에서 발생할 수 있는 가장 큰 오차는 전리층으로 인한 것이다. 물론 GPS

위성에서 오차보정 계수를 송신하지만, 전리층의 불확실한 조건으로 인해 오차를 완전히 막을 수는 없다. 이는 GPS 위성에서 L1과 L2 두 개의 반송파로 동시에 신호를 보내는 이유가 여기에 있다. 신호가 전달되는 경로에 따른 전리층 오차는 신호의 주파수와 총 전자 함유량의 함수이다. 그러므로 수신기에서 주파수가 다른 두 대역의 신호가 도달하는 시간 차이를 측정함으로써 총 전자 함유량을 구하고 전리층 지연도 계산할 수 있다. 암호해독 장치가 달려 있는 수신기는 L1과 L2 대역에 실려 송신되는 P코드를 수신할 수 있지만, 해독장치가 없는 경우라도 코드 내의 정보는 무시하는 'codeless' 기법을 사용해 L1과 L2 대역의 P코드를 비교하여 두 대역의 전송 지연을 계산한다. 대기 중인 GPS 위성에는 민간용의 새로운 코드가 L2 및 새로운 L5 대역에 추가될 것이라고 한다. 그렇게 될 경우, 모든 사용자가 두 가지 주파수를 직접 측정하는 방법으로 전리층 지연을 계산할 수 있게 된다.

3) DGPS

DGPS는 2개 이상의 수신기를 이용하는 기술이다. 수신기 하나는 측지기준면 또는 지형점에 있는 기지국에 있고(기준국) 다른 수신기는(이동국) 측량 벡터 상에서 결정되어야 하는 지점에 있다(이동 또는 정지). 기준국에서는 의사 범위 보정(PRC: Pseudo-Range Corrections)과 의사 범위 보정의 시간에 따른 변화를 계산한다(RRC: Range Rate Correction). 이 두 보정값은 실시간으로 이동국의 원격수신기에 전송되거나 기준국의 수신기에 저장되어 후처리 절차에서 응용될 수 있다.

실시간으로 절차를 수행할 때, 두 기지국은(기준국-이동국) 무선 모뎀이나 전화선 모뎀을 통해 연결된다. 어떤 경우든, 원격 수신기(실시간) 또는 후처리 소프트웨어가 장착된 수신기/PC(시간 지연)는 의사 범위 측정의 보정을 적용하고 보정된 관측을 이용하여 단일 지점의 위치를 계산한다.

우리나라의 경우 전국에 분포된 기준국에서 GPS 오차성분을 관측하여 보정정보를 생성하고 사용자에게 방송하는 기능을 수행한다.

우리나라 DGPS 시스템은 항만 입출항 및 협수로 통항선박의 안전운항과 내륙 측위 서비스 제공을 위해 중앙사무소(대전)와 기준국(RS: Reference Station) 17개소, 감시국(IM: Integrity Monitoring Station) 15개소를 구축·운영하고 있으며, 기준국과 감시국 위치는 국가위성 기준점으로도 사용하고 있다. 각 구성요소의 역할은 아래와 같다.

- 중앙사무소: 전국의 DGPS 기준국과 감시국의 운영상태를 실시간으로 감시 및 제어하고 DGPS 이용상황을 실시간으로 모니터링하고 분석하여 이용자에게 경보메시지 방송
- 기준국: 이미 알고 있는 정확한 위치에서 GPS 위성신호 수신 후 측정된 거리와 알고 있는 거리

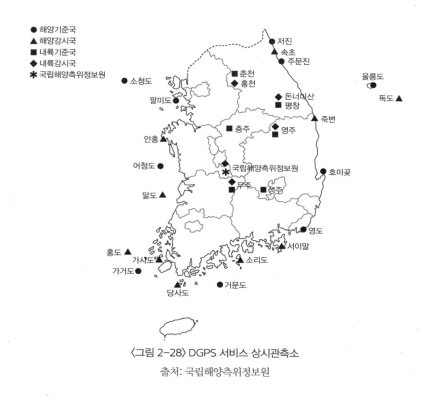

<그림 2-28> DGPS 서비스 상시관측소

출처: 국립해양측위정보원

를 비교하여 그 오차값을 국제 표준 포맷(RTCM SC-104)에 따라 중파방송(283.5~325KHz)을
통해 사용자에게 실시간으로 방송
- 감시국: 기준국으로부터 일정한 거리가 떨어진 지점에서 기준국 신호를 상시 감시하여 위성오
차 보정신호가 한계치를 벗어나거나 위성신호 이상 시 중앙사무소에 경보메시지를 전달

4) RTK

실시간 이동(RTK: Real Time Kinematic, 이하 RTK) 위치 확인에는 적어도 두 개의 GPS 수신기
가 필요하며, 하나는 기준국으로, 나머지는 이동 수신기(이동국)로 이용한다. 기준국에 있는 기지국
은 시야에 있는 위성의 위상을 측정하고 그 관측 결과와 위치를 이동 수신기에 전송한다. 그와 동시
에 이동국에서는 기준국에서 측정한 것과 같은 위성의 위상을 측정하고 동시에 기준국으로부터 수
신한 원자료(raw data)를 처리한다. 각 이동국은 그 후 각자의 위치를 계산한다. 기준국과 이동국의
수신기들은 초마다 측정을 해야 하며, 같은 주파수로 위치 결과를 산출한다.

RTK 방식의 수신기를 이용하면 GPS 반송과 위상 측정의 정확도는 cm 단위까지 이를 수 있다.

RTK 시스템(업데이트 속도)에 의해 만들어지는 초당 FIX 유형 위치의 개수는 이동 수신기(이동국)의 경로가 표시할 수 있는 정확도로 정의된다. 업데이트 속도는 헤르츠(Hz)로 측정되며 실제로 최신 수신기 중 일부 모델은 20Hz까지 도달할 수 있다. 측량 지역 내에 위치한 기준국 또는 영구 기지국에서 라디오 모뎀 또는 GSM 모뎀을 통해 이동국으로 송신하는 데이터는 RTCM(Radio Technical Commission for Maritime service)이라는 이름의 국제 프로토콜에 의해 표준화되어 있다.

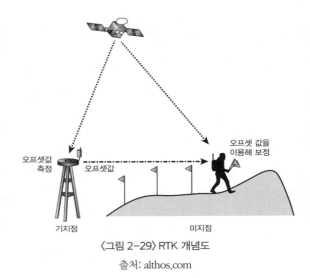

〈그림 2-29〉 RTK 개념도

출처: althos.com

5) 가상기준점측량

가상기준점측량 방식(VRS: Virtual Reference Station, 이하 VRS)은 기존의 RTK-GPS 방식의 확장으로서 좀 더 정확하고 신속한 서비스가 가능한 GPS 측량방법이다. 기존의 RTK와 달리 로버 하나만 있으면 따로 기준국을 세울 필요 없이 측량이 가능하며, 우리나라의 경우 국토지리정보원 VRS 인터넷 서비스에 연결하면 된다. GPS 상시관측소들로 이루어진 기준국망을 이용해 계통적 오차를 분리하고 모델링하여, 네트워크 내부 임의의 위치에서 관측된 것과 같은 VRS를 생성하고, VRS와 이동국과의 RTK를 통하여 정밀한 이동국의 위치를 결정하는 측량방법이다. 국토지리정보원 GPS 상시관측소를 기준으로 반드시 범위 안에 위치할 필요는 없으나 이 경계를 벗어나면 그만큼 오차가 커지게 된다.

1. 현재 이동국의 위치를 VRS 서버로 전송

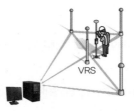

2. VRS 서버에서 이동국 인근의 VRS를 생성

3. 이동국은 마치 지근거리의 기준국을 이용하는 것과 같이 VRS의 데이터를 전송받아 RTK측량을 수행

〈그림 2-30〉 VRS 개념도

출처: 서울시

현재 VRS 기준국으로 사용되는 상시관측소는 국토지리정보원의 45개 관측소와 국립해양측위정보원의 상시관측소를 이용하고 있으며, 서울시에서도 자체적인 네트워크 RTK 시스템을 운영하고 있다.

참고문헌

국립해양조사원, 2012, 『수직기준 모니터링 및 기본수준점 정비사업』.

국립해양조사원, 2014, 『2014 기본수준점(TBM) 조사』.

국립해양조사원, 2015, 『2015 기본수준점(TBM) 조사』.

국립해양조사원, 2015, 『수로측량 업무규정』.

국토지리정보원, 2010, 『국가 수직기준체계 수립을 위한 연구』.

국토지리정보원, 2012, 『국가지오이드 모델개발 연구』.

국토지리정보원, 2014, 『GNSS 높이측량 가이드라인』.

윤하수, 2015, 『조위관측소 GPS 관측자료를 이용한 해양조석하중 성분 결정』, 박사학위논문, 서울시립대학교.

임영태, 2012, 『우리나라 해양지명 특성 분석과 표준화에 관한 연구", 박사학위논문, 서울시립대학교.

조규전, 2013, 『측량정보공학』,(개정 3판), 양서각.

한국해양조사협회, 2004, 『수로학(해양조사실무)』.

한승희, 2010, 『공간정보공학』, 구미서관.

Hofmann-Wellenhof, B., Lichtenegger, H., Collins, J., 2001, *Global Positioning System Theory and Practice* (5th), Springer-Verlag Wien.

IHO, 1994, Hydrographic Dictionary, special publication, No.32.

인터넷

국토지리정보원 홈페이지 http://www.ngii.go.kr/kor/main/main.do?rbsIdx=1.

서울특별시 네트워크 RTK 시스템 http://gnss.seoul.go.kr.

3장

수심측량과
해저지형

1. 해저지형

1.1 세계의 해저지형

지구의 70%는 바다로 덮여 있다. 그리고 그 바다의 90%가 아직도 미 탐지 영역으로 남아 있다. 바다 밑의 해저지형은 크게 대륙 주변부(continental margin)와 대양저 평원(ocean basin), 대양저 산맥(ocean ridge)으로 구분한다. 대륙 주변부는 대륙붕(continental shelf), 대륙사면(continental slope), 대륙대(continental rise)로 이루어진다. 태평양에는 대륙 주변부에 해구(trench)가 발달되어 있다. 대륙붕은 육지와 연결되어 있으며, 평균 0.1°의 기울기를 갖는 거의 평탄한 해저지형으로, 전 세계 해양의 약 7.5%를 차지한다. 대륙사면은 대륙붕 끝에서 바다 쪽으로 평균 4°의 경사를 갖는 해저지형이다. 수심 약 2,000~3,000m에 이르는 가파른 경사면을 가지고 있다.

〈그림 3-1〉에서는 육상과 해저를 포함한 지구의 기복을 보여 주고 있다. 대륙대는 대륙사면의 기슭에서 대양저를 향하여 해저 경사가 대륙사면보다 완만한 해저지형으로, 이곳에는 대륙사면을 따라 흘러내린 퇴적물이 두껍게 쌓여 있다. 대양저 평원은 대륙 주변부와 대양저 사이에 위치해 있으며, 심해저 평원이나 해산 등으로 이루어져 있다. 심해저 평원은 깊이가 4,000~5,000m인 매우 평탄한 해저지형이며, 심해에서 가장 넓은 면적을 차지하고 있다. 해구는 수심이 깊고, 좁으며, 길

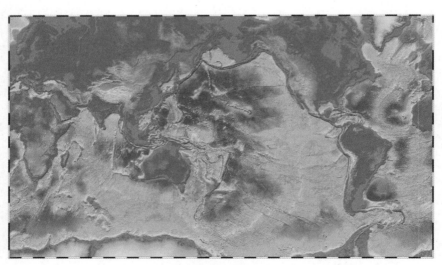

〈그림 3-1〉 지형의 높고 낮음을 컬러로 표현한 세계의 해저지형

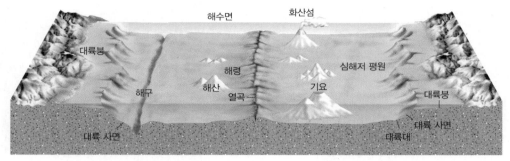

〈그림 3-2〉 해저지형 모식도

게 이어진다. 주로 태평양 주변에 대륙 주변부와 평행하게 발달되어 있다. 해저 화산은 심해저 평원으로부터 화산 작용에 의해 돌출된 지형이다. 산의 정상부가 평탄하게 깎인 채 물에 잠긴 화산을 기요(guyot) 또는 평정해산이라 부른다.

대양저 산맥은 해저에서 발견되는 거대한 산맥으로 총 길이가 80,000km에 달한다. 태평양을 제외하면 주로 대양의 중심부에 위치한다. 산맥의 너비는 1,000km 이상이며, 정상부가 갈라진 열곡으로 되어 있는 경우가 많다. 〈그림 3-2〉는 해저지형의 여러 종류를 단순화시켜 표현한 모식도이다. 본 장에서는 측심의 대상이 되는 해저지형에 대해 간략하게 다룬다.

1.2 한국의 해저지형

수심으로 볼 때, 동해는 황해나 남해와는 해저지형이 상당히 다른 바다임을 알 수 있다. 황해나 남해는 깊이도 얕을 뿐 아니라 지형도 평탄한 편이다. 하지만 동해는 평균 수심이 1,497m, 최고 수심은 2,985m로 깊은 해저 분지를 이루고 있으며, 대륙붕의 폭이 25km 이하이다. 동해는 태평양의 연해로 러시아, 일본, 한국과 접하고 있다. 북쪽으로는 타타르 해협과 소야 해협으로 오호츠크해와 연결되고, 쓰가루 해협을 통해서 북서 태평양과 연결되고 있으며, 남쪽으로는 대한해협에 의해 남해의 해수가 유입되고 있다.

〈그림 3-3〉은 우리나라의 관할 해역 해저지형과 해역별 최고 수심 지역을 나타내고 있다. 동해 중앙부에는 해저 언덕에는 대화퇴(大和堆)가 발달하여 수심이 얕고 물고기가 많이 잡히는 좋은 어장이 형성되어 있다. 동해의 모양은 마치 중앙부가 솟아오른 그릇과 비슷하다. 이처럼 동해는 크기는 작지만 해저지형적인 측면에서 볼 때 대양과 같은 특성을 가지고 있다. 반면에 남해나 황해는 대륙붕으로 이루어진 얕은 바다의 특성만을 가진다.

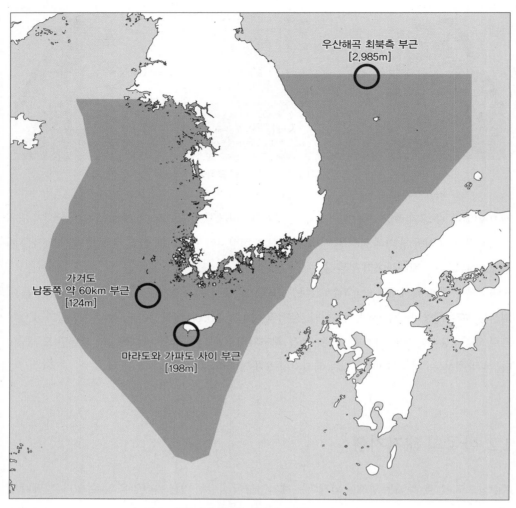

우산해곡 최북측 부근
[2,985m]

가거도
남동쪽 약 60km 부근
[124m]

마라도와 가파도 사이 부근
[198m]

〈그림 3-3〉 우리나라 관할 해역 해저지형 및 최고 수심 위치

출처: 국립해양조사원, 2012

황해는 한반도와 중국으로 둘러싸여 있으며, 평균 수심은 51m이고, 수심이 60~80m로 비교적 깊은 곳이 한반도 쪽에 치우쳐 남북 방향으로 이어져 있다. 남해는 제주해협과 대한해협을 제외하고는 수심 100m 내외로 평탄하며, 남쪽 및 남동 방향으로 갈수록 서서히 깊어진다.

2. 수중음향학 기본원리

자연현상의 법칙을 차용하여 개발된 계측장비는 이를 운용하는 원리를 이해하는 것이 측량 목적에 맞는 장비를 선정하고 운영하는 데 핵심적인 도움이 된다. 본 장에서는 음향측심기 구현의 기본 물리법칙인 수중음향에 대한 기초적 특성을 설명한다.

영상카메라나 레이더와 같은 장비에서 사용하는 전자기파는 수중에서 신호가 매우 빠르게 약화되기 때문에 수중을 탐색하는 데 거의 사용되지 않는다. 광파 또한 수중에서 흡수 및 산란되어 대양 탐사용으로 사용되지 않는다. 오직 음파만이 수중에서 활용 가능한 매체이기 때문에 이를 발견한 고대 그리스 시대부터 현대까지 매우 광범위한 영역에서 음파 탐색 및 거리측정용 장비로 개발되었다.

음향측심기는 수중 음향 원리(underwater acoustic theory)를 이용한다. 발신기(projector)에서 방사된 특정 주파수의 수중 음향 에너지는 해저면(sea bottom)에 도달한 후 반사(reflect) 및 산란(scatter)되어 다시 수신기(receiver)에 도달할 때까지 다양한 물리적 현상을 겪게 된다. 따라서 수중 음향 에너지가 수신기에 도달할 때까지 겪게 되는 다양한 영향을 이해함으로써 양질의 측심자료를 얻기 위한 장비 운영의 원리를 이해하게 될 것이다.

2.1 음파의 전달속도

음파의 전달속도는 전파되는 매질의 밀도와 온도에 따라 달라진다. 공기 중에서 음파의 전달속도는 평균 350m/s이며, 해수에서 음파의 전달속도는 평균 1,500m/s이다. 음파는 속도가 같은 매질 내에서는 직선으로 이동하지만, 속도가 달라지는 경계에서는 굴절되어 나아간다. 전달속도에 따른 전달거리는 다음의 식 (1)으로 계산된다.

$$R = \frac{ct}{2} \quad \text{식 (1)}$$

여기서, R은 거리, c는 음파속도, t는 음파의 왕복시간이다.

음파의 속도는 주파수와 무관하며, 오직 통과하는 매질의 온도와 밀도 그리고 압력에 영향을 받는다. 해수의 수온, 염분, 밀도, 압력은 수심에 따라 변하고 계절에 따라서도 변하기 때문에 음파속도도 수심과 계절에 따라 변한다. 또한 음파는 수온이 변하면 음파의 전달각도가 변하기 때문에 이는 계측 위치 측정을 할 때 오류를 일으킬 수 있다. 〈그림 3-4〉는 다중빔 음향측심 개별 빔의 전달경로를 보여 주고 있다. 음파의 이러한 물리적 특성 때문에 다중빔 음향측심기로 측심을 할 때에는 음속측정기를 사용하여 수층별 음속을 계측하고 측심결과를 보정해 주어야 하는데, 이를 '음속보정'이라 한다.

음속 변화에 가장 많은 영향을 끼치는 것은 수온, 염분, 압력 순이다. 〈표 3-1〉에서는 해수의 물리특성에 따른 음속 변화를 보여 주고 있다. 일반적으로 해수의 온도가 1℃ 변화하면, 음속은 4m/s 변화하고, 염분이 1ppt(parts per thousand) 변화하면 1.4m/s 변한다. 그리고 수심이 100m 변화할 때마다 음속은 1.7m/s 변화한다.

〈그림 3-5〉는 일반적인 해수의 수심별 수온구조와 이에 따른 음속구조를 보여 주고 있다. 수온약층(thermocline)이 존재하는 상층부는 수온과 음속의 변화 양상이 비슷하나, 수심이 깊어질수록 온도의 변화는 작고, 대신 압력이 점점 커져 그에 따른 음속의 증가로 인하여 음속이 빨라진다.

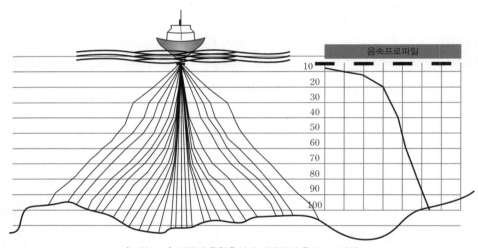

〈그림 3-4〉 다중빔 음향측심의 빔궤적과 음속프로파일

출처: R2Sonic, 2011

〈표 3-1〉 해수의 물리특성에 따른 음속 변화

물리량		음속 변화량(m/s)
1℃ 수온변화	=	4.0
1ppt 염분변화	=	1.4
100m 수심변화(10 대기압)	=	1.7

출처: R2Sonic, 2011

수온은 계절적 영향(seasonal effect), 태양복사열(solar heating), 대기와의 열교환(air/sea interaction), 지형적 용승(topographic upwelling)에 의해 변화한다.

일반적으로 전 세계 해수의 염분은 33~37ppt 내외이다. 염분의 변화는 해수의 밀도 변화를 야기하며, 음속을 변화시킨다. 육지로부터 유입되는 담수의 영향이 크게 작용하는 강 하구나 조류 또는 해류의 영향이 큰 해역에서는 밀도의 변화가 시공간적으로 변화하므로 잦은 음속측정이 필요하다.

다중빔 음향측심기는 음파 발사각을 계산할 때 송수파기 주변 음속을 계산의 초기 음속으로 이용하기 때문에, 태양의 복사열에 의해 빠르게 변화하는 표층음속을 실시간 반영하기 위하여 표층 음속기(Surface Sound Speed Sensor)를 사용한다.

수중음향을 이용한 계측장비에서 가장 큰 오류는 음향측심기에 입력된 수층별 음속자료와 실제 현상의 음속이 일치하지 않기 때문이다. 음속자료의 불일치로 발생하는 음향측심 오류를 오측심(refraction error)이라고 하는데 〈그림 3-6〉은 오측심의 전형적인 사례를 보여 주고 있다. 실제 지형(Reference Surface)은 평탄하나, 실제 현상의 음속구조보다 높은 음속프로파일 자료를 적용하여 측량을 실시하면, 외곽 빔이 올라가는 현상(smile face)이 나타난다. 반대로 실제 현상의 음속구조보다 낮은 음속프로파일 자료를 적용하면, 외곽 빔이 내려가는 현상(frown face)이 나타난다. 예를 들어, 수심 10m에서 45°로 빔을 발사하여 얻은 수심자료에 ±10m/s 오차가 있는 음속자료를 적용하면, 약 ±4.6cm의 수직오차가 발생한다.

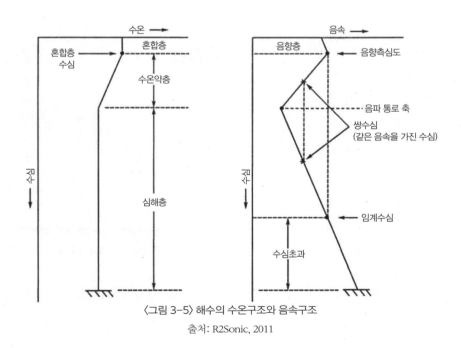

〈그림 3-5〉 해수의 수온구조와 음속구조

출처: R2Sonic, 2011

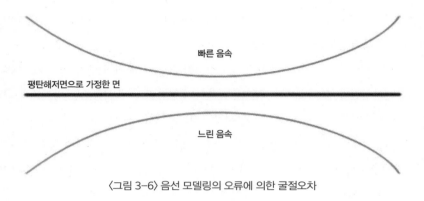

빠른 음속

평탄해저면으로 가정한 면

느린 음속

〈그림 3-6〉 음선 모델링의 오류에 의한 굴절오차

음향측심 과정에서 오측을 최대한 줄이기 위해서는 측심의 대상인 해저지형을 덮고 있는 해수와 음향매체의 물리적 특성을 이해하는 것이 필요하다.

2.2 해수에서 음파의 물리적 특성

1) 소나시스템

소나(Sonar: Sound Navigation And Ranging)는 음파를 이용하여 수중목표의 방위 및 거리를 알아내는 장비를 의미하며 음향탐지장비 혹은 음탐기로도 불린다. 소나는 수동소나와 능동 소나로 대별되며, 자체음을 발사하여 수신하는 체계는 능동 소나이고, 주변음을 수신함으로 정보를 취득하는 체계는 수동소나이다. 음향측심기는 고유 주파수의 형태를 탐지하기 용이하도록 변형하여 음파를 만들어 해저에 방사하기 때문에 능동 소나 시스템이다. 소나 시스템은 다음과 같은 수중 음향과 해수의 상호

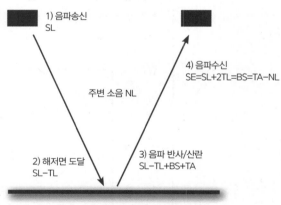

1) 음파송신
SL

4) 음파수신
SE=SL+2TL=BS=TA-NL

주변 소음 NL

2) 해저면 도달
SL-TL

3) 음파 반사/산란
SL-TL+BS+TA

〈그림 3-7〉 음선 모델링의 오류에 의한 오측심 경향

관계에 대한 모델링을 통해 성능을 평가할 수 있으며, 이를 소나방정식이라고 한다. 능동 소나 시스템의 성능은 식 (2) 능동 소나 방정식으로 모델링될 수 있으며, 수중음향 전달에 영향을 끼치는 영

향들의 선형적 합으로 표현된다.

능동 소나의 방정식은 다음 식 (2)와 같다.

$$SE = SL - NL + BS + TA - 2TL \qquad 식 (2)$$

여기서 SE는 Signal Excess, SL은 Source Level, NL은 Noise Level, BS는 Backscatter Strength, TA는 Target Area, TL은 Transmission Loss를 의미하며 이들 각각을 소나 파라미터라고 부르는데 〈표 3-3〉에 의미를 정리하였다. 〈그림 3-7〉은 소나방정식이 형성되는 과정을 보여 주고 있다.

초기 발생시킨 음의 강도(SL)가 세고, 주변 환경 잡음(NL)이 낮고, 음파가 진행 중에 해수 속으로 흡수되거나 산란되는 양(TL)이 적으면 보다 먼 거리까지 음파가 전달되고, 이의 반대 경우에는 음파의 전달거리가 짧아진다. 음파가 수중에 전파되는 동안 흡수되거나 마찰에 의해 손실되는 양상은 음파가 가지는 주파수 특성에 의존한다. 파장이 길고, 진폭이 큰 저주파수 음파는 파장이 짧고 진폭이 작은 고주파수 음파보다 더 멀리 진행할 수 있다.

다중빔 음향측심기에 사용되는 음파는 12KHz에서 1MHz 대역이며, 12KHz의 경우에는 11,000m까지 탐지 가능하나 1MHz 경우에는 20m 내외의 거리를 탐지할 수 있다. 이는 사용주파수에 따른 전달 손실과 큰 관련이 있다.

또한 동일한 주파수를 사용하는 장비일지라도 주변 상황에 따라 성능이 달라질 수 있다. 해저면의 퇴적물 반사강도의 변화에 따라 시스템 성능이 달라진다. 해저 면이 뻘로 되어 있으면 음파는 뻘에 흡수되어 수신되는 음파에너지가 약하고, 모래나 암반 지역에서는 수신되는 음파에너지가 강하여 보다 정확한 측심성과 성능을 얻을 수 있다.

이러한 소나 파라미터 각각은 dB 단위로 표현된다. dB 단위는 기준 값 대비 계측 값의 비에 로그를 취하여 얻는다. 기준강도 대비 각 파라미터의 강도를 표현하기에 dB 방식이 편리하기 때문에 dB 단위로 표현한다. 시스템 제원표상의 음파발사 강도나 주파수별 흡수율 등도 dB로 표현하므로 이에 익숙해질 필요가 있다.

〈표 3-3〉 소나 파라미터 설명

구분	약어	설명	
매질	TL	Transmission Loss	음파 전달 손실
	NL	Ambient Nosie Level	잡음 강도
	BS	Backscatter Strength	후방산란 강도
표적	TA	Target Area	표적탐지 면적
시스템	SL	Source Level	방사음 강도
	NL	Self Noise Level	자체 소음 강도

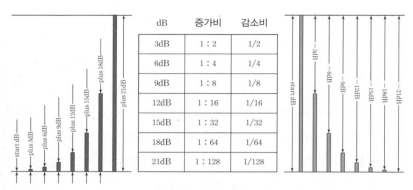

<그림 3-8> dB 단위의 이해

〈표 3-4〉 온도와 주파수에 따른 흡음손실

Seawater Absorption dB/km					
Freq.	10˚C	15˚C	20˚C	25˚C	30˚C
100	54	65	77	86	91
200	55	67	80	89	92
210	57	69	82	94	98
220	59	71	85	97	104
230	61	74	88	101	109
240	63	76	91	105	115
250	65	78	94	109	120
260	67	80	96	113	125
270	69	82	99	116	130
280	71	84	101	120	134
290	73	86	104	123	139
300	75	88	106	126	143
310	78	91	108	129	148
320	80	93	111	132	152
330	82	95	113	135	156
340	85	97	115	138	160
350	87	99	118	141	164
360	90	102	120	143	168
370	92	104	122	146	171
380	95	106	125	149	175
390	98	109	127	152	179
400	100	111	129	154	182
700	213	207	214	235	270

출처: R2Sonic, 2011

dB로 표현된 값은 비선형적 증가분을 로그를 취함으로서 선형적으로 표현할 수 있는 장점이 있다. 신호보다 2배의 강도로 수신되었으면, dB 단위에서는 기준보다 3dB 큰 것으로 표현된다. 〈그림 3-8〉은 dB 단위의 크기 변화를 그래픽으로 설명하고 있다. 〈그림 3-8〉의 좌측 패널에서는 dB 척도에서 크기의 증가를 그림으로 표현하고 있다. 3dB 변화할 때마다, 대수적으로 두 배씩 증가하고, 우측 패널의 경우에는 3dB 작아질 때마다 크기의 50%씩 감소됨을 보여 준다.

예를 들어, 〈표 3-4〉에서는 다중빔 음향측심기의 주요 사용 주파수에 따른 수심대별/온도별 흡수율을 보여 주고 있다. 표의 단위는 dB/km인데, 1km 이동 시 약화되는 강도를 단위로 하고 있다.

〈그림 3-9〉에서는 온도와 주파수에 따른 음파의 흡음손실을 그래프로 대비적으로 보여 주고 있다. 그래프에서 보여 주는 바와 같이, 주파수와 수온이 높을수록 흡음손실이 증가해서 전체적으로 탐지효율을 저하시키는 요인이 된다.

〈그림 3-10〉에서는 해저면 퇴적 구성물에 따른 후방산란 강도의 변화 및 이에 따른 탐지폭의 변화를 보여 주고 있다. 동일한 온도에서 일정한 흡수손실을 가지고 있는 환경이지만, 퇴적물의 구성 양태에 따라 탐지효율이 달라져, 자갈로 구성된 해저면이 뻘로 구성된 해저면보다 더 넓은 탐지성과를 가질 수 있음을 알 수 있다.

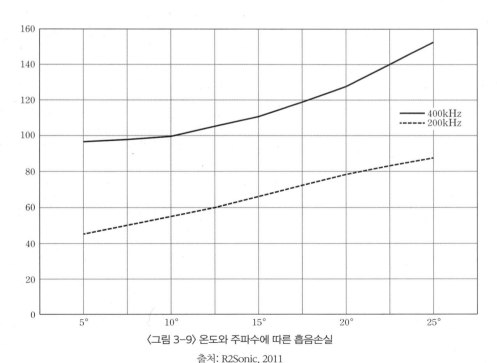

〈그림 3-9〉 온도와 주파수에 따른 흡음손실

출처: R2Sonic, 2011

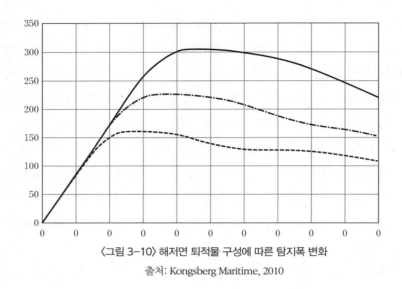

〈그림 3-10〉 해저면 퇴적물 구성에 따른 탐지폭 변화

출처: Kongsberg Maritime, 2010

　소나 체계를 구성하는 각 요소를 이해함으로 탐사에 요구되는 적정한 시스템을 선정하고, 조사를 기획할 수 있다. 보다 자세한 수중음향학에 대한 설명은 참고문헌을 통해 심도 있게 학습하기를 권한다.

3. 수로조사용 장비와 특성

수심측량에 사용되는 주요 장비는 음향측심기로서 음파를 발생 및 수신하는 트랜스듀서와의 위치, 트랜스듀서가 장착된 조사선의 3차원 거동, 조사선의 선수방향, 해수의 수층별 음속, 해수면의 시간에 따른 조석 등을 계측하는 센서로 구성된다. 수심측량 장비의 기본적 성능은 주장비의 탐지거리(depth range) 성능, 분해능(resolution), 정확도(accuracy)에 기반하고 있다. 또한 각각의 요소는 주장비가 채용한 음향주파수와 빔 특성에 따라 달라진다. 본 장에서는 수심측량 장비에 대한 설명과 이의 적용방식을 다룬다.

3.1 음향측심기

1) 단빔 음향측심기

측심용 음향기는 전기/음향 신호변환 트랜스듀서, 신호 제어부, 전시/기록부로 구성되어 있다. 일반적으로 신호 제어부와 전시/기록부는 하나의 메인시스템으로 구성되어 있고, 트랜스듀서는 수중 케이블로 메인시스템과 연결되어 있다. 전기/음향 신호변환을 하는 트랜스듀서는 특정 음파가 해저면에서 반사되어 되돌아오는 시간을 계측하기 위해 고안된 지향성 피에조 세라믹으로 구현되어 있다. 피에조 세라믹의 물리적 특성은 전기적 신호를 음향신호로 변환한다. 또한, 음향신호를 다시 전기적 신호로 변화하는 특성을 가지고 있다.

기본적으로 발생된 음파신호는 전 방향으로 방사되나, 특수한 설계를 통해 특정 방향(지향)으로 음향 에너지를 모아서 방사할 수 있도록 구현되어 있다. 이때, 모인 음향 에너지를 빔(Beam)이라고 하며, 빔이 퍼지는 각도를 빔 퍼짐각(Beam Angle)이라고 한다. 빔 퍼짐각의 크기에 따라 실제 해저면에 반사되는 음파의 반사 및 산란 영역이 수심과 비례하여 커지며, 빔 퍼짐각이 작을수록 보다 정밀한 지형기복을 계측할 수 있다(그림 3-11). 공간해상도를 이웃한 물체를 구분해서 표현할 수 있는 성능이라고 정의하는데, 〈그림 3-12〉와 같이 구분 가능한 최단거리(dx)는 탐지대상까지의 거리와 빔 퍼짐각에 의해 결정된다.

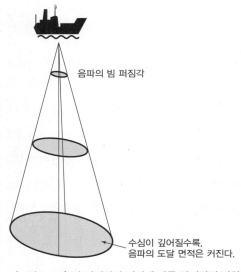

음파의 빔 퍼짐각

수심이 깊어질수록,
음파의 도달 면적은 커진다.

〈그림 3-11〉 빔 퍼짐각과 거리에 따른 탐지면적 변화

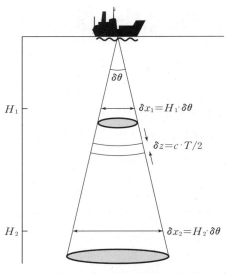

$\delta\theta$

H_1

$\delta x_1 = H_1 \cdot \delta\theta$

$\delta z = c \cdot T/2$

H_2

$\delta x_2 = H_2 \cdot \delta\theta$

〈그림 3-12〉 단빔 음향측심기의 공간해상도

$$\delta x = 2H tan(\delta\theta/2) \approx H\delta\theta \quad \text{식 (3)}$$

여기서, H는 수심, δx는 수평해상도, $\delta\theta$는 빔 퍼짐각을 나타낸다. 예를 들어, 빔 퍼짐각이 10° (0.175 rad)이면, 수심 10m에서의 공간해상도는 1.75m이고, 1,000m에서는 175m가 된다. 다시 말해, 수심 10m에서는 최소 1.8m 이상 이격된 물체들이 분리되어 기록될 수 있음을 의미한다.

빔 퍼짐각은 음향측심기에 부착된 트랜스듀서의 직경과 주파수에 따라 달라진다. 같은 주파수를 이용하더라도 크기가 큰 트랜스듀서는 보다 좁은 빔 퍼짐각을 생성할 수 있기 때문에 공간분해능이 좋아져서, 보다 상세한 해저의 기복을 계측할 수 있다.

〈그림 3-13〉은 상용 단빔 음향측심기의 사례를 보여 주고 있으며, 〈그림 3-14〉는 다양한 종류의 단빔 음향측심기용 트랜스듀서를 보여 주고 있다.

단빔 음향측심기는 트랜스듀서와 해저면까지의 음향 에너지 도달시간(왕복주시)만을 계측하는 것이기 때문에, 원래 계측하고자 하는 해수면과 해저면 사이의 정확한 거리를 측정하기 위해서는 구체적 보정이 필요하다. 선박의 해수면 장주기와 단주기(조위, 파고, 흘수) 변동에 따른 변위, 해수 내 음속의 변화 등을 현장에서 직접 계측하여 보정해야 한다.

도식적으로 표현하면, 〈그림 3-15〉와 같이 실제 음향측심기로 계측된 수심 (S)는 계측 당시의 조고 (T)와 흘수 (d)를 적용하여 계측 지점의 기준수준면하 수심(D)로 변환해서 해도상 수심으로 활용된다. 최근에는 고정밀의 RTK-DGPS를 이용하여 타원체 고도를 이용하여 관측 시점의 조고를 계산, 보정하는 경우가 있다. 이때에는 기준면과 지구타원체상 고도기준면과의 차 (N), 측심기와

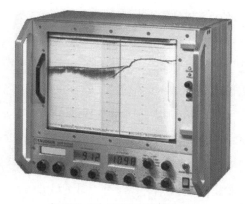

〈그림 3-13〉 단빔 음향측심기 본체

〈그림 3-14〉 다양한 종류의 단빔 음향트랜스듀서

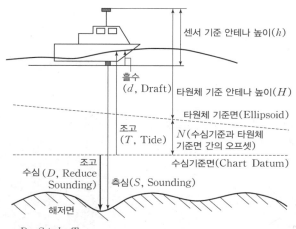

$D=S+d-T$
(GPS 높이 정보를 이용하지 않고 조고를 이용한 기준면하 수심을 계산할 경우)

$D=S+h-H-N$
(GPS 높이를 이용하여 조고를 추정하여 기준면하 수심으로 계산할 경우)

〈그림 3-15〉 수직기준면들을 고려한 측심 도해

GPS 안테나 고도와의 차 (h), GPS 안테나 고도 (H), 측심성과 (S)를 통해 기본수준면하 수심을 계산할 수 있다.

2) 다중빔 음향측심기

단빔 음향측심기가 개발되면서 지구에서 가장 깊은 곳의 수심까지 계측할 수 있는 기술이 확보되었다. 1960년대에 이르러 해저면의 지형 기복과 표층 퇴적상을 영상화하기 위하여, 사이드 스캔 소나가 개발되면서 음향의 빔을 부채꼴 모양으로 방사할 수 있는 배열식 트랜스듀서 기술을 개발되었다. 이 기술로 인하여, 단빔 음향측심기에서 사용하던 원통형의 빔 모양을 납작하게 만들어 폭이 좁은 빔 퍼짐각을 가지면서 넓은 영역을 탐사할 수 있게 되었다. 그런데 사이드 스캔 소나는 모든 신호를 시간 순서적으로 기록하는 문제가 있다. 거리도 알 수 없고, 어느 방향에서 반향 신호가 들어오는지도 알 수 없다. 좁고 넓은 빔을 이용하면서, 정확한 방향을 탐지하고, 그에 따른 거리를 계산하여 효율적으로 지형 프로파일 정보를 획득하는 장비의 개발이 필요했다. 이러한 수요를 만족시키기 위하여, 1970년대에 상업용으로 최초 개발된 다중빔 음향측심기는 조사선 선저 직하방으로 45° 주사폭을 가진 부채꼴 형태의 빔을 방사하고 수신된 신호로부터 16개의 빔을 생성하여 〈그림 3-16〉과 같이 수심의 약 2배의 지형 프로파일을 제공하였다. 현재는 다양한 주파수와 주사폭으로부터 500개가 넘는 측심자료를 동시에 제공하는 다중빔 음향측심기가 수로 측량의 핵심 장비로 활용되게 되었다.

음파를 발사할 때에는 현 방향으로 얇고 넓은 빔을 형성하기 위하여 복수개의 트랜듀서 배열을

〈그림 3-16〉 다중빔 음향측심 모식도

사용하게 된다. 또한 음파를 수신하여 빔을 형성할 때에는 선수방향으로 놓여진 수신기 배열이 사용된다. 십자가 형태의 송신 및 수신기의 설치방식을 Mill's Cross 방식이라고 하는데, 외형적으로는 하나의 트랜스듀서로 보일 수 있지만, 트랜스듀서 내에는 모두 같은 방식으로 구현되어 있다. 송신 빔과 수신 빔이 교차하는 해저면에서 되돌아오는 신호의 방향과 거리를 계산하므로, 다중빔 음향측심기의 공간해상도는 송수신 빔의 빔 퍼짐각으로 결정된다. 〈그림 3-17〉에서는 다중빔에서 사용하는 빔에 대한 정의를 보여 준다. 송신 빔이 좌우로 퍼지는 최대 주사각을 다중빔 음향측심기의 주사각(swath angle)이라고 하고, 수심에 따라 탐지되는 최대 주사폭(swath width)은 변화한다. 송수신 지점의 교차지점에서 반향된 신호를 빔(beam)이라고 한다. 기존에는 하나의 빔에서 하나의 측심만을 구하였는데, 최근의 발달된 신호처리 기술로 인하여, 하나의 빔을 보다 정밀하게 샘플링하여 복수개의 측심 값(multi detect)을 생산하는 제품도 선보이고 있다.

개별 빔 하나의 측심은 음향 빔이 계측된 경사거리와 각으로 결정된다. 송수파기 바로 하부를 직하방(Nadir)이라고 하며, 개별 빔의 직하방에서 외측 현방향 수평거리(crosstrack)와 그 지점에서의 수심은 〈그림 3-18〉에서 설명하는 것과 같이 반향된 음파의 왕복주시와 입사각도로 알아낼 수 있다.

$$Z = D = \frac{ct}{2}\cos(A) \quad \text{식 (4)}$$

$$y = \frac{ct}{2}\sin(A) \quad \text{식 (5)}$$

여기서, Z나 D는 그 지점의 수심을, A는 입사각, C는 음파속도, t는 왕복주시를 의미한다. 그리고 y는 직하방에서 빔까지의 수평거리를 의미한다.

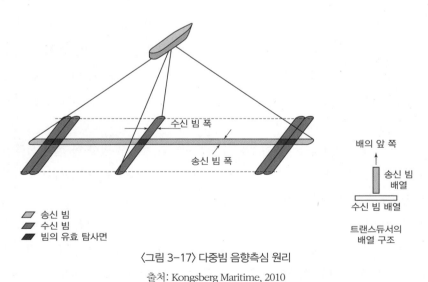

수신 빔 폭
송신 빔 폭

배의 앞 쪽
송신 빔 배열
수신 빔 배열
트랜스듀서의 배열 구조

송신 빔
수신 빔
빔의 유효 탐사면

〈그림 3-17〉 다중빔 음향측심 원리

출처: Kongsberg Maritime, 2010

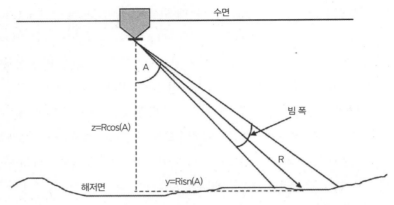

개별 빔의 수심은 Z=D=Rcos(A) 혹은 Z=D=0.5ct cos(A)의 식으로 구할 수 있다.

〈그림 3-18〉 개별 빔의 수심 계산 방식

출처: Kongsberg Maritime, 2010

개별 빔이 가지는 선수 및 현 방향 빔 퍼짐각(beam angle)은 이웃한 두 개의 물체를 구분할 수 있는 공간분해능을 제한한다. 선수방향 공간해상도(δx)는 사이드 스캔 소나와 같이 거리(R)와 빔 퍼짐각(ϕ)으로 정의된다.

$\delta x \approx \phi R$　식 (6)

현 방향 공간해상도(δy)는 펄스의 지속시간과 입사각으로 정의된다.

$\delta y \approx \dfrac{cT}{2\sin\theta}$　식 (7)

여기서, c는 음파속도, T는 펄스 지속시간, θ는 개별 빔의 입사각을 나타낸다.

선저에 부착된 송수신기에서 좌우현으로 빔이 송수신되어 지형 프로파일이 생성되고, 조사선이 움직이면서 지속적으로 송수신을 반복하면 조사해역의 전체적 윤곽을 제공하게 된다. 빔의 수평방향 밀도는 수심과 한 번의 송수신(Ping)으로 계측되는 빔의 개수와 선속, 그리고 핑을 얼마나 자주 반복하느냐에 달려 있다.

최신의 다중빔 음향측심기에서는 개별 빔의 수심뿐 아니라, 음파의 반향강도를 기록하여 사이드 스캔 소나와 같은 정보를 제공한다. 사실 사이드 스캔 소나는 조사선 후미 수중에서 조사되기 때문에 위치의 정확도가 많이 부정확하지만, 다중빔 음향측심기의 후방산란 영상은 개별 빔의 정확한 위치와 더불어 기록되기 때문에 매우 정확하고 정보로서의 가치가 매우 높다.

최신의 수로측량용 다중 빔 음향측심기는 다양한 주파수와 서로 다른 측심계산 기법을 적용하고 있다. 〈그림 3-19〉에서는 대표적으로 활용되고 있는 다중 빔 음향측심기의 여러 트랜스듀서를 보

〈그림 3-19〉 상용 다중빔 음향측심기의 트랜스듀서

여 주고 있다.

　다중빔 음향측심기는 한 번에 수심의 3~5배 이상의 면적에 대한 지형 프로파일을 얻을 수 있으나, 경사를 가지고 빔이 수신되기 때문에 정확한 수심계측을 위해서는 추가적인 보조 센서가 필요하다.

　일정한 입사각도를 가지고 빔이 형성되기 때문에 밀도가 변화하는 경계층에서 음선굴절이 발생한다. 음선굴절에 대한 모델링은 현장에서 계측한 음속측정기에서 취득한 정보에 기반하며, 음선굴절 계산을 위한 트랜스듀서 부근의 초기 음속 관측치가 반드시 필요하다. 이를 위해 표층 음속 센서도 필요하다. 또한, 송신을 담당하는 프로젝터와 수신을 담당하는 하이드로폰이 합쳐진 것을 통상 다중빔 트랜스듀서라고 하는데, 측심은 이 트랜스듀서의 원점을 기준으로 계산된다. 그런데 트랜스듀서가 장착된 조사선은 외력에 의해 3차원 운동을 하기 때문에, 정밀한 빔 위치 산정을 위해서는 고정밀의 3차원 운동계측 시스템과, 프로젝터의 방향을 계측하기 위한 디지털 자이로 컴파스가 요구된다. 〈그림 3-20〉에서는 다중빔 음향측심에서 동시에 운영되는 보조 센서들을 보여 주고 있다. 다중빔 음향측심기에서 주 센서는 트랜스듀서와 신호처리를 담당하는 프로세서를 의미하고,

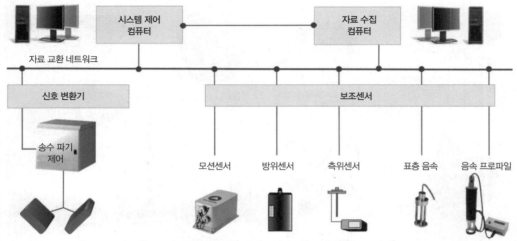

〈그림 3-20〉 다중빔 음향측심 시스템 구성(주 센서와 보조 센서)

보조 센서로는 조사선의 위치를 결정하는 GPS, 조사선의 3차원 운동을 계측하는 모션센서, 조사선의 운동방향을 계측하는 자이로 컴퍼스, 수층의 음속을 계측하는 음속측정기, 트랜스듀서 근처의 실시간 음속변화를 관측하는 표층음속기 등으로 구분된다.

주 센서와 보조 센서 간에는 GPS에서 보내 주는 시각정보로 모든 정보가 일치되며, 개별 센서들이 내부에 구현하고 있는 좌표계와 조사선 중심 좌표계상으로의 정렬을 위해 각 센서들의 초기 설치 시에는 정확한 설치좌표 측량과 보정시험(patch test)을 통해 오정렬된 값을 찾아야 한다.

3.2 측심 장비 상호 비교

1) 단빔 대 다중빔 음향측심기

단빔 음향측심기는 다중빔 음향측심기에 비하여 매우 폭이 넓은 음향빔을 사용하고 있으며, 탐지 면적이 크기 때문에 선박의 요동에 따른 계측 위치의 변동이 크지 않고, 넓은 지역에 대한 평균 수심을 기록하기 때문에 반복 조사에 따른 재현율이 다중빔 음향측심시스템 보다 높다.

〈그림 3-21〉에서는 기존 단빔 음향측심기와 다중빔 음향측심기의 차이를 대별적으로 보여 주고 있다. 다중빔 음향측심 시스템은 매우 좁은 빔을 이용하기 때문에, 해상도가 매우 높고, 탐지 면적이 좁기 때문에 선박의 움직임에 따라 지향위치가 지속적으로 변화된다. 다중빔 음향측심기를 이

용한 수심측량에서 선박의 움직임을 계측하는 모션센서가 중요한 이유이다. 또한, 〈그림 3-22〉에서 보여 주는 바와 같이 단빔 음향측심기는 직하방 수심만 관측하기 때문에, 선박의 선수방향을 고려할 필요가 없으나, 복수 개의 빔을 현 방향으로 방사 수신하는 다중빔 음향측심기의 경우, 선수방향의 직각방향으로 빔을 방사 수신하기 때문에 선수각의 정확한 방위를 실시간으로 계측하는 시스템(자이로컴퍼스)이 추가적으로 필요하다. 이러한 고정밀의 모션센서 및 방위센서(자이로컴퍼스)

단빔 음향측심기	다중빔 음향측심기
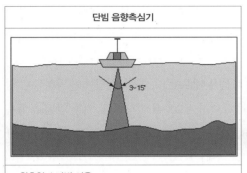	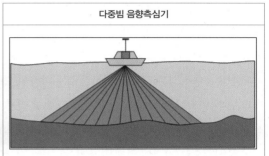
• 원추형 소나빔 이용 • 빔의 탐사면적 넓음(해상도 불량) • 탐사 범위 내 최천소계측치를 대표수심으로 관측 • 한 번의 송수신으로 하나의 계측치 획득 • 자이로나 모션센서 불필요	• 부채꼴형 소나빔 이용 • 선수방향 탐사각 0.5~3.0˚ • 현방향 탐사각 90~150˚ • 한 번의 송수신으로 지형 프로파일 취득 • 측심 방법에 따라 음압강도계측 방식과 위상차 계측 방식으로 나뉨 • 고정밀 부가센서 필요

〈그림 3-21〉 단빔과 다중빔 음향측심 비교

단빔 음향측심기	다중빔 음향측심기
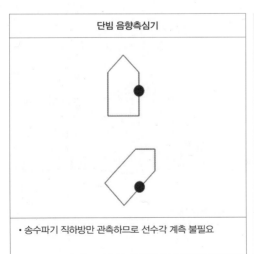	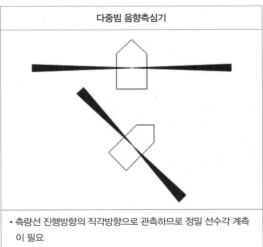
• 송수파기 직하방만 관측하므로 선수각 계측 불필요	• 측량선 진행방향의 직각방향으로 관측하므로 정밀 선수각 계측이 필요

〈그림 3-22〉 단빔과 다중빔 측량 방식 비교

의 정확도와 각 부가시스템 간의 정렬 정도에 따라 최종 측심 성과의 정확도가 달라지기 때문에, 단빔 음향측심기에 비하여 복잡한 현장보정 과정이 요구된다.

다중빔 음향측심기는 직하방 수심 계측만이 아니라, 사각으로도 음파를 송수신하기 때문에, 성층된 해수의 물리적 경계층에서 음파 굴절이 발생된다. 음파의 전달경로가 직선이 아니라, 층마다 음향임피던스(acoustic impedance)에 따라 굴절률이 달라지므로, 조사 지역의 성층 상태를 확인하고, 음파 전달 경로 보정을 수행해야 한다. 이를 위해 성층을 판별하는 수온 및 염분 계측기(CTD: Conductivity, Temperature, Depth) 혹은 음파속도계(SVP: Sound Velocity Profiler)를 현장에서 운영해야 한다. 〈그림 3-23〉은 다중빔 음향측심기 운용 시 요구되는 음속보정의 필요성을 설명하고 있다.

다중빔 음향측심은 시스템의 복잡도에 비하여, 그 효율은 매우 높다. 특히, 시간대비 탐사되는 영역과 단위 면적당 측심 자료의 밀도는 단빔 측량 성과에 비하여 200배 이상이다. 기존 단빔 음향측심은 측선 직하방에서만 수심을 계측하고, 나머지 지역은 계측된 수심자료를 기반으로 모델을 만들어 등심선으로 지형의 형태를 추정하는 방법을 적용하였다.

다중빔 음향측심기는 사용자가 목적하는 공간 해상도에 복수 개의 빔을 중복 관측하여, 통계적으로 대표수심을 추출할 수 있기 때문에 지형 모델 작성 시 보간이 아니라 측심 샘플링 기법이 적용된다. 고밀도의 측심자료는 디지털 고도 모델 생성 시에도 원래 지형이 갖는 복잡도를 그대로 표현할 수 있기 때문에, 등심선으로 표현되던 지형묘사를 격자수심모델로 표현한다. 이를 일컬어 100% 소해 탐사라 말한다. 〈그림 3-24〉는 동일 지역에서 수행한 단빔 음향측심기와 다중 빔 음향측심기의 최종 성과를 단적으로 비교하여 보여 주고 있다.

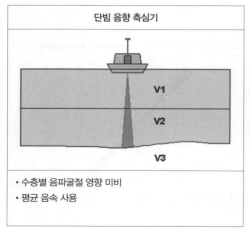
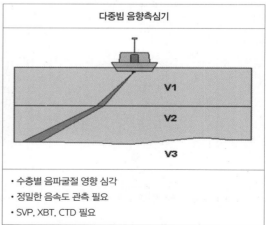

〈그림 3-23〉 단빔과 다중빔 음속보정 필요성 비교

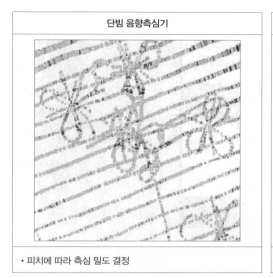

단빔 음향측심기	다중빔 음향측심기
• 피치에 따라 측심 밀도 결정	• 100% 소해탐사

〈그림 3-24〉 단빔과 다중빔 음향측심 성과 비교

3.3 사이드 스캔 소나

단빔 음향측심기는 조사선 직하방의 수심만을 계측한다. 조사해역은 광범위하고, 조사선의 가용기간은 한정되어 있기 때문에 제작 해도의 축척에 맞추어 조사 간격을 조정한다. 단빔 음향측심의 측선 외부에 놓여있는 항해 위험물을 탐지하기 위하여, 사이드 스캔 소나를 동시에 운영하는 경우가 있다. IHO-S44에서는 특등해역의 경우 100% 소해조사를 수행할 것을 권장하는데, 단빔 음향측심으로 조사를 수행할 경우, 미탐사 구역에 대해서는 사이드 스캔 소나와 병행하여 조사를 기획한다.

사이드 스캔 소나는 음파의 강도를 사용자가 알아볼 수 있는 영상의 형태로 변환하여 해저면의 상황을 기록하는 장비이다. 해저면의 영상은 해저면과 가까우면 가까울수록 고해상도를 확보할 수 있기 때문에, 〈그림 3-25〉와 같이 해저면 가까이 센서를 내릴 수 있는 수중예인체에 센서를 부착해서 운용한다. 또한 해저면의 기복을 명확하게 기록하기 위하여, 음파를 경사방향으로 주사토록 수중예인체 양 쪽에 각각 단빔 트랜스듀서를 장착하고 있다.

측심용 단빔 음향측심기와 같이 음향 빔을 사용하는 것은 유사하지만, 사이드 스캔 소나는 〈그림 3-26〉과 〈그림 3-27〉에서 보여 주는 바와 같이 수중예인체 앞뒤 방향으로는 매우 좁고, 위아래 방향으로는 매우 넓은 빔 퍼짐각을 갖는 부채꼴 모양의 빔을 형성한다. 사이드 스캔 소나(side scan sonar)는 사용하는 주파수와 운영심도에 따라 해수면 가까이에서 운영하는 천해용(Shallow

Towed)과 1,000m 이상의 심해저 가까이에서 운영하여 영상을 취득하는 심해용(Deep Towed)으로 나눌 수 있다. 사용 주파수는 12kHz부터 1MHz까지 다양하며, 한 번에 수 km씩 조사하는 광역 해저면 조사 수행 시에는 저주파 음파를 이용하며, 특정 지역의 좁은 영역에 대한 수색을 수행할 때에는 450kHz 이상의 고주파 음파가 장착된 소나를 해저면 가까이에서 운영하여 고해상도의 영상을 취득한다. 사이드 스캔 소나는 운영자가 즉각적으로 인지 가능한 형태의 영상정보를 제공하지만, 조사선 후미에서 센서를 수중에 내려 조사하기 때문에 조사 위치에 대한 불확도가 매우 크다. 이를 예인선의 길이와 소나가 내려간 심도 등을 이용하여 계산 후 보정하거나, 수중 위치 측정기

〈그림 3-25〉 해저면 상황을 영상으로 기록하는 사이드 스캔 소나

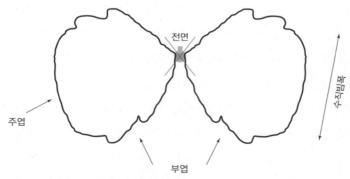

〈그림 3-26〉 소나 전면에서 바라본 사이드 스캔 소나 빔 퍼짐

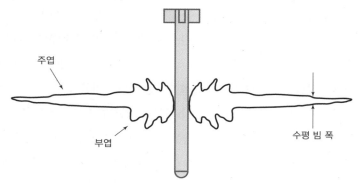

〈그림 3-27〉 소나 상부에서 바라본 사이드 스캔 소나 빔 퍼짐

(USBL) 등의 보조측정장치를 이용하여 보정해 주어야 한다.

선수방향으로 매우 좁은 빔 퍼짐각을 가진 빔이 해저면에 방사된 후 해저면에서 산란되어 트랜스듀서로 되돌아오는 음파의 강도를 시간 순서적으로 기록하여 이를 영상 화소로 표현한다.

선수방향의 공간 해상도(δx)는 선수방향 빔 퍼짐각과 거리의 함수로 표현된다.

$\delta x \approx \phi R$ 식 (8)

여기서, R은 거리, ϕ는 수평방향 빔 퍼짐각을 의미한다.

사이드 스캔 소나의 경우, 외곽으로 갈수록 수평방향 해상도가 나빠짐을 알 수 있다.

〈그림 3-28〉에서는 사이드 스캔 소나의 원 신호를 어떻게 해석하는지를 보여 주고 있다. A는 음파가 도달하지 않는 음영구역, B는 음파가 최초 반사된 지역으로 음압이 가장 세다. C는 모래로 구성되고 특이점이 없는 지역, D는 노출암반으로 구성되어 음향산란 강도가 높게 나타나는 지역, E는 뻘 퇴적지역으로 모래 지역보다 음파가 약한 지역, F는 해저배관과 같은 인공구조물에 의해 산란이 강한 지역, G는 F물체의 높이에 의해 음파가 전달되지 못한 지역으로 해석된다.

사이드 스캔 소나로부터 연속적으로 기록된 영상자료는 〈그림 3-29〉와 같이 양 방향에 전시된다. 〈그림 3-29〉의 상부 바(bar) 그래프는 좌우 트랜스듀서에 기록되는 전압레벨을 표현하고 있고, 아래의 영상은 연속적인 전압레벨을 계조영상으로 변환한 것이다. 음압이 약한 부분은 백색계열로, 음압이 강한 부분은 흑색계열로 표현되어 있다.

사이드 스캔 소나 영상의 가로 세로 모두 시간 축으로 표현되어 있기 때문에, 이를 프로젝트에서 사용하는 지구좌표계 상의 한 영역으로 변환하는 과정이 필요하다. 이를 모자이크(mosaic)라고 하는데, 모자이크를 수행하기 위해서는 수중예인체의 해저면 상 고도, 해수면하 심도, 수중예인체의 예인 방위, 수중예인체의 지구좌표계 상 위치 등이 필요하며, 각각의 관측치에 대한 사전 전처리가 요구된다. 〈그림 3-30〉은 사이드 스캔 자료를 이용한 모자이크 영상 제작 과정을 도식화하여 보여 주고 있고, 〈그림 3-31〉은 〈그림 3-30〉의 과정을 통해 제작된 모자이크 영상 사례를 보여 준다. 모자이크 영상을 제작한다는 것은, 시계열 자료를 공간자료로 변환하는 것이며, 운영속도나 핑 반복률로 인해 나타나는 실시간 화면상의 왜곡을 보정한다는 것을 의미한다.

사이드 스캔 소나는 단빔 음향측심기의 미탐사 구역에 대한 보조 조사 장비로서 활용되고, 해저면의 퇴적상을 구분하기 위한 조사장비로도 활용된다. 모자이크 영상 상의 음압 분포를 분석한 후, 특이 형태가 나타난 지역을 저질 채취 구역으로 선정하여 무작위적인 저질 채취 계획에 객관적인 사전 정보를 제시해 줄 수 있다.

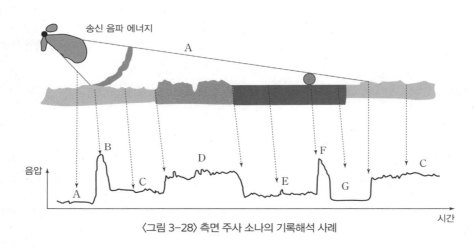

〈그림 3-28〉 측면 주사 소나의 기록해석 사례

〈그림 3-29〉 측면 주사 소나 전시화면

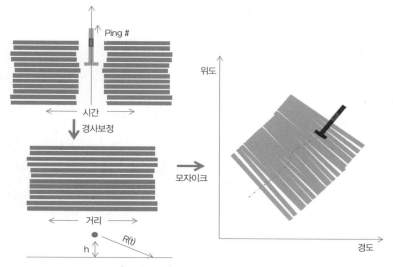

〈그림 3-30〉 모자이크 영상 구현하기

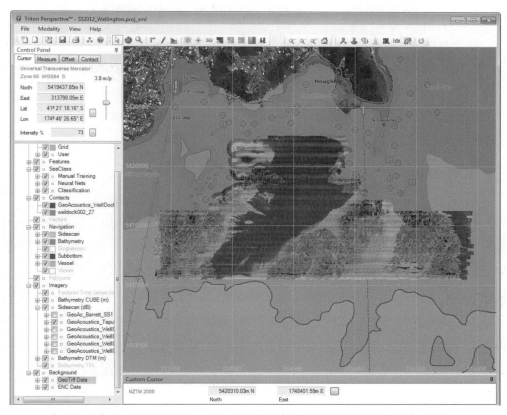

〈그림 3-31〉 해도 위에 중첩시킨 모자이크 영상. 음압신호가 강한 지역을 백색 계열로 표현하고,
음압이 약한 지역은 흑색 계열로 표현하였다.

출처: Triton Imaging Inc

4. 측심 자료처리

　현대 수심측량의 모든 자료는 컴퓨터로 디지털화되어 기준 시각과 위치와 함께 기록된다. 모든 센서자료에는 시스템적인 편향, 사용자 실수, 제어할 수 없는 잡음 등이 포함되어 있어, 기존 환경 정보와 인접 자료 간의 일관성에 근거하여 오측을 제거할 필요가 있다. 해상교통 안전의 기초가 되는 해도제작을 목적으로 수행된 수로조사에서는 가장 낮은 수심과 항해 위험물의 위치와 상태에 대한 정보가 가장 중요한 정보임으로, 본 절에서는 최종 측심 성과를 얻기 위한 자료처리 내역과 수행과정을 설명할 것이다. 〈그림 3–32〉는 측심 자료처리의 전반적인 과정을 요약적으로 표현하고 있다.

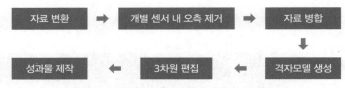

〈그림 3–32〉 수심 자료처리 단계별 흐름도

4.1 자료변환

　수심측량 자료는 상용 자료 취득 프로그램을 통해 기록된다. 상용 자료 취득 프로그램에서는 자료 관리의 효율성과 실시간 처리를 위해 고유의 파일포맷으로 자료를 기록한다. 수심측량에 적용된 모든 보조 센서로부터 실시간으로 입력된 자료들을 기준 시각에 맞추고, 단위를 통일해서 파일에 기록한다. 상용 자료취득 프로그램에서는 고유의 파일포맷으로 이들을 기록하기 때문에, 자료처리 프로그램 입력형식으로 변환하는 것이 필요하다. 자료처리 프로그램에서는 최종 목적의 지구좌표계, 수심대역, 보조 센서들의 처리 방법 등을 설정하도록 되어있다. 자료가 변환되면, 센서가 움직인 궤적이 화면상에 전시되며, 궤적의 선택을 통해 본격적인 자료처리 과정에 들어가도록 되어 있다.

4.2 개별 센서자료 처리

특정 위치의 수심을 결정하기 위해, 주 센서자료와 보조 센서자료는 고유의 관측 주기에 맞추어 자료를 생산한다. 이때, 모든 관측 센서에 포함될 수 있는 시스템적 오류와 랜덤 오류(random error)가 포함될 수 있다. 이러한 오류는 최종 측심 자료의 수평 및 수직방향 오차에 직접적인 영향을 끼치므로 반드시 측심 위치와 수심을 계산하기 전에 제거해 주어야 한다. 개별 센서들은 시계열상의 그래프로 전시되어 급격한 변화가 나타나는 지점에 대한 적절한 제거와, 자료 제거로 인하여 생긴 공백으로 채워지는 시각에 대한 보간 처리를 통해 보조 센서자료의 미비로 인하여 전체 수심자료가 사용되지 못하는 경우를 최대한 줄여야 한다. 측심 위치 정보를 기록하는 GPS 자료 또한, 위치 변동으로 발생하는 속도와 방향자료의 시계열 성분 분석을 통해 오측이 발생한 지점을 발견해내고, 삭제와 보간을 통해 정위치 편집을 실시한다.

처리되어야 할 센서자료는 다음과 같다. 선위정보(GPS), 모션센서(MRU: Motion Reference Unit), 방위센서(Gyro Compass), 조위(Tidal Height) 등이고, 가장 시간이 많이 드는 잡음 제거 단계

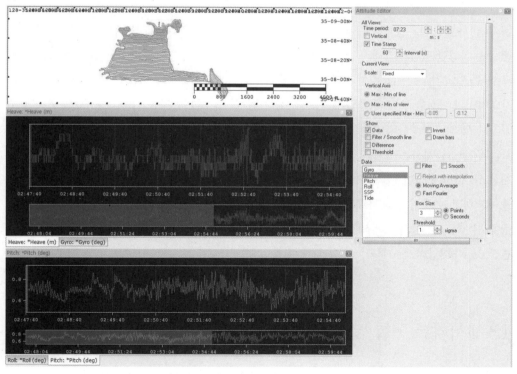

〈그림 3-33〉 개별 센서자료 편집 사례관측

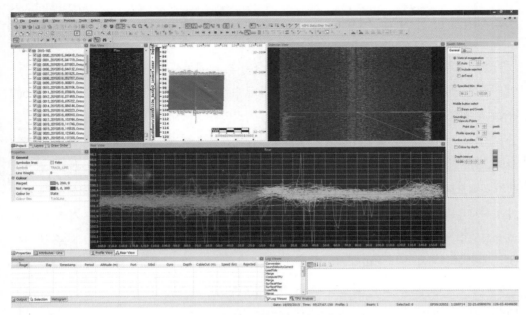

〈그림 3-34〉 오측심 자료 편집 화면

는 주 센서에서 기록된 음향측심 자료 처리 과정이다. 사용 프로그램에서는 잡음을 자동으로 추적해 주는 다양한 필터와 그래픽 편집기가 구비되어 있어서, 사용자가 직접 잡음을 선택, 제거할 수 있고, 자동 알고리즘을 이용해서 제거할 수도 있다. 〈그림 3-33〉에서는 상용프로그램에는 수행하는 자료처리의 과정을 보여 주고 있다. 자료의 정상범주를 설정하여, 자동으로 오측자료를 판별할 수 있거나, 연속된 자료들의 경향성을 파악하여 오측을 판정하는 다양한 알고리즘이 구현되어 있다.

〈그림 3-34〉에서는 측심 자료를 편집하는 프로그램 화면을 보여 주고 있다. 음향측심 자료는 시계열 상, 동시에 얻어진 측심자료들의 공간적 상관성과 환경정보에 기반하여 정상범주 외의 자료를 제거하고, 이웃한 측심 자료와 동떨어진 자료를 삭제하는 과정으로 요약될 수 있다. 상용 프로그램에서는 특정 기간의 모든 자료를 선택하여, 공간적 상관성을 가시화할 수 있도록 그래픽 사용자 편집도구가 다양하게 구현되어 있다.

4.3 센서자료 통합

각 센서에서 취득한 개별 자료들은 통합될 때까지는 센서 고유의 좌표계와 시각을 유지한 채 처

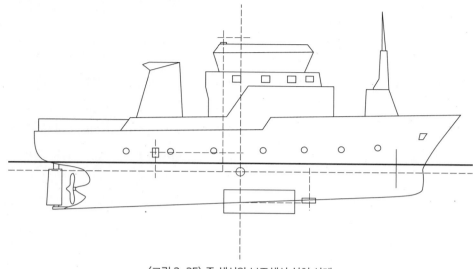

〈그림 3-35〉 주 센서와 보조센서 설치 사례

리된다. 이후 센서자료의 통합을 통해 주 센서와 보조센서의 통합이 이루어지고, 지구좌표계 상의 한 점들로 표현되게 된다. 통합을 위해서는 선박좌표계 상의 센서 위치들이 정확하게 표현되어 있어야 하며, 사용하는 프로그램의 좌표계 정의에 따라 변환되어야 한다. 〈그림 3-35〉는 주 센서와 보조센서들이 조사선에 설치된 사례를 보여 주고 있다.

통합의 기준이 되는 것은 개별 센서들에 기록된 시각정보이다. 대부분 센서자료는 센서 내의 자체 시계로부터 기록되는 시각정보와 관측자료가 연동되어 있고, 이들을 통합하는 기준은 GPS 시각과 GPS 수신기에서 매초마다 출력되는 1PPS 신호이다. 또한, 센서들의 관측주기는 센서마다 모두 다르기 때문에, 주 센서의 관측주기로 재샘플링되거나, 가장 근접한 시각의 자료로 통합이 이루어진다.

4.4 격자모델 생성 및 편집

2차원의 종이나 컴퓨터 화면에 측심 자료를 표현하기 위해서는 탐사구역의 최대 최소 경계를 기준으로 만들어진 격자를 생성한다. 측심 자료를 모두 포함할 수 있는 외곽 경계를 기준으로 사각형을 구성하고, 바둑판처럼 일정한 간격으로 가로 및 세로 선을 구성하여 교차지점에 해당하는 지점의 대표수심을 결정하는 과정을 격자화(griding)라고 한다. 육상 고도자료를 격자화한 것은 수치표

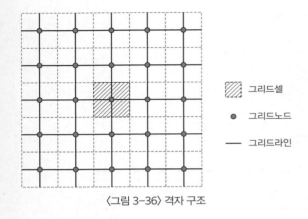

그리드셀

그리드노드

그리드라인

〈그림 3-36〉 격자 구조

고모델(DEM: Digital Elevation Model)이라고 한다.

격자 구조는 〈그림 3-36〉과 같이 정의되며, 내부 격자의 크기를 일정하게 구획할 수도 있고, 자료의 밀도와 해저지형의 복잡도에 따라 불규칙하게 단위격자를 설정할 수도 있다. 초기에 설정하는 단위격자의 크기는 탐사지역의 최대 수심과 격자 파일의 최대 크기를 고려하여 지형의 해상도가 유지될 수 있도록 선택한다. 격자 파일의 크기는 탐사면적(가로×세로)과 격자 하나당 가지고 있을 속성정보(최대수심, 최소수심, 대표수심, 격자에 해당하는 원 관측수심의 수, 표준편차 등)에 따라 달라진다.

단위격자의 크기가 작으면 해상도가 좋아지나, 격자 파일의 크기가 커져서 한 번에 지형자료를 표출하기에 어려움이 따른다(그림 3-37). 최근에는 국제수로기구 범용 수로 데이터 모델(S-100)의 자료교환 표준포맷으로 BAG(Bathymetric Attribute Grid) 형식으로 파일을 저장한다.

격자수심을 구축하면, 지형의 전체적인 윤곽을 확인할 수 있어 이후 지형의 연속성에 근거한 오측자료 및 최종 천소를 확인할 수 있다.

상용 측심 자료 편집 프로그램에서는 격자 자료를 구성한 후, 잡음이 제거되지 않은 지역이나 조고 편차가 심해 측선 중첩지역에서의 단층과 같은 지형불연속 등을 시각적으로 판단할 수 있는 다양한 편집도구를 제공하고 있다. 상용 프로그램에서는 〈그림 3-38〉처럼 격자 모델에서 편집이 필요한 부분을 선택하면, 격자를 구성한 원자료를 표출하여, 대표수심을 왜곡시킨 원자료에 대한 편집이 가능하도록 구성되어 있다.

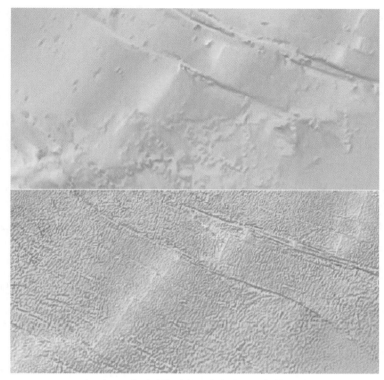

〈그림 3-37〉 상이한 격자 크기에 따른 해저지형모델

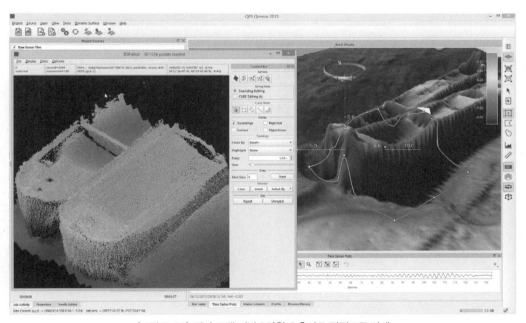

〈그림 3-38〉 격자 모델 기반 3차원 오측자료 편집도구 사례

참고문헌

국립해양조사원, 2011, 『수로측량 업무 규정집』.

국립해양조사원, 2012, 『국가해양기본조사를 통해 본 우리나라의 해양영토』.

박요섭, 2004, 『다중빔음향소해탐사시스템 자료의 오차분석 및 처리기술 연구』, 인하대학교 박사학위논문.

Lawrence E. Linsler Austin R. Frey, 김진연·권휴상·김봉기·이준신 옮김, 2013, 『음향학의 기초』(제4판), 홍릉과학출판사.

E. Seibold, W.H. Berger, 2010, The Sea Floor: An introduction to Marine Geology(3rd), Springer.

Joe Breman, 2010, Ocean Globe, ESRI Press Academic.

John Perry Fish, H. Arbold Carr, 2001, Sound Reflection: Advanced Applications of Side Scan Sonar, Lower Cape Publishing.

Kongsberg Maritime, 2010, SIS & Training Manual.

L-3 Communications SeaBeam Instruments, 2000, Multibeam Sonar Theory of Operation, https://www.ldeo.columbia.edu/res/pi/MB-System/sonarfunction/SeaBeamMultibeamTheoryOperation.pdf.

Peter C. Wille, 2005, Sound Images of the Ocean in Research and Monitoring, Springer.

Peter T. Harris, Elaine K. Baker, 2012, Seafloor Geomorphology as Benthic Habitat, Elsevier.

R2Sonic, 2011, SONIC 2024/2022 BROADBAND MULTIBEAM ECHOSOUNDERS Operation Manual V3.1.

Xavier Lurton, 2010, An Introduction to Underwater Acoustics: Principles and Applications(2nd), Springer.

인터넷

미국 과학교사 승선프로그램 http://teacheratsea.noaa.gov/#/home.

미국 대기해양청 탐사프로그램 http://oceanexplorer.noaa.gov/explorations/03fire/background/mapping/mapping.html.

오스트레일리아 해저 매핑 프로그램 http://www.ozcoasts.gov.au/index.jsp.

유럽연합 해저 매핑 프로그램 http://www.emodnet-seabedhabitats.eu/default.aspx?page=2003.

4장

해안선 및
지형측량

1. 해안선 측량

해안선 측량은 해도와 지형도의 해안선에 대한 동일된 기준선 제공과 국가 관할 해역 경계의 기준이 되는 해안선을 정의하여 국토의 길이, 면적 및 형상을 재정립한다. 또한 해안선 측량 자료를 DB로 구축하여 IT 기반의 디지털 국토 실현으로 연안재해 예방, 연안정비 및 연안관리 계획수립에 필요한 정보를 제공한다.

1.1 해안선의 정의

해안선은 해수면이 일정 기간 조석을 관측하여 분석한 결과 가장 높은 해수면을 의미하는 약최고고조면(AHHW: Approximate Highest High Water)에 이르렀을 때의 육지와 해수면과의 경계로 표시한다.

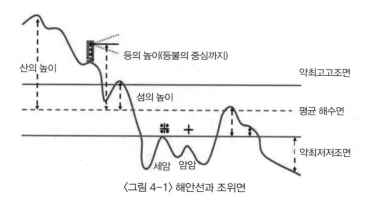

〈그림 4-1〉해안선과 조위면

1.2 해안선 측량

해안선 측량은 토털스테이션, GPS 등의 측량기 등을 사용하거나 항공레이저 측량 방식으로 해안선, 지형지물의 좌표를 관측하여 그 값을 도시하거나 컴퓨터 등 정보기기를 이용하여 수치데이터 형태로 제작하는 작업을 말한다.

1) 조사방법

　해안선 측량은 크게 장비 종류에 따라 토털스테이션에 의한 방법, GPS에 의한 방법, 항공레이저에 의한 방법으로 분류할 수 있다.

2) 측량 흐름도

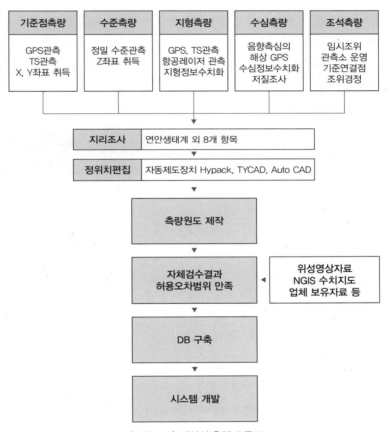

〈그림 4-2〉 해안선 측량 흐름도

3) 분류에 따른 조사방법

(1) 토털스테이션에 의한 방법

토털스테이션(Totalstation, 이하 TS)에 의한 측량이란 국가기준점 또는 TS 측량으로 구한 점(이하 TS점)에 TS를 설치하고 지형지물 등을 관측하여 해도제작에 필요한 데이터를 수집하는 작업을 말한다. TS에 의한 기준점 관측은 다음과 같이 한다.

① TS를 사용하는 경우에는 수평각측정, 연직각측정, 거리측정은 1시준마다 동시에 실시하는 것을 원칙으로 한다.

② 거리측정은 1시준, 2읽음을 1세트로 한다.

③ 관측의 대회 수 등은 〈표 4-1〉과 같이 한다. 다만, 수평각 측정에 있어 눈금 변경이 불가능한 기기는 1대회의 반복관측을 실시한다.

〈표 4-1〉 TS 기준점 측량

항목	구분(기기)	1급 기준점측량	2급 기준점측량		3급 기준점측량	4급 기준점측량
		1급 T.S	1급 T.S	2급 T.S	2급 T.S	2급 T.S
수평각측정	읽음 단위	1″	1″	10″	10″	20″
	대회 수	2	2	3	2	2
	수평눈금 위치	0°, 90°	0°, 90°	0°, 60° 120°	0°, 90°	0°, 90°
연직각측정	읽음 단위	1″	1″	10″	10″	20″
	대회 수	1				
거리측정	읽음 단위	1mm				
	세트 수	2				

또한 TS에 의한 해안선·지형지물에 대한 관측은 다음과 같이 한다.

① 지형의 높이는 평균해면 상 높이로 표시한다.

② 표척을 세워 측정하기 곤란한 지역에 대하여서는 무타깃으로 측정할 수 있다(TTP 등).

③ 곶의 끝 부분, 작은 섬, 암초 등은 접선법을 병용하여 그 위치, 형상, 크기를 파악하려는 노력을 해야 한다.

④ 간출암, 특히 해안선에서 떨어져 독립적으로 존재하는 것은 그 위치, 형상 및 크기의 파악에 더욱 노력해야 한다.

⑤ 저조선 조사는 가급적 저조 시에 실시하며 그 위치, 형상 및 저질 등의 종류를 확인해야 한다.

⑥ 기존 자료를 이용할 경우 현지상황과 비교하여 해안선의 위치, 형상, 해안의 상태를 확인하고,

현상과 다른 곳은 실측하여야 한다.

⑦ 야간항해에 이용되는 항로표지와 같은 목표물 (등광)은 그 위치를 측정하는 것 외에도 등질 및 등색 등을 조사하여야 한다.

⑧ 수치표고자료를 이용할 경우 정표고 1m의 격자

〈표 4-2〉 등질 및 등색

기입 사항	착색
실측 부분	적
해도 또는 구 측량원도 채용 부분	흑
그 외 자료 채용 부분	흑

간격 수치표고모델(DEM: Digital Elevation Model, 이하 DEM)을 구축하여 해안선을 추출하며 기준면은 해당 지역의 조석자료를 적용하여야 한다.

(2) GPS에 의한 방법

GPS에 의한 해안선 측량은 RTK-GPS(Real Time Kinematic GPS, 실시간 이동측위) 방식을 적용하여 실시간 이동측위법에 의한 상대적 위치관계를 구하여 원도를 작성하는 방법을 말한다. 이

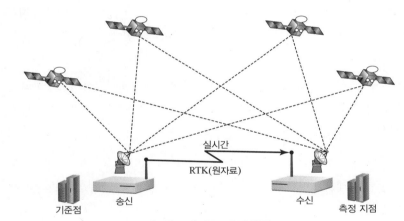

〈그림 4-3〉 RTK-GPS 원리

1. 현재 이동국의 위치를 VRS 서버로 전송

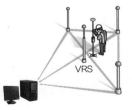

2. VRS 서버에서 이동국 인근의 VRS를 생성

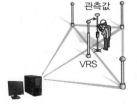

3. 이동국은 마치 지근거리의 기준국을 이용하는 것과 같이 VRS의 데이터를 전송받아 RTK측량을 수행

〈그림 4-4〉 네트워크 GPS 원리

동측위방식은 광범위한 측량지역의 정밀좌표를 신속하게 획득할 수 있다.

이동측위 방식은 기준국과 이동국의 측정오차 중 공통성분이 상쇄되어 결과적으로 높아지게 되므로, 기준국과 이동국 간의 거리가 멀어질수록 두 수신기 간 측위오차가 달라지기 때문에 정확도가 저하된다.

이러한 문제를 보완하기 위해 이동국에서 멀리 떨어진 여러 개의 실제 기준국 관측 데이터를 이용하여 이동국 근처에 소프트웨어적으로 가상기준국(VRS: Vertual Reference Station, 이하 VRS)을 만들어 그 데이터와 보정정보를 사용자에게 전송하여 단거리 측량과 동일한 높은 정확도를 가진 네트워크 RTK시스템이 개발되었다.

4) 자료처리 및 도면작성

해안선 조사측량 자료는 DB로 구축되며, DB 구축의 목적은 해안선 및 연안해역의 조사측량을 통해 해양공간정보 인프라를 확충하고 연안해역 이용 개발 및 환경보전 등 연안역 관리의 효율성을 제고하여 기반을 조성하고 국가기본지리정보를 구축하는 데 있다.

해안선의 작성은 다음 기준에 따른다.

① 해안선은 해도도식 기준에 따라 표기하며 소축척으로 갈수록 간략하게 표현하고 자료에 따라 평활화(smooth)하여 표현할 수 있으나, 해안선의 종류별 특성은 도식기준대로 표현하여야 한다.

② 소축척에서 작은 섬을 본래의 크기로 나타내기 위하여 해안선 기호의 굵기보다 가늘게 표현해서는 안 된다.

③ 측량이 어려운 곳에서는 해안선을 파선으로 표현하고, 필요하면 대축척 해도에서 해안선을 따서 사용할 수 있다.

1.3 해안선 측량 최신기술 동향

국내 해안선 조사측량은 2001년도 충남 태안군 시범사업을 시작으로 2009년 경남 통영시까지 완료하였으며, 2010년 경남 진해에서 강원도 고성 부근까지 항공레이저 측량을 통해 해안선 및 연안해역에 대한 공간정보 DB 구축 및 해안선 인트라넷 시스템 개발을 통해 연안해역 관리의 효율성을 높였다.

해안선 측량 방법은 2007년까지 기준점측량, 수준측량, 지형현황측량, 수심측량, 조석관측, 속성

조사 등으로 수행하였으며, 2007년부터 지형현황 측량을 항공레이저 측량으로 대체하여 수행하고 있다.

1) 항공레이저에 의한 방법

항공레이저 측량은 항공기에 레이저거리측정기, GPS 안테나와 수신기, INS(관성항법장치) 등으로 구성된 항공레이저측량시스템(LiDAR: Light Detection And Ranging)을 탑재하여 레이저를 주사하고, 그 지점에 대한 3차원 위치좌표를 취득하는 방법을 말한다.

해안선 추출은 항공레이저 측량을 통해 취득하여 분류된 지형데이터로 구축한 DEM을 사용하여 해안선(약최고고조면), 등고선을 획선하며 해안선 및 평균해면 산출 시에는 조석관측자료를 사용하여 축척을 고려하여 최적화한다.

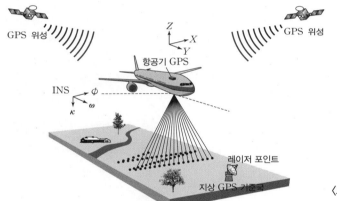

〈그림 4-5〉 항공레이저 측량

2) 항공사진측량을 이용한 방법

항공사진측량은 짧은 시간에 넓은 면적을 촬영할 수 있고, 접근하기 어려운 곳의 측량이 가능하다. 하지만 항공사진상에 나타난 수면과 하안이 이루는 경계선으로 정의되는 수애선이 일반적으로 정의하는 해안선과 일치하지 않으므로 조위차에 따라서 항공사진상의 수애선을 실제의 해안선으로 보정하는 경우에는 해안지형의 경사를 고려하여 보정을 실시하여야만 한다. 따라서 항공사진으로부터 해안선을 결정하려면 다음과 같은 요소들을 잘 고려하여 판독하여야 한다.

첫째, 항만, 방파제 등의 인공해안선은 그 형태 그대로 해안선으로 정한다.

둘째, 촬영시각이 약최고고조시와 일치할 때는 사진상 해면과 육지의 경계를 해안선으로 한다.

셋째, 해안경사가 완만한 바위 또는 모래해안에서는 해안에 떠밀려 온 부유물의 흔적, 즉 고조흔을 해안선으로 한다.

넷째, 고조흔이 없는 지역에서는 촬영 시의 조고와 약최고고조면의 조차(l)를 현지의 조석표에서 구하고, 도화기로 해안선의 직각방향의 평균경사각(Θ)을 구하여 보정량(S)을 다음 식으로 정한다.

$\Theta = \tan^{-1}(h/d)$

$S = l \times \cot\Theta$

여기서 h는 약최고고조면과 약최저저조면의 차, d는 약최고고조면과 약최저저조면 사이의 수평거리이다.

다섯째, 대축척 항공사진(1/1,000~1/5,000)일 경우, 사진상 기준점의 높이를 기준으로 약최고고조면의 높이를 도화기에 입력한 다음, 등고선도화와 같은 원리로 해안선의 위치를 결정한다.

3) 초분광영상을 이용한 방법

초분광영상은 수백 개의 전자기파 파장대에 대한 자료를 수집하는 것을 말한다. 각각의 화소는 대상체의 분광신호와 연결되어 있으며, 정확한 색상, 화학적 구성, 온도 등의 정보를 포함하고 있다. 이러한 분광정보를 이용하여 해안의 특성을 과학적·객관적으로 표현하는 것이 가능하며, 초분광센서를 이용한 해안선 측량으로 다양하고 양질의 해안선 DB 구축이 가능하다.

4) SHOALS를 이용한 방법

SHOALS(Scanning Hydrographic Operational Airborne Lidar Survey) 측량은 항공기에 레이저 측정장비를 탑재하여 해수면과 해저면을 동시에 관측하여 수심을 측정할 수 있는 최신기술이다.

SHOALS는 항공기에 설치하여 빠른 속도로 대규모의 지역을 측정할 수 있으며, 선박의 접근이 어려운 암초지역, 천소지역에 대하여 효과적으로 측량할 수 있는 방법이다. 또한 해저면과 지상의 대상물에 대하여 3차원으로 측량하는 최신기술로서, 한 번의 측량으로 육지와 해저면의 높이를 취득할 수 있는 장점을 가진다.

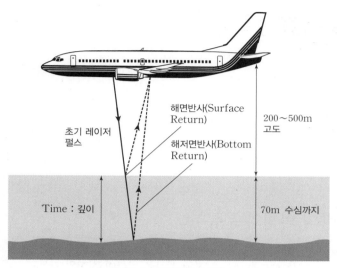

초기 레이저
펄스

해면반사(Surface
Return)

해저면반사(Bottom
Return)

200~500m
고도

Time : 깊이

70m 수심까지

〈그림 4-6〉 SHOALS 측량

2. 지형 및 목표물측량

지표의 기복과 모양 및 지표 상에 존재하는 인공지물과 자연지물을 합하여 지형이라 부르며 이들을 축척에 따라 그린 것을 지형도(地形圖, Topographic map)라 한다.

2.1 지형측량의 의의와 분류

지형측량(Topographic surveying)은 지형도 제작을 위하여 지형의 기복과 지물 및 지모의 위치를 결정하는 측량을 말한다.

① 지물(地物, Planmetric feature): 주로 인공적인 것(도로, 하천, 철도, 시가, 촌락 등)으로 실제의 형상을 일정한 축척으로 나타낸 것이다. 나타나지 않은 작은 물체나 지형의 성질과 상태를 기호화한것도 포함한다.

② 지모(地貌, Relief feature): 자연적인 지표의 기복을 표현하며 주로 등고선으로 표시한다.

지형도는 평면지형은 물론 표고까지 상세히 표시되기 때문에 많은 분야에서 폭넓게 사용되고 있다. 지형도 제작을 위한 측량방법은 항공사진측량 방법 또는 지상측량 방법으로 구분되나 종종 두 방법 모두 사용하는 경우도 있다. 항공사진측량은 현대화된 지형도 제작방법으로서 매우 정밀하고

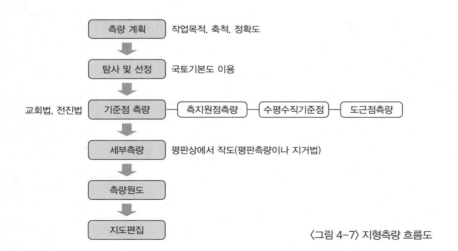

〈그림 4-7〉 지형측량 흐름도

경제적이므로 현재 넓은 지역의 지형도는 대부분 이 방법으로 제작하고 있고 좁은 지역의 대축척 지형도 등은 지상측량방법을 사용하여 제작한다.

2.2 기준점측량

기준점측량은 수로측량을 수행하기 위한 육상의 기준점을 정하는 측량으로, 기존 삼각점을 이용하여 필요한 지점에 새로운 기준점 및 보조기준점을 결정한다. 측량방법은 삼각측량, 트래버스측량, 삼변측량, 수준측량, 위성측량 등을 많이 이용하고 있다.

1) 삼각측량

삼각측량은 넓은 지역에서 높은 정확도의 기준점을 얻기 위하여 각 점을 삼각형으로 연결하여 각 삼각형의 내각을 정밀하게 측정한 다음, 미지변의 거리를 정현의 법칙에 의해 구할 수 있으며, 거리와 각으로 미지점의 좌표도 산출할 수 있다. 삼각형의 각 변의 길이를 a, b, c라 하고 그 대응하는 각을 각각 A, B, C라 하면,

$$\frac{a}{\sin A} = \frac{b}{\sin B} = \frac{c}{\sin C}$$

$$a = b\frac{\sin A}{\sin B} = b\sin A \operatorname{cosec} B$$

이러한 삼각측량은 삼각점의 지역이나 여건에 따라 단열삼각망, 유심다각망, 사변형망 등으로 구성한다.

삼각측량은 먼저 측량지역을 적절한 크기의 삼각형으로 된 망의 형태로 만들고 삼각형의 꼭짓점에서 내각과 한 변의 길이를 정밀게 측정하여 나머지 변의 길이는 삼각함수(사인 법칙)에 의하여 계산하고 각 점의 위치를 정하게 된다. 이때 삼각형의 꼭짓점을 삼각점, 삼각형들로 만들어진 망의 형태를 삼각망, 직접 측정하거나 측량하여 그 값을 알고 있는 변을 기선이라 한다.

넓은 지역의 측량이나 높은 정밀도를 필요로 하는 기준점 측량은 주로 삼각측량이나 삼변측량을 이용한다. 특히 그중에서도 삼각측량은 가장 기본적이고 중요한 측량방법으로 알려져 있다.

삼각측량은 원래 테이프에 의한 장거리 측정의 어려움을 피하기 위하여 채택된 방법으로 삼각형

의 계산에 의하여 방향과 거리가 결정된다. 삼각측량은 변보다 각의 측정에서 더 정밀성을 요구하는 반면 삼변측량에서는 각보다 변의 측정에 더 정밀성을 요구한다. 전파 거리측정기의 발달로 인하여 20~30km와 같은 먼 거리의 측정도 매우 짧은 시간에 높은 정밀도로 측정할 수 있어 변 측량이 쉬워졌으나, 최근 GPS 위성측량이 시작되면서 삼각측량, 삼변측량의 이용도가 상대적으로 낮아졌다.

2) 트래버스 측량

트래버스(Traverse)라 함은 서로 인접되어 있는 여러 개의 측점(또는 측선)을 서로 연결하여 만들어진 다변형의 도형을 말한다. 트래버스 측량(다각측량)은 서로 인접한 측점을 연결하는 측선들에 대하여 각각의 수평각과 측선의 길이를 측정하여 측점들의 좌표를 결정하는 측량으로, 시작점과 끝점이 같은 경우를 폐합트래버스, 기지점에서 시작하여 또 다른 기지점에서 끝나는 방법을 결합트래버스, 시작은 기지점에서 하지만 끝나는 지점은 다른 기지점과 연결되지 않아 측정의 오류를 알 수 없는 개방트래버스, 복합트래버스 등으로 나눌 수 있다.

거리의 측정은 자를 이용하는 방법, 광학적방법, 전파측거의, 광파측거의 등을 사용하였으나 요즘은 대부분 토털스테이션으로 측정한다. 각의 측정은 경위의를 사용하여 교각법, 편각법, 방위각법 등으로 측각한다. 트래버스 측량은 삼각측량, 삼변측량보다 정확도가 떨어지므로 산림, 시가지, 도로, 해안선, 수로 등의 지형측량을 위한 보조 기준점측량의 수단으로 사용되고 있다.

트래버스 측량은 각과 거리의 측정 정밀도가 측량의 결과에 결정적인 영향을 준다. 또한 트래버스 측량은 약 1830년대부터 이미 활용되고 있었지만 1960년대까지는 각과 거리의 측정 정밀도의 한계 때문에 삼각측량에 비해 그 중요도가 크게 떨어져 낮은 정밀도의 측량이나 소규모의 측량 등에만 사용되었다. 그러나 각 측정기기의 발전과 더불어 전파 거리측정기에 의한 고정밀도의 거리측정이 가능해졌으며 변장거리 50km 이상의 1등 기준점까지의 측량도 가능하게 되었다.

또한 트래버스 삼각측량에 비해 작업이 간편하고 신속히 진행할 수 있어 삼각측량과 더불어 특히 다음과 같은 경우의 기준점 측량에 많이 이용되고 있다.

① 삼각 또는 삼변측량에 의하여 결정된 기준점을 이용하여 좀 더 조밀한 간격의 보조 기준점을 만들 때

② 좁은 지역이나 시가지 또는 산림 지역처럼 주변의 시통이 잘 안되어 삼각측량, 삼변측량이 어려울 때

③ 도로, 하천, 철도 건설과 같이 측량할 지형의 폭이 좁고 길이가 긴 구역의 측량

④ 경계선 측량

⑤ 사진측량에서 필요한 도화용 기준점 등을 측량하고자 할 때

3) 수준측량

수준측량(Leveling)이란 지표 위에 있는 점의 높이를 결정하는 측량, 즉 지형의 높낮이 측량을 말한다. 평균해면으로부터 지표 위 어느 점까지의 연직거리를 표고라고 한다. 실에 매달린 추가 외부의 힘을 전혀 받지 않고 오직 중력의 힘에 의해서만 자연스럽게 매달려 있다면 추가 가리키는 방향은 연직방향이며, 이 연직방향으로 측정한 직선거리를 연직거리라 한다. 수준측량에서 얻은 모든 점들의 표고는 도로, 하천, 운하의 설계 및 시공을 위한 토공량의 산출, 작업 지역의 배수 특성조사, 지형의 형태를 나타내는 지형도의 제작, 계획표고에 따른 건설 공사의 배치, 지각변동 등에 대한 연구에 사용되고 있다.

4) 위성측량

위성측량은 인공위성으로부터 전송되는 신호를 이용하여 관측자와 위성까지의 거리, 방향 등을 산정하고 이들로부터 지구 상 관측 지점의 위치, 관측 지점들 간의 상대거리 및 위성궤도 등을 결정하는 측량을 말한다. 이러한 위성측량의 방법으로는 대륙 간의 먼 위치를 결정하는 위성삼각측량, 레이저를 이용한 위성레이저 측량, 그리고 가장 널리 이용되고 있는 GPS 측량 등이 있다.

GPS는 미 국방성에 의해 개발된 위성항법 측위시스템으로 1일 24시간 전천후 전 세계 위치측정과 신속한 관측자료의 처리를 통하여 선박, 항공기, 자동차의 위치측정은 물론 정밀측지망 구성, 정밀지도제작, 각종 토목공사, 레크리에이션, 119지원체계 등 여러 분야에 활용되고 있다.

GPS는 원래 군사적인 목적으로 개발되었으며 초기에는 수신 장치의 부피가 클 뿐 아니라 가격도 높았고 관측 시간도 상대적으로 길었으며 정밀도도 낮았다. 그러나 오늘날에는 매우 정밀한 위성 측량 체계로 발전되어 군사적인 목적뿐만 아니라 측량 분야에서도 그 중요성이 크게 높아지고 있다. 3차원 위성측량 체계인 GPS는 인공위성으로부터 송신되는 신호를 GPS 수신기로 수신하여 측점의 3차원 위치를 결정하는 3차원 위성측량 방법으로서 위치결정 방법에 따라 단독측위(Point Positioning), 절대측위(Absolute Positioning), 상대측위(Relative Positioning) 등으로 구분된다.

단독측위 또는 절대측위란 어떤 특정의 좌표계를 기준으로 한 측점의 위치를 독립적으로 결정하는 방법인 반면에 상대측위는 어떤 측점의 위치를 다른 특정한 점에 연관하여 결정하는 방법으로서

DGPS(Differential GPS)가 이에 속하며 수신기를 기지점에 설치하여 보정자료를 생성하고 통신 매체를 이용하여 미지점에 설치된 다른 수신기로 전송하여 미지점의 자료를 보정함으로써 높은 정밀도로 미지점의 위치를 결정하는 측위 방법이다. 현재 국립해양조사원의 수로측량 방법은 모두 상대측위 방법을 채택하고 있다.

GPS에 의한 위치측정 방법은 기상 및 계절의 영향을 받지 않고 각과 거리 관측을 할 수 있어 위치기반 서비스 시대에 그 역할이 크게 부각되고 있다.

3. 항로표지측량

    항로표지란 등광, 형상, 채색, 음향, 전파의 수단에 의하여 선박의 항행을 돕기 위하여 인공적으로 설치한 항해지원 시설이다. 항로표지를 정확하게 해도에 표기하기 위해 측량하는 것을 항로표지측량이라 한다.

3.1 항로표지 정의

    선박이 안전한 항해를 하기 위해서는 항상 기회가 있을 때마다 자선의 선위를 확인할 필요가 있다. 선박이 연안을 항해할 때나 입·출항할 때 섬, 곶, 산봉우리 등과 같은 해상의 뚜렷한 목표를 이용하지만 뚜렷한 목표가 없는 곳이나 야간에 항행할 때에는 항해 보조시설이 필요하다. 또한 선박 교통량이 많은 항로, 항구, 만, 해협, 그리고 암초나 천소가 많은 곳에서는 항로를 안내하거나 위험을 알리기 위하여 항로표지를 설치한다.

    이 항로표지는 국제적으로 형식이 통일되어야 하므로 국제적으로 항로표지 기술의 발전을 도모하고 국제 간 기술정보를 교환하여 표준화된 항로표지 업무를 추진하고자 국제항로표지협회(IALA: International Association of Lighthouse Authorities)가 설치되어 운용되고 있다.

3.2 항로표지 분류

1) 항로표지 종류

    항로표지는 크게 일반적 분류와 목적상 분류로 나뉘며 각 분류에 대한 표지의 종류와 내용은 다음과 같다.

(1) 일반적 분류

구분	내용
광파표지	야간에 등화를 이용하여 표지 위치를 선박이 식별할 수 있게 만든 주표의 기능도 갖추고 있음 종류: 등대, 등표, 도등, 조사등, 지향등, 등주, 교량등, 등부표, 등선
형상표지	주간에 그 형상, 색채 등으로 선박이 식별할 수 있게 만든 것 종류: 입표, 도표, 부표
음파표지	안개, 눈, 비 등으로 시계가 나쁠 때 소리로 표지 위치를 알리는 것 종류: 에어사이렌, 전기혼, 다이아폰, 모터사이렌, 종
전파표지	전파에 의하여 선박이 위치를 식별할 수 있게 만든 표지나 시설 종류: 라디오비콘, 레이더비콘, 레이마크비콘, 로란, 데카, 쇼다비전, 오메가, 레이더국
특수신호 표지	좁은 해협, 수로 등에서 선박의 교통량 또는 조류의 방향 등을 전파 또는 형상물로써 항행선박에 알려주는 기능을 하는 표지 종류: 통항관제신호표지, 조류신호표지, 기상신호표지

(2) 목적상 분류

구분	내용
항양표지	해안선에서 50mil 이상 떨어진 해양을 항행하는 선박이 선위를 정확하게 결정할 수 있도록 하기 위하여 설치하는 장거리용 표지를 말한다. 이러한 표지는 주로 전파를 이용한 표지로서 출력 200W 이상의 전파표지, 로란, DGPS 등이 이에 속한다
육지초인 표지	해안선에서 20mil 이상의 해양을 항행하는 선박에게 육지에 가까이 왔음을 인식하게 하거나 선위를 확정함에 이용할 수 있도록 설치하는 것을 말한다. 광원은 1kW 이상, 광달거리 30mil 이상, 광력 800,000cd 이상의 등광, 출력 100~200W의 전파표지 등이 이에 속한다.
연안표지	해안선에서 20mil 이하의 해양을 항행하는 선박의 선위를 확정하는 데 필요한 표지시설을 말한다. 광달거리 20mil 이상, 광력 200,000cd 이상의 등광, 회전무선표지, 레이마크비콘, 음달거리 5mil 정도의 음파표지 등이 이에 속한다.
항만인지 표지	선박에서 항만의 소재를 확인할 수 있도록 표지를 설치함으로써 항만접근 시에 선박의 위치를 확실히 결정할 수 있고, 안전확보에 필요한 표지를 말한다.
유도표지	해협, 수도, 소해수로, 관제항로(준설항로 포함), 항만 등 협소 또는 위험한 해면을 항해하는 선박을 안전하게 목적지에 유도하기 위하여 설치하는 것을 말한다. 도등, 도표, 등부표 등이 있는데 측방표지, 항로우선표지, 중앙분리표지 등과 50W 이하의 초단파, 극초단파를 이용한 코스비콘(Course Beacon) 등이 이에 속한다.
장애표지	선박이 항해에 장애가 되는 천소, 암초, 침선 등을 표시하기 위하여 설치한다. 등표, 등부표 등으로서 방위표지, 고립장애표지, 특수표지, 측방표지와 레이콘 등이 이에 속한다고 할 수 있다. 이 표지는 경제효과가 크도록 설치되어야 하는데 항만표지에 준한다. 이러한 표지는 경제적 효과의 대소, 출입 선박 수, 출입 화물량 및 정박의 난이도, 항만 자체의 중요성 등에 따라 설치된다.

2) 항로표지 기준

항로표지는 선박의 안전과 운항능률의 증진을 도모하기 위하여 계속 변화하고 있는 해상교통의 실정을 고려하여 적절하고 유효하게 설치되어야 하며 구체적인 기준은 다음과 같다.

① 국제적으로 간편하고 누구나 식별하기 쉬울 것

② 일정한 장소에서 항상 고정되어 있어야 하며 정확히 운영될 것

③ 신뢰성이 높고 항상 이용이 쉬울 것

④ 신뢰도는 즉시 검사할 수 있어 그 결과의 확실성이 계측자의 능력이나 숙련도 및 선박의 기기 정도에 의존할 수 있을 것

⑤ 이용자에게 친근감을 갖는 개성이 있을 것

⑥ 평상시에는 항해자가 무시할 수 있고 필요에 따라 즉시 이용할 수 있을 것

⑦ 대응성이 있어 수로도지의 참고나 계속 관측을 필요로 하지 않아야 할 것

3.3 조사방법 및 표기

항로표지를 새로 설치하거나 항로표지의 현황 또는 현상 변경이 있는 때에는 그 사실을 해양수산부령으로 정하는 바에 따라 해양수산부장관에게 보고하여야 하며 해양수산부장관은 이를 고시하여야 한다. 항로표지의 고시내용은 명칭, 위치, 등질, 등고, 광달거리, 도색·구조·높이, 목적, 설치기간 및 이용 여부의 순서로 기재하여야 한다.

항로표지의 위치는 세계측지계 중 WGS-84의 좌표(경위도)로 나타내며, 위치의 결정은 DGPS를 이용한 측량, 3선교회법 및 기타 측량방법에 의하며, 부표 및 등부표의 위치는 침추의 정착 지점으로 한다. 등고의 높이 결정은 직접 수준측량, 간접 수준측량 등에 의하며 평균 해면에서 광원의 중심부까지 하고 10m 미만은 소수 1위까지, 10m 이상은 정수 1위까지 기재한다(소수위 절사). 등광의 명호 방위는 해상에서 등광을 향하여 측정한 방위값으로 표시하며 진방위(0~360°)를 사용한다. 등탑(표체)의 높이는 지면(지표면 이하 기초, 기반 제외)에서 등탑 정상부(피뢰침, 풍향계 제외)까지 표시하며, 10m 미만은 소수 1위까지 10m 이상은 정수 1위까지 기재한다(소수위 절사). 등질의 결정은 부근의 다른 항로표지의 등광과 오인을 피하기 위하여 특유의 특성을 부여하며, 일련의 유도표지로서 일정 구역에 집중적으로 설치한 등부표는 그러하지 아니한다. 또한 광달거리는 명목적 광달거리만 고시한다.

참고문헌

국립해양조사원, 2010,『거제도부근 해안선 조사 사업 결과보고서』.

국립해양조사원, 2012,『수로측량 업무규정』.

국토지리정보원, 2013,『공공측량 작업규정』.

송유진, 2011, "정사영상을 이용한 을숙도 해안선 결정 및 지형변화에 관한 연구", 석사학위논문, 동아대학교.

정현, 2008, "SHOALS 데이터를 이용한 해안선 추출에 관한 연구", 석사학위논문, 서울시립대학교.

Kwater연구원, 2012,『미래형 하천조사기술 개발 종합계획』.

인터넷

국립해양조사원 홈페이지(업무소개) http://www.khoa.go.kr/kcom/cnt/selectContentsPage.do?cntId=2540
　1000.

한국천문연구원 홈페이지(실시간 이동측위) http://www.gps.re.kr/outline/outline_19.asp.

서울특별시 홈페이지(네트워크 RTK시스템) http://gnss.seoul.go.kr/intro/intro4_1.php.

항로표지기술협회 홈페이지(항로표지 종류) http://www.kaan.or.kr/eagerne/cms.egn?uid=m262.

5장

해양관측

1. 해수의 물리적 성질

해양은 지구 상의 기후조정자, 생명체의 모체 및 여러 가지 물질을 저장하는 역할을 하고 있다. 해수의 물리적 성질은 주로 수온, 염분, 압력에 의해 결정되는 밀도와 수색, 투명도, 음파 등에 의해 결정된다.

1.1 수온, 염분, 압력 및 밀도

수온과 염분은 해수의 물리적 성질 중 가장 기본적인 것으로 해수의 온도를 간략하게 수온, 해수 중에 녹아 있는 염류를 총칭하여 염분으로 정의한다. 밀도는 수온, 염분 및 압력의 함수로써 수온에 반비례, 염분에 비례한다. 수온은 기온과 밀접한 관계를 가지고 있으며, 해수 중에서 발생하는 화학작용에 영향을 미치는데, 수온이 높으면 작용이 촉진되고 낮으면 늦어진다. 또한 해류에 따라 서로 다른 특징적인 수온과 염분분포를 나타내므로 해류의 좋은 지표가 된다.

1) 해수의 온도

해양에서는 태양광선이 깊은 곳까지 투과되어 태양열을 육지에 비하여 보다 효율적으로 흡수하고 있다. 수온은 바닷물의 특성을 결정하는 중요한 물리적 성질이며, 해양식물 및 동물의 성장과 산란 등에 영향을 미치는 주요한 환경요인이다. 해양의 표면수온은 태양복사열의 흡수, 증발, 그리고 해류 등의 계절적 변동에 따라 변동한다. 태양복사열은 해수의 온도를 높이는 반면, 증발은 해수의 온도를 강하시키며, 해류는 해수의 열을 다른 장소로 수송하는 역할을 한다.

표면수온은 약 −2℃(극지방)부터~약 30℃(적도지방)의 분포를 나타낸다(그림 5−1). 극지방에 나타나는 낮은 수온은 해수 중에 함유하고 있는 다양한 물질들에 의해 빙점이 강하되기 때문이며, 적도지방에서 육상보다 낮은 수온 30℃를 유지하는 것은 표층에서 흡수한 열의 반 이상이 증발로 인하여 소모되기 때문이다.

해양의 수온 연교차는 적도에서 2℃, 위도 40°에서 8℃ 정도이고, 극지방으로 갈수록 다시 감소하며, 외양역보다 연안역에서 더 크다. 표면수온의 일교차는 대양에서는 0.5℃ 이내이지만, 연안

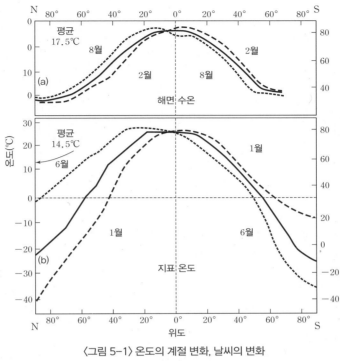

〈그림 5-1〉 온도의 계절 변화, 날씨의 변화

출처: Gross, 1987

역에 위치한 내만에서는 약 3℃나 된다. 수온의 연직분포는 3가지의 형태로 나누어진다. 일반적으로 해수의 수온은 해수면에서 가장 높고, 수심이 깊어짐에 따라 점차 낮아진다. 가끔 상층의 수온이 그 하층의 수온보다 낮은 경우가 있는데 이 층을 수온역전층이라고 한다. 표면으로부터 수심 25~200m까지의 층은 대류 또는 혼합에 의해 표면과 거의 동일한 수온을 나타내며, 이 층을 표층혼합층이라 한다. 이 층은 태양복사열의 영향을 가장 많이 받는 층이다.

표층혼합층 아래로부터 수심이 깊어짐에 따라 온도의 감소율이 매우 큰 수온약층이 나타난다. 수온약층의 깊이는 지역에 따라 변화하며, 저위도에서 고위도로 갈수록 얕아진다. 특히 고위도에서는 기온저하에 의해 대류가 왕성하기 때문에 수온약층이 없어지며, 중위도 해역에서는 기온 하강기인 겨울철에 이러한 현상이 나타나기도 한다. 연중 수심 200~1,000m 사이에 형성되는 약층을 주수온약층(main thermocline) 또는 영구수온약층(permanent thermocline)이라 한다. 또 영구수온약층의 아래에는 해저면까지 거의 수온변화가 없는 등온층이 존재하는데 이를 심해등온층 또는 심층이라 하며, 수온은 4℃ 이하이다. 그리고 중위도 지방에서 여름철의 태양복사열에 의한 기온 및 바람 등에 의해 표층 부근에서 계절에 따라 일시적으로 형성되었다가 겨울이 되면 소멸되는 약층을 계절수온약층(seasonal thermocline)이라 한다.

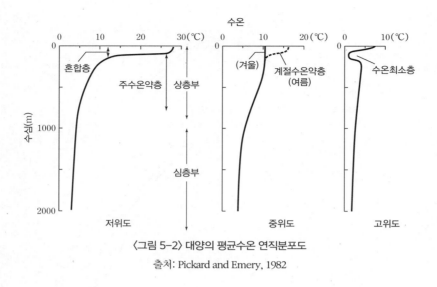

〈그림 5-2〉 대양의 평균수온 연직분포도

출처: Pickard and Emery, 1982

2) 염분

물은 용해력이 크기 때문에 지구 상에 존재하는 원소 중 약 90여 종이 해수에 녹아 있다. 해양에 녹아 있는 물질의 총량은 약 5×10^{22}g으로 추정되는데, 이는 해양의 전 표면을 150m 두께로 덮을 수 있는 양이 된다. 해수 중 순수한 물 이외에 녹아 있는 물질을 염류라 하며, 해수 1kg 중에 녹아 있는 염류의 무게를 그램(g)으로 나타낸 것을 염분이라 한다.

염분의 단위는 퍼밀(‰) 또는 psu로 나타낸다. 예를 들면, 해수 1kg 속에 35.00g의 염류가 녹아 있다면 염분은 35.00‰이 된다.

3) 해수의 압력

해양의 해수면 아래 모든 깊이에서는 그 위에 있는 물과 대기의 무게 때문에 정수압(靜水壓)이 작용하게 된다. 해양 문제를 다룰 때에는 물의 압력에 비하여 대기압이 매우 작기 때문에 대기압은 보통 고려하지 않는다. 임의 깊이에서의 정수압은 $P=\rho gh$로 나타낸다. 여기서, P는 정수압, ρ는 해수의 평균밀도, g는 중력가속도, h는 깊이를 각각 나타내고 있다.

1기압이란 표준 중력가속도(980.665cm/sec²)하에서 온도 0℃일 때 76cm 높이의 수은주(수은의 밀도 13.595g/cm³)의 최하단부에 미치는 압력으로 13.595×980.665×76=1,013,242dyne/cm²이 되며, 1cm²에 10^6dyne의 힘을 1bar(바)라 부른다. 해양학에서는 실용압력단위로서 1/10bar의 압력

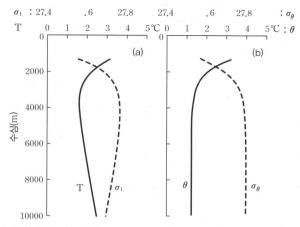

〈그림 5-3〉 필리핀 해구 내에서의 수온(좌) 및 온위(우)의 연직분포
출처: Pickard and Emery, 1982

을 사용하며, 1db(decibar, 데시바)라고 한다. 해수의 압력을 나타내는 실용단위를 1db로 한 것은 위의 계산에서 깊이가 1m 증가할 때마다 압력은 1db씩 증가하게 되어, 깊이와 압력을 같은 수치로 나타낼 수 있기 때문이다. 해수 중 임의깊이에서의 압력은 측정한 온도와 염분으로부터 밀도를 산정한 후 그 깊이까지의 해수중량을 누적하여 산정하면 된다. 위치에 따른 밀도 및 중력 차는 작고, 압력이 주로 깊이에 관계하므로 해양학에서는 깊이 대신 종종 압력을 사용하는 경우도 있다.

작은 수괴가 주변의 물과 열 교환 없이 단열적으로 깊이를 바꾸게 되면 압력의 영향을 받아서 온도가 변한다. 즉, 압력이 증가하면 수온은 그 물이 바로 해수면 상의 온도보다 약간 높게 된다. 어떤 압력하에 있는 물을 단열적으로 어떤 일정한 깊이 Z까지 가지고 왔을 때 그 물이 가진 온도를 깊이 Z에서의 온위(溫位, potential temperature, θ)라 한다. 특히 깊이가 명시되어 있지 않은 경우에는 해수면을 기준으로 산정한 온위를 가리킨다.

4) 해수의 밀도

밀도는 어떤 물질이 무거운지 또는 가벼운지를 결정하기 위하여 단위부피에 대한 질량(g/cm³)으로 정의된 물리적 특성을 나타내는 값이다. 순수한 물의 최대밀도는 1기압(자연상태)하에서 4℃일 때에 나타나며, 이때의 밀도는 1g/cm³이다. 해수의 밀도는 1.02100~1.0700g/cm³의 범위로 순수한 물보다 무겁다. 해수의 밀도는 수압과 염분에 비례하고 수온에 반비례하므로 밀도를 $\rho_{s,t,p}$라고 표시하고, 밀도를 염분(s), 수온(t), 압력(p)의 함수로 나타낸다. 해수의 밀도는 해양에서 대단히 중요하며, 1보다 약간 크기 때문에 해양학에서 편의상 $\rho_{s,t,p}$는 다음과 같이 정의한다.

$$\sigma_{s,t,p}=(\rho_{s,t,p}-1)\times1,000$$

이것은 관측한 현장에서의 밀도를 나타내므로 $\sigma_{s,t,p}$를 현장밀도라고 한다. 해양학에서는 보통 동일한 깊이, 즉 밀도에 영향을 끼치는 압력을 무시하여 동일한 압력에서의 밀도를 비교하므로 해수밀도로 $\sigma_{s,t,p}$, $\sigma_{s,t,0}$를 사용하며, 현장에서 채수한 해수의 s와 t는 바꾸지 않고 p=0(해면)에서의 해수밀도를 말하며, 일반적으로 σ_t를 사용한다.

$$\sigma_t=(\rho_{s,t,0}-1)\times1,000$$

σ_t는 압력을 제외한 수온과 염분의 함수이며, 여기서 염분과 수온은 현장값이다.

〈그림 5-4〉는 대부분의 해양에서 나타날 수 있는 수온과 염분값에 대한 σ_t값을 나타낸 것이다. 여기서 주목해야 할 것은 염분변화에 따른 σ_t의 변화는 모든 범위의 염분과 수온에서 거의 동일하지만, 수온에 따른 밀도변화는 일정하지 않다는 것이다. 〈그림 5-4〉에서 실선으로 표시한 직선은 물이 최대 밀도를 가지는 수온을 나타낸다. 순수한 물의 경우 이 직선은 4℃에서 시작된다.

점선으로 표시한 직선은 빙점을 염분의 함수로서 나타낸 것이다. 해수가 결빙할 때 냉각된 저염수는 빙점에 도달하기 전에 최대 밀도가 되어 침강하며, 이 해수는 최대 밀도에 이르는 수온에 도달하면 침강한다. 냉각상태가 점점 계속될 때 표면해수는 가벼워져 결국에는 표면에서부터 연직하방으로 결빙하기 시작한다. 이때 표면하의 해수는 결빙되지 않은 상태로 잔존하게 된다. 그렇지만 24.7‰ 이상의 염분에서는 해수가 냉각되어 빙점에 도달하기까지 연직순환이 계속된다. 그러므로

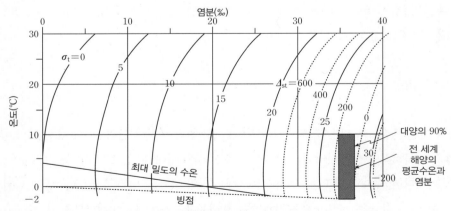

〈그림 5-4〉 수온과 염분함수로서 대기압 아래에서의 해수최대밀도, ST, 온도와 빙점

출처: Pickard and Emeery, 1982

전체 수주(water column)는 빙점까지 냉각되어야 하므로 결빙은 늦어진다.

1.2 T-S도

수온과 염분 사이에는 고유의 물리적 의미는 없으나 임의 관측점에서 측정한 수온을 염분의 함수로 설명하는 것은 실제적으로 대단히 유용하다. 염분은 가로축에, 수온을 세로축에 나타낸 T-S도(T-S diagram)에 어느 해역에서 관측한 다량의 자료를 표시해 보면 일정한 선을 따라 분포한다는 것을 알 수 있다.

기상학에서 일정한 온도를 갖는 균일한 성질의 공기덩어리를 기단(air mass)이라고 부르듯이 일정한 수온과 염분으로 특정 지을 수 있는 해수의 덩어리를 수괴(water mass)라고 부르는데, 이렇게 특정 수온, 염분의 수괴가 차지하는 공간적 범위가 아무리 크다고 하더라도 T-S도 상에는 하나의 점으로 나타날 것이다. 〈그림 5-5〉는 1932년 4월에 미국 동부의 멕시코 만 해역에서 아틀란티스호에 의하여 관측된 수심별 수온, 염분 〈그림 5-5 A, B〉를 T-S도에 나타낸 것이다〈그림 5-5 C〉.

상층부터 수온, 염분의 위치를 연결하면 이와 같은 T-S곡선을 얻게 된다. 이 그림은 약 90km 떨어진 두 관측점에서의 결과를 보여 주는데 거리가 상당히 떨어져 있음에도 가까이 인접한 T-S곡선 상에 정렬함으로써 두 곳에서의 수괴특성이 거의 같으며 단지 분포하는 수심만이 다르다는 것을 알 수 있다. 몇 개의 점들 옆에 수심이 표시되어 있으며 이로부터 관측점 1229의 284m 수심의 수괴

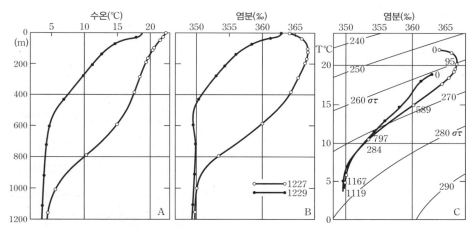

〈그림 5-5〉 멕시코 만 해역 아틀란티스 관측점 1229에서의 수온(A), 염분 분포(B),
그에 따른 T-S 곡선(C), T-S 곡선 상의 숫자는 수심(m)

출처: Dietrich et al, 1980

와 관측점 1227의 797m에서의 수괴 특성은 거의 동일하다는 것을 알 수 있다. 또한 밀도는 수온과 염분에 의해서 결정되므로 T-S도 상에 σ_t의 등치선을 그려 넣으면 해당되는 밀도에 대한 정보도 동시에 얻을 수 있다.

이와 같이 T-S도 상에서 특정한 수괴의 분포가 하나의 T-S곡선으로 나타나므로 만약에 관측결과의 일부가 부정확하여 특정 해역의 정상적인 곡선으로부터 크게 벗어난다면 이를 식별할 수도 있고, 특히 수괴의 기원과 수괴들 사이의 혼합에 대한 연구에도 매우 유용하다.

우리나라의 동해와 남해 그리고 황해에 분포하는 수괴들은 북한한류수, 동해고유수, 쓰시마 난류수, 황해저층냉수, 중국대륙연안수 등이 있다. 이들의 수온과 염분값은 북한한류수(North Korea Cold Water)가 1~4℃, 34.00~34.05‰이며, 동해고유수(East Sea Proper Water)는 1℃ 내외, 34.0~34.1‰, 쓰시마 난류수(Tsushima Warm Current)의 하계표층수는 20℃ 이상,

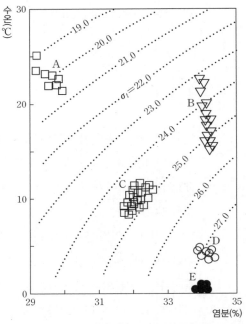

〈그림 5-6〉 한반도 주변의 수괴와 T-S도, A-중국대륙연안수 B-쓰시마 난류수 C-황해저층냉수 D-북한한류수 E-동해고유수

30.00~34.00‰이며, 동해중층수(East Sea Intermediate Water)는 14~17℃, 34.30~34.60‰이다. 황해저층냉수(Yellow Sea Bottom Cold Water)는 하계에 10℃ 이하, 약 33.5‰이고, 중국대륙연안수는 9.8~ 28.1℃, 30.0‰ 이하이다. 이들 수괴의 T-S도는 〈그림 5-6〉과 같다.

1.3 해수 중 음향

공기 중에 살고 있는 우리들이 의사를 전달할 때는 문자를 제외하면 소리와 빛을 포함한 전자파를 이용하고 있다. 전자파는 원거리 통신 수단으로서 근거리에서는 소리를 이용하고 있다. 그렇지만 해수 중에서는 공기 중에서와는 반대로 전자파(빛)가 거의 통하지 않으므로 음파를 주요 전달수단으로 사용한다. 그러나 해수 중 음파의 속도는 약 1,500m/sec로 공기 중의 약 340m/sec보다 전달 속도가 약 4배 정도 빠르고 매우 멀리까지 전달할 수 있으므로 바닷속에서 신호를 전달하기에 가장 좋은 수단이므로 현재 사용되고 있는 대부분의 수심측량장비(다중빔, 단빔 음향측심기)는 음파를 사용하고 있다.

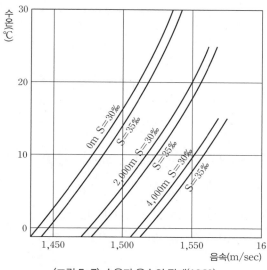

〈그림 5-7〉 수온과 음속의 관계(1969)

음파는 밀도변화에 의해 전달되는 탄성파이며, 음파의 속도는 이론적으로 다음과 같다.

$$c=(\gamma/\rho k)^{-z}$$

여기서, c는 음속, γ는 정압비열과 정적비열의 비($\gamma=C_p/C_v$), ρ는 해수의 밀도, k는 압축률이다. 이들은 수온 t, 염분 s 및 압력 p의 관계수이다. 음속은 수온 1℃가 상승함에 따라서 4m/sec, 염분 1‰ 증가함에 따라 1.5m/sec 증가하며, 수심 1,000m 증가함에 따라 18m/sec 증가한다. 수온과 음속의 관계를 〈그림 5-7〉에 나타내었다.

해양에서 수온과 염분변화가 큰 곳은 해수면으로부터 깊이 200~300m까지이며, 그 외의 수심에서는 변화가 거의 없다. 따라서 수온변화가 염분변화보다 음속에 크게 영향을 미치므로 수심이 증가할수록 음속은 감소한다. 수심이 점점 깊어질수록 온도변화보다는 수압증가가 훨씬 더 크게 되므로 음속증가는 온도변화로 인한 영향보다 수압의 영향을 더 많이 받게 되어 음속은 수심과 함께 다시 증가하기 시작한다. 이와 같은 음속 극소층은 온대지방에서는 1,000m보다 얕은 곳에 형성된다.

이런 음속 극소층을 통과하는 음파는 음속 극소층을 향하여 굴곡되어 이 층을 따라 먼 곳까지 전파되어 간다. 그 원리는 음속이 큰 상층부터 음속 극소층으로 입사했던 음파는 스넬법칙에 따라 위쪽으로 굴절하고, 하층부터 입사했던 음파는 아래쪽으로 굴절하는 것이다. 이러한 음속 극소층 위의 하향 굴절과 음속 극소층 아래의 상향 굴절과의 조합된 영향으로 인하여 음에너지는 음속 극소층에 갇히는 형태로 수평 방향으로 먼 거리까지 전해질 수 있는 데 기인하여 이런 음속 극소층을 음파통로(音波通路, sound channel)라고 한다.

2. 조석관측

2.1 조석

해안에서 바다를 바라보고 있노라면 해수면이 끊임없이 움직이고 있는 것을 볼 수 있다. 계속해서 해안 부근을 유심히 보고 있으면 시간이 경과함에 따라 바닷물이 밀려와 차오르기도 하고, 서서히 빠져 내려가는 모습을 볼 수 있다. 이와 같이 일정한 위치에 머물러 있지 않고 시간에 따라 끊임없이 변동하는 해수면의 높이를 세로축, 시간을 가로축으로 잡고 그래프로 그려 보면 〈그림 5-8〉과 같은 곡선모양이 된다.

이러한 해수면 변동은 특히 조차가 큰 우리나라 황해안에서 더욱 잘 볼 수 있다. 해수면의 변동은 다양한 원인에 의하여 발생하지만 천체의 움직임에 의한 해수면의 주기적인 승강운동에 의해 일어나며, 이를 조석이라 한다.

조석현상은 태양, 달과 지구 사이에 작용하는 만유인력과 지구와 공통질량 중심으로 회전하는 물체에 작용하는 원심력의 평형에 의해 발생하는 해수면의 주기적 승강운동을 의미한다. 이러한 조석의 형태는 해안 크기, 형태, 수심 등에 따라 크게 변화하며, 그 높이를 측정하는 것을 조석관측이라 한다.

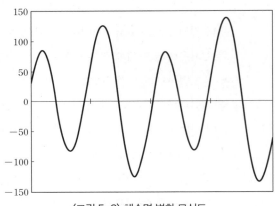

〈그림 5-8〉 해수면 변화 모식도

1) 조석현상

해수면이 가장 높아져 있는 상태를 만조(고조)라고 하고, 해수면이 가장 낮아져 있는 상태를 간조(저조)라고 한다. 연속되는 만조 시 해수면 높이와 간조 시 해수면 높이의 차이를 조차라 하고, 만조에서 연이은 다음 만조, 간조에서 연이은 다음 간조까지의 시간을 조석의 주기라 한다. 달의 공전주기는 약 27.3일이므로 하루에 약 13°를 공전한다. 지구의 자전에 의해(1회전/24시간) 지구 상의 만조인 A점이 자전에 의해 12시간 후에는 B점으로 이동한다. 그러나 이 사이에 달이 약 6.5° 공전하

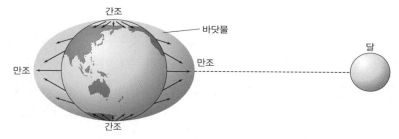

〈그림 5-9〉 달의 인력에 의한 해수면 변동 모식도

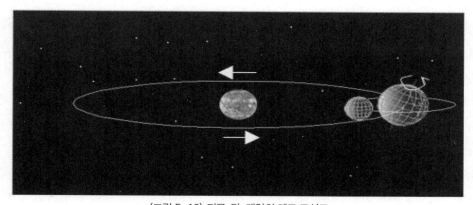

〈그림 5-10〉 지구, 달, 태양의 궤도 모식도

출처: http://www.i-science.hs.kr/cyber/Earth-science1/earth_moon.html

므로, B점에서 6.5°를 더 자전해야 다음 만조가 된다. 이 6.5°는 태양시로 환산하면 25분에 해당한다. 따라서 달에 의한 조석주기는 약 12시간 25분이 된다.

태양계에서의 태양과 행성 및 그들의 위성들은 뉴턴의 만유인력법칙에 의해 서로 끌어당기고 있다. 지구와 태양, 지구와 달 사이에도 인력이 작용하고 있다. 조석은 달의 인력과 지구와 달의 공전에 의한 원심력의 차이 즉, 기조력에 의하여 생긴다.

조석현상에는 태양의 인력도 영향을 미친다. 태양의 질량은 달의 질량에 비하여 엄청나게 크지만 거리가 매우 멀기 때문에 조석에 실제로 미치는 영향은 달에 비하여 27/59(약 0.46) 정도이다. 그러므로 달과 태양, 지구의 상대적인 위치에 따라 만조(고조)와 간조(저조)의 높이가 다르게 나타난다. 이 세 천체가 일직선 상에 놓이게 되면 보통 때보다 만조(고조) 수위가 훨씬 높아지게 되는데, 이것을 대조(spring tide) 또는 사리라 부른다. 대조는 음력 초하루(삭, 월령 0일) 및 음력 보름날(망, 월령 14일) 후 1~3일에 발생한다.

이와는 달리 태양, 지구, 달이 지구를 중심으로 직각을 이루게 되면 달의 인력이 태양의 인력에 의해 상쇄되어 조차는 작아진다. 이것을 소조(neap tide) 또는 조금이라 부른다. 조금은 상현(월령 7

일) 및 하현(월령 22일) 후 1~3일에 발생한다.

지구의 자전축이 약 23.5° 기울어져 있으므로 지구가 자전하고 달이 지구를 공전할 때 생기는 인력의 크기가 두 번의 만조(고조)와 간조(저조) 시에 동일하지 않다. 이와 같이 하루 동안에 발생하는 두 번의 조석에서 서로 다른 조차가 나타나는 것을 일조부등(一潮不等, daily inequality)이라 하는데 일조부등이란 1일 2회조의 경우에 같은 날이라도 두 번의 고조 또는 저조의 높이가 서로 같지 않은 현상을 말한다. 계속되는 두 번의 고조 중에서 높은 것을 고고조(Higher High Water), 낮은 것을 저고조(Lower High Water)라 하며, 두 번의 저조 중에서 낮은 것을 저저조(Lower Low Water), 높은 것을 고저조(Higher Low Water)라 한다. 일조부등의 크기는 매일 그 크기가 다르며 장소에 따라서도 다르게 나타난다. 우리나라의 특이조석으로 제주에서는 고조와 저조가 거의 일정한 수위로 수 시간 동안 함께 누그러지는 현상인 소멸조(Vanishing Tide)가 나타난다.

달의 적위가 작을 때, 즉 달이 적도 부근에 있을 때 일조부등의 크기가 작으며 1일 2회의 고·저조가 규칙적으로 거의 같은 높이로 일어난다. 이때의 조석을 분점조(分點潮, equinotial tide)라 하며, 봄·가을의 대조기 또는 여름·겨울의 소조기의 조석이 이에 해당한다.

달의 적위가 적도로부터 북쪽 또는 남쪽으로 멀어질수록 일조부등의 크기가 커지고, 달이 남북회귀선 부근에 있을 때는 일조부등의 최대가 된다. 이때의 조석을 회귀조(回歸潮, tropic tide)라고 한다. 봄·가을은 상현과 하현일 때 달이 회귀선에 오며, 여름·겨울은 삭과 망일 때 달이 회귀선에 온다. 1개월과 1년 동안에 발생하는 것을 각각 월조부등과 연조부등이라한다. 조석은 매일 변동하지만 약 반년을 두고 월령이 같은 날의 조석은 거의 같게 나타나는데, 오전과 오후가 바뀌고 있다. 임의기간(1일, 1개월, 1년 등)의 해수면 평균높이를 임의기간의 평균해수면(MSL: Mean Sea Level)이라 부른다.

평균해수면은 관측 지역에서 1년간 실시한 조석관측 성과에 의해 결정되나, 조석관측 기간이 1년 미만일 경우에는 인근에 가장 가까이 위치한 기준 조위관측소의 평균해면 연변화를 고려하여 연평균을 추정하여 결정하고 있다. 한국연안에서 겨울과 봄의 기압은 여름과 가을의 기압보다 높기 때문에 일반적으로 평균해면은 겨울과 봄에 낮고, 여름과 가을에 높다. 기압변화는 시간과 장소에 따라 다르므로 해수면의 변화 크기 및 시기도 다르다.

평균해면은 산술평균해수면(Ao)과 천문조 평균해수면(Zo)으로 구분할 수 있다. 산술평균해수면은 천문조와 기상조 등 조석을 일으키는 모든 성분이 포함된 일정 기간 동안의 해수면을 산술평균한 것으로 산술평균한 기간에 따라 일평균해수면, 월평균해수면, 연평균해수면으로 구분한다. 일평균해수면은 매일 변하며, 월평균해수면은 계절에 따라 변화하고, 연평균해수면은 변화 정도가 작다. 이러한 평균해수면의 높이를 변화시키는 요인으로는 계절풍과 기압 등의 기상변화 및 해수밀도 변화, 지반변동 등이 있다.

$$A_0 = \frac{SeaLevel_1 + SeaLevel_2 + \cdots + SeaLevel_n}{n}$$

천문조 평균해수면은 주요 4대분조(M2, S2, K1, O1)의 진폭의 합(Hm+Hs+Hk+Ho)이다. 조고의 기준면인 기본수준면(DL: Datum Level)은 해상의 수직기준면으로서 관측 지점의 평균해수면에서 천문조 평균해수면 만큼 내려간 면이며, 지역마다 천문조 평균해수면이 다르기 때문에 기본

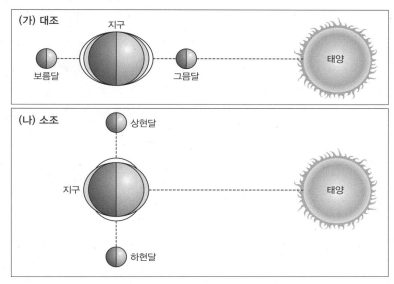

〈그림 5-11〉 대조 시 및 소조 시 해수면 변화

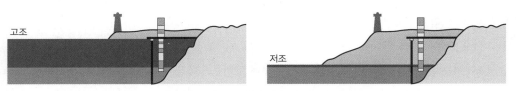

〈그림 5-12〉 고조 시와 저조 시 해수면 변화

〈표 5-1〉 조석과 조류의 비교

조석	조류
달과 태양의 만유인력으로 인한 해수면의 상하방향의 주기적 승강운동	조석의 고, 저조의 수직운동으로부터 발생하는 해수의 수평방향의 주기적 흐름
태양과 달 등에 의해 발생	조석으로 인해 발생
만조(고조), 간조(저조)	밀물(창조류), 썰물(낙조류)

수준면 또한 지역마다 그 높이가 다르다.

2) 조석관측의 목적

조석관측의 목적은 기준면의 결정,* 평균해수면의 결정,** 약최고고조면의 결정, 수심 개정량의 결정 등 직접적으로 수심측량 작업에 관계되는 기준이 되는 값을 산정하기 위한 것이다. 또한 조석예보, 장기간의 연속관측으로 지반변화의 감시, 해황변동의 점검 등 지구물리학적 및 해양물리학적 측면에서 중요할 뿐만 아니라 연안방재, 항만공사, 선박항해 등의 실질적인 면에서도 중요한 기초 자료가 된다.

이렇게 관측한 해수면의 높이는 국립해양조사원에서 1년 후의 해수면 높이를 예측하는 자료로 사용된다.*** 과거에는 다소 복잡한 수학식을 이용하였지만 지금은 컴퓨터가 발전되어 옛날보다는 손쉽게 해수면 높이를 예측할 수 있게 되었다. 그러나 우리가 바닷가에서 직접 관측하는 해수면 높이와 국립해양조사원에서 예측한 해수면 높이가 동일한 것은 아니다. 그 이유는 하늘에 떠 있는 천체(달, 태양 등)에 의해 일어나는 해수면 높이를 예측한 것이지 바람, 비, 태풍 등의 이벤트성 외력에 의해 발생한 해수면 높이는 예측할 수 없기 때문이다.

3) 조석 이론

(1) 기조력

① 지구와 달은 지구 내부에 있는 공통 질량 중심 G 주위를 각각 공전하므로 이 공전에 의한 원심력 F_0는 지구 상의 모든 점에서 그 크기와 방향이 같다.

② 지구 중심 O에서 원심력과 달의 인력이 같다($F_0=f_0$).

③ A에서는 달까지의 거리가 지구 중심에서 보다 가까우므로 인력 f_A가 F_0보다 크고, B에서는 원심력 F_0가 달의 인력 f_B보다 커서 그 차이가 기조력으로 작용한다. 그리고 지표면의 다른 지점 P에서는 원심력 F_0와 달의 인력 f_P의 합력이 A를 향하는 기조력으로 작용한다.

---

* 해도 상의 수심기준은 그 지방의 해수면이 가장 낮을 때의 수면, 즉 기본수준면(약최저저조면)이 된다. 기본수준면이란 해수면이 더 이상 얕아지지 않는 해수면이다. 기본수준면은 해도의 수심기준면으로 평균해수면에서 주요 4대분조의 반조차(Hm+Hs+H'+H°)의 합만큼 내려간 해수면을 말한다.

** 육도 및 자연물표 등의 높이는 평균해수면으로부터 산정하는데, 평균해수면이란 조석의 만조와 간조의 높이를 장기간(1년 이상) 관측하여 평균한 해수면의 높이를 말한다.

*** 조석현상은 매우 복잡하여 장소에 따라 다르며, 또 동일 지점이라 할지라도 월령, 적위, 계절 등에 따라서도 변화한다. 따라서 임의지점에서 적어도 1년 이상의 장기관측을 실시해야 한다.

④ 지구 반지름을 R, 지구와 달 사이의 거리를 r, 달의 질량을 m이라 하고 지구 상의 단위 질량에 작용하는 힘을 고려하면, 지구 중심에서는 달의 인력과 원심력이 같으므로 $F_0 = f_0 = \dfrac{Gm}{r^2}$ 이다.

⑤ A와 B에 있는 단위 질량에 작용하는 달의 인력은 각각 $f_A = \dfrac{Gm}{(r-R)^2}$, $f_B = \dfrac{Gm}{(r+R)^2}$ 이다.

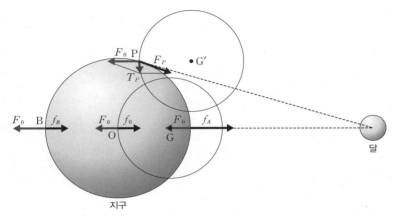

〈그림 5–13〉 만유인력과 원심력에 의한 기조력 모식도

- A에서 기조력의 크기$(f_A - F_0)$

$$T_A = f_A - F_0 = \frac{Gm}{(r-R)^2} - \frac{Gm}{r^2} = Gm \times \frac{(2rR-R^2)}{r^2(r-R)^2} = \frac{Gm}{r^2} \times \frac{(2rR-R^2)}{(r-R)^2}$$

$$= \frac{Gm}{r^2} \times \frac{(2rR-R^2)/r^2}{(r-R)^2/r^2} = \frac{Gm}{r^2} \times \frac{(2R/r)-(R/r)^2}{\{(r-R)/r\}^2}$$

$$\fallingdotseq \frac{Gm}{r^2} \times \frac{(2R/r)-0}{(r-R/r)^2} \fallingdotseq \frac{Gm}{r^2} \times \frac{2R/r}{1^2} = \frac{Gm}{r^3} \times 2R$$

* $r \fallingdotseq 60R$이므로, $(R/r)^2$은 0으로 무시하고, $(1-R/r)$ 및 $(1+R/r)$은 1로 간주할 수 있다.

기조력은 조석을 일으키는 천체의 질량에 비례하고, 그 천체와의 거리의 세제곱에 반비례한다. 또, A와 B에서의 기조력은 그 크기가 같고 방향이 반대이다.

- B에서 기조력의 크기$(f_B - F_0)$

$$T_B = f_B - F_0 = \frac{Gm}{(r+R)^2} - \frac{Gm}{r^2} = -Gm \frac{2rR+R^2}{r^2(r+R)^2}$$

$$= -\frac{Gm}{r^2} \times \frac{2rR+R^2}{(r+R)^2} = -\frac{Gm}{r^2} \times \frac{2R/r+(R/r)^2}{(r+R)^2/r^2}$$

$$\fallingdotseq \frac{Gm}{r^2} \times \frac{2R/r+0}{(1+R/r)^2} \fallingdotseq \frac{Gm}{r^2} \times \frac{2R/r}{1^2} = -\frac{Gm}{r^3} \times 2R$$

<그림 5-14> 기조력에 의해 상승한 해수면 모식도

즉 기조력은 천체질량에 비례하고 거리의 세제곱근에 반비례하므로 달에 가까운 부분은 주로 만유인력이 작용하게 되고, 먼 쪽(달로부터 거리가 먼 쪽)은 지구의 원심력(관성력)이 작용하게 되어 달이 위치한 지점과 지구의 반대쪽에서도 부풀어 오르는 조석이 형성된다. 정역학적 조석이론에 근거하면 <그림 5-14>에 나타낸 바와 같이 달이 지구적도 상 동측에 위치하고 있어도 지구적도 상 서측에서도 거의 동일하게 해수면이 상승하는 것이다.

(2) 정역학적 조석 이론에 의한 조석의 높이

매순간의 해수면은 해수에 작용하는 중력과 기조력과의 합력의 방향에 대하여 항상 직각이 된다고 가정하여 해수면의 변동을 논하는 것이 평형조석이론(Equilibrium theory of tide) 또는 조석의 균형설이라 한다. 이 이론에 따르면 천체에 의해 야기되는 조석에 의한 해수면의 높이 H는 다음식과 같이 나타낼 수 있다.

$$H = \frac{3}{2} \frac{M}{E} \left(\frac{a}{r}\right)^3 a \left(\cos^2 Z - \frac{1}{3}\right)$$

여기서, M=천체의 질량, a=지구의 반경, E=지구의 질량, r=지구와 천체와의 거리, Z=지구 상의 지점과 지구중심을 연결한 선과 지구중심과 천체를 연결한 선이 이루는 각도이다.

2.2 조석관측

조위관측소(검조소)란 조석관측을 하는 곳을 말하는데, 조위관측소는 관측목적 및 기간에 따라 1등 조위관측소, 2등 조위관측소, 3등 조위관측소로 분류한다. 일반적인 조위관측소에는 검조의(tide gauge), 수측기(tide staff), 기본수준점표(TBM: Tidal Bench Mark) 등이 갖추어져 있다.

기준 조위관측소에서는 주로 부표식 검조의를 사용하며, 해안에 검조우물을 설치하고 도수관으

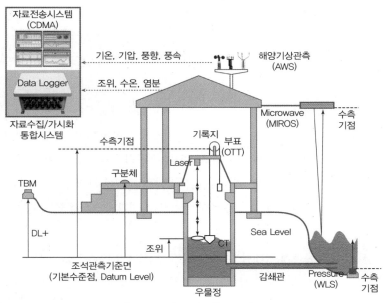

〈그림 5-15〉 조위관측소 개념도

로 해수를 우물 안에 유도하여 연중 해수면 높이의 변화를 기록하고 있다. 국립해양조사원에서는 인천, 부산 등 전국 45개의 조위관측소(45개소 실시간 정보제공, http://www.khoa.go.kr)를 운영하고 있으며, 조위관측소 개념도는 〈그림 5-15〉와 같다.

(1) 해수면 높이 측정방법

① 표척 관측

1~5cm 간격으로 눈금을 새긴 표척(tide pole)을 수직으로 바다에 설치하여 육안으로 조위를 측정하는 것으로 가장 간단한 관측방법이다. 설치 장소는 파랑이 잔잔하고 기름이나 오물이 없고, 통항선박이 적은 곳으로 해저면이 드러나지 않는 곳이라야 한다. 또한 표척의 동요를 감시하기 위하여 고정점을 부근에 설치할 수 있는 곳이라야 한다. 표척의 0 위치는 적어도 최저조위(약최저저조면)보다 50cm 이상의 여유가 있어야 하며, 이것은 다른 관측방법에 의한 경우도 동일하다. 육안으로 하는 관측이므로 우천 시나 야간에 측정하는 데 어려움은 있으나 아래와 같이 수행한다.

- 단기간 관측
- 기본수준점표의 높이를 측정할 경우(기본 수준표와 표척상부 끝단과의 수준측량, 표척과 검조기를 동시관측)
- 자기검조기의 기차(압축률) 점검

－ 자기검조기의 관측기준면 변동검사

－ 검조우물의 통수(도수관) 불량검사

등의 작업에 활용할 수 있는 관측방법이다. 다음에 기술하는 자기검조기를 설치하였을 경우에도 반드시 표척을 설치하여야 한다.

② 조석관측 방식

조위관측기기의 종류는 〈그림 5-16〉과 같이 측정기기의 형식에 따라 구분하고 있다. 기계식 검조기에는 물 높이 변화에 따른 압력의 변화를 측정하는 수압식과 공을 물 위에 띄워 놓고 물 높이가 변화함에 따라 공의 높이가 달라지는 것을 측정하는 부표식이 있다.

－ 수압식: 수압을 측정하는 기계 위의 물 높이 변화를 측정하는 것으로 짧은 기간 동안의 측정에서 주로 사용한다.

－ 부표식: 바닷물이 자유롭게 왕래할 수 있는 관(도수관)이 있는 우물을 만들어 부표에 의해 물 높이를 측정한다. 현재 가장 많이 사용되고 있는 검조기로, 더 세분해 보면 리차드(richard), 후

부표식 조위관측기

음파식 조위관측기

레이저식 조위관측기

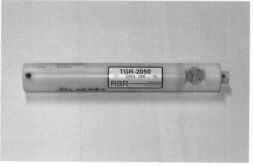
압력식 조위관측기

〈그림 5-16〉 조위관측기기의 종류

스(fuess), 오트(ott)형 등이 있다.

(2) 조위관측소의 기본 구조 및 생산자료

① 조위관측소의 구조는 다음 사항을 충족하여야 한다.

- 조위관측소는 검조우물을 설치하여 도수관으로 해수를 우물 안으로 유도한다.
- 도수관은 최저극 조위에서 약 1m 이상 낮게 설치하고, 검조우물 상단은 고극조위에서 2~3m 높게 한다.

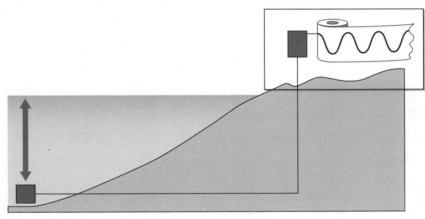

〈그림 5-17〉 수압식 검조기

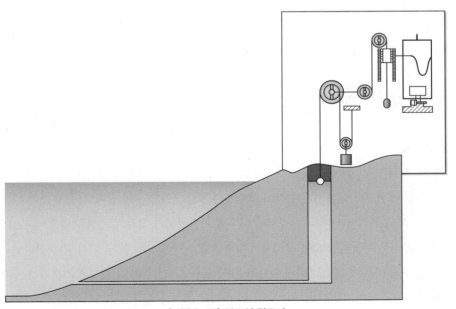

〈그림 5-18〉 부표식 검조기

- 도수관의 끝부분은 해저면으로부터 50cm 이상 높여서 설치해야 한다. 또한 도수관의 막힘을 방지하기 위하여 도수관은 우물에서 1/20 정도 하방 경사를 주어 설치한다.
- 검조우물의 지름은 1m 내외로 한다.
- 도수관의 길이는 20m 이내로 한다. 이때 검조우물 내 용적에 대한 도수관의 길이 및 단면적은
  $$\frac{검조우물\ 단면적}{도수관의\ 단면적} \times 도수관의\ 길이 \geq 5 \times 10^4 cm를\ 만족해야\ 한다.$$

길이(m)	0	5	15	20
도수관 직경(cm)	8	10	12	14

출처: 해양관측지침(일본기상협회, 1981, p.333)

- 감쇠관은 $\dfrac{검조우물\ 단면적}{도수관의\ 단면적} = 10$을 충족시켜야 한다.

② 조석 관측자료를 정리할 때 조위단위는 cm로, 평균조위는 유효숫자 계산법에 따라 한다. 조석 관측을 실행한 후에는 자기기록(조석곡선)을 정리하여 다음 사항을 월별로 작성한다.
- 검조기록부는 매시 조위, 일평균해면, 월평균해면 및 고·저조의 시각과 조 위를 기재
- 조석편차란 조위의 실측치와 추산치로부터의 편차로서, 기상, 기타 원인에 대한 해면 변동의 크기를 표시
- 기준측정표는 매월 삭, 망 대조기 때에는 고(저)조 1시간 전부터 저(고)조 1시간 후까지 10회 이상 기준측정을 실시한 것에 의한 관측치를 기재
- 검조야장은 풍향, 풍속, 너울, 일기, 기준측정 결과 등을 기재
- 검조개보는 그 달의 조석의 개요 및 특징 등을 요약하여 기재

4) 조석자료 처리 및 활용

(1) 조화분해

조석을 일으키는 달과 태양의 운동이 이와 같이 복잡하지만 조석현상을 생각할 때 이 현상이 다수의 규칙적인 조석으로 이루어져 있다고 가정한다. 즉, 달의 경우와 같이 지구에 대한 거리의 변화, 적위의 변화로 조석이 나타나는 것처럼 다수의 가상천체가 고유의 조석을 일으키고 있으므로 우리가 보는 조석은 이들의 조석이 합쳐져서 나타난다고 생각할 수 있다. 이와 같이 하나의 조석현상을 다수의 규칙 바른 조석으로 되어 있다고 가정하여 이것을 각각의 조석으로 분리하는 것을 조석의 조화분해라고 하며, 각각의 분리된 일정한 주기와 조차를 조석의 분조라 한다. 각 분조의 진폭

및 지각은 어떤 관측 지점에서는 고유한 것으로 조석관측에 의해서만 산정할 수 있는 것으로써 분조의 조화상수라 한다. 특히 주요 4대분조(주태음일주조: O1, 일월합성일주조: K1, 주태음반일주조: M2, 주태양반일주조: S2)는 우리나라 근해에서 기본수준면을 결정할 때 이용되는 것 외에도 조석의 개요를 파악하려 할 때나 조석의 조시, 조고의 개정 수 등을 계산할 때 이용된다.

실제로 각 분조의 조화상수를 구하는 조화분해법에 대하여는 다윈(Darwin)법, T.I.법 등 수 계산에 편리하게 고안된 것들이 있으나 근래에는 전자계산기의 출현으로 최소자승법을 충실히 실행할 수 있게 되어 신속 및 정도향상을 기할 수 있게 되었다. 조화분해에 사용하는 조석자료를 관측기간에 따라 분류하면 15일, 30일, 357일, 369일 등이 있다. 분조의 수도 분해방법에 따라 다르나 100여 개에 이른다고 생각되고 있으며, 보통 1년의 매일 관측치로는 근래 많이 이용하고 있는 최소자승법으로 60여 개의 분조를 산정하고 있다.

조화상수는 극단적인 지형의 변화가 없는 한 정해진 장소에서는 거의 변화하지 않는다. 다만, Sa 분조만은 관측년에 따라 비교적 변화가 크므로 조석예보에 이용할 때에는 3년 이상(영국조석표 참조)의 평균치를 이용하는 것이 바람직하다.

이들 분조 중 특히 주요 4대분조는 〈표 5-2〉에 표시하였다. 또한 비조화상수는 〈표 5-3〉에 나타내었다. 조석의 각종 기준면은 〈그림 5-19〉에 나타낸 바와 같다. 조시차 및 조고비는 다음과 같이 정의한다.

$$조시차 = (평균고조간격) - (평균고조간격)_0$$

$$고조비 = \frac{대조차}{(대조차)_0} = \frac{2(H_m + H_s)}{2(H_m + H_s)_0}$$

여기서, 아래첨자 0은 기준항의 조화상수 및 비조화상수를 의미한다.

임의 관측 지점에서의 조고 = (표준항의 조고 - 표준항의 Z_0) × 조고비 + 임의 관측 지점의 Z_0

여기서, 아래첨자 '0': 표준항, H_m: 주태음반일주조(M_2)의 진폭, H_s: 주태양반일주조(S_2)의 진폭, Z_0: 천문조 평균해수면을 의미한다.

이들 주요 4대분조의 의미는 다음과 같다.

① 주태음반일주조(M2)

달이 적도 상을 지구에서 일정한 거리를 유지하여 평균속도로 운행한다고 가상하였을 때 생기는 조석이며 달이 자오선을 경과한 후 다시 그 자오선을 경과할 때까지, 즉, 24시간 50분에 2개의 고조가 되므로 그 주기는 12시간 25분(12.42시간)이다.

속도 = $360°/12.42 = 28.984°$

② 주태양반일주조(S2)

지구에서 일정한 거리를 유지하여 평균속도로 운행하는 가상태양에 의해서 생기는 조석이며 꼭 24시간에 2개의 고조가 되므로 그 주기는 12시간이다.

속도=360°/12=30.000°

③ 일월합성일주조(K1) 및 주태양일주조(O1)

일주조는 달과 태양이 적도 상을 운행하지 않기 때문에 생기는 조석인데 일월합성일주조는 달과 태양의 작용에 의한 조석을 결합한 것이며 주태음일주조는 달에 의해서 생기는 것이다. 조석형태수(Form Factor, F)는 임의 지역의 조석 특성을 분류하는 형태수로, 이는 일주조(K1, O1)의 진폭의 합과 반일주조(M2, S2)의 진폭의 합에 대한 비로 다음과 같이 정의하며, 조석형태에 따라 〈표 5-4〉와 같이 분류한다.

$$F = \frac{(H_k + H_o)}{(H_m + H_s)}$$

〈표 5-2〉 주요 4대분조

기호	분조명	각속도(°/h)	주기(h)	반조차(H)	지각(g)
M_2	주태음반일주조	28.9841042	12.4206012	H_m	K_m
S_2	주태양반일주조	30.0000000	12.0000000	H_s	K_s
K_1	일월합성일주조	15.0410686	23.9344697	H_k	K_k
O_1	주태음일주조	13.9430356	25.8193417	H_o	K_o

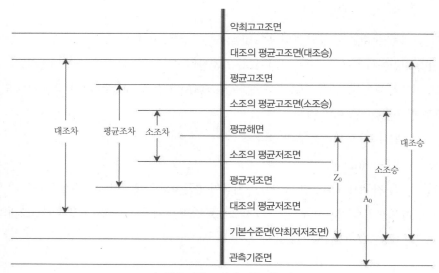

〈그림 5-19〉 조석의 각종 기준면

<표 5-3> 조석의 비조화상수

평균고조간격(M.H.W.T)	= Km/29
평균저조간격(M.L.W.T)	= 평균고조간격+6시 12분
약최고고조면(Approx.H.H.W)	= 2(Hm+Hs+Hk+Ho)
대조의 평균고조면(H.W.O.S.T)	= 2(Hm+Hs)+Hk+Ho(대조승: Spring Rise)
평균고조면(H.W.O.M.T)	= 2Hm+Hs+Hk+Ho
소조의 평균고조면(H.W.O.N.T)	= 2Hm+Hk+Ho(소조승: Neap Rise)
평균해면(M.S.L)	= Hm+Hs+Hk+Ho = Zo
소조의 평균저조면(L.W.O.N.T)	= 2Hs+Hk+Ho
평균저조면(L.W.O.M.T)	= Hs+Hk+Ho
대조의 평균저조면(L.W.O.S.T)	= Hk+Ho
대조차(Spring Range)	= 2(Hm+Hs)
소조차(Neap Range)	= 2(Hm−Hs)
평균조차(Mean Range)	= 2Hm
기본수준면(D.L)	= Ao−(Hm+Hs+Hk'+Ho)
약최저저조면(Approx.L.L.W)	= 기본수준면(D.L)
조석의 형태수(F)	= (Hk+Ho)/(Hm+Hs)

※ Ao: 임의의 조석관측기준면으로부터 평균해면까지의 높이
F = 0.00~0.25: 반일주조가 우세한 조석
F = 0.25~1.50: 반일주조가 우세한 혼합조
F = 1.50~3.00: 일주조가 우세한 혼합조
F > 3.00: 일주조가 우세한 조석

기상의 일변화, 연변화 등의 주기적인 변화에 기인하는 조석성분과 분조 간의 상호작용 및 해저면 마찰에 기인하는 복합조(compound tide)까지도 천체에 의한 조석과 똑같이 분조 속에 포함하여 분석한다. 복합조를 비롯하여 조석파가

<표 5-4> 조석형태

조석형태수(Form Factor, F)	조석
0~0.25	반일주조
0.25~1.50	혼합형(반일주조 우세)
1.50~3.00	혼합형(일주조 우세)
> 3.0	일주조형

외해에서 천해로 전파해 오면서 천해효과(shoaling effect)로 주기가 짧게 나타나는 배조(over tide)는 주로 얕은 바다와 복잡한 해안선에서 주로 발생되며, 이러한 복합조와 배조를 총칭하여 천해분조(Shallow Water Harmonic Constituent)라 한다.

(2) 조석자료 조화분해 시 주의사항

관측 자료는 검조기록에 의한 조석곡선이 가장 좋으며, 조석곡선을 간만에 의한 승강 이외의 소위 부진동(secondary undulations)이라고 하는 수 분~수십 분의 주기를 가지는 승강을 동반하고 있으므로 이것을 평활한 곡선으로 하여 부진동을 제거한 고조를 읽는다. 조화분해에 사용하는 관측치는 반드시 매시간의 값이라야 한다. 예를 들면, 10분마다의 관측치 등을 사용하여도 관계없다.

다만 10분마다의 관측치를 사용하여 동일기간의 조화분해를 행하면 계산은 매시 관측치를 사용하는 경우에 비하여 훨씬 더 복잡하지만 결과의 정도는 그에 비례하여 향상되지는 않는다. 또 3시간마다의 관측치에 의하면 매시 관측치를 사용할 때에 비하여 계산은 한결 수월하지만 배조와 같은 단주기 분조를 분리하는 데는 충분치 않다. 따라서 조석의 조화분해는 고조의 매시 관측치를 사용하는 것이 바람직하다. 최초 기원시(시작시간)는 어느 때일지라도 관계없는데, 보통 자정 혹은 정오로 잡을 때가 많으나 자정을 기원시로 잡는 것이 좋다. 즉 최초일의 오전 0시를 0일로 정하여 24시간 간격으로 한다.

3. 조류관측

3.1 조류

해안에서 바다를 바라보고 있노라면 부유물이 해수면 위에 떠서 이동하는 것을 볼 수 있다. 바다에서 일어나고 있는 여러 가지 현상 중에 뚜렷하게 볼 수 있는 것은 해수유동이다. 해수유동은 대량의 열량과 수량을 수송할 뿐만 아니라 그 속에 함유하고 있는 각종 성분, 그 속에 살고 있는 생물, 기타 다양한 부유물을 운반하기 때문이다. 그러므로 해수유동은 기상, 해수 중에 포함된 각종 성분의 분포, 어류의 회유, 성장 및 번식 등에 관계가 있으며, 어류생활에 직·간접적으로 많은 영향을 준다. 이 해수유동을 일으키는 원인은 다양하며, 그 원인에 따라 유동의 크기(유속, 소멸거리), 변화, 규모 등이 다르다.

따라서 해수유동을 조사하여 유동의 변화를 관찰한 후, 그 이동의 형태를 파악하고 그 장소의 흐름이 어떤 원인으로 일어난 것인가를 해석하여 과거의 흐름을 추측하고, 또 미래의 흐름을 예측할 필요가 있다. 일반적으로 해수의 수평방향 이동은 해류와 조류로 크게 나눌 수 있다. 해수의 수평운동을 조석현상으로부터 비롯된 흐름이라는 뜻에서 조류(潮流)라 한다. 일반적으로 해수의 수평방향의 유동은 해류, 조류, 기타 흐름의 세 가지로 대별할 수 있다.

1) 해류

해수유동이 주기적인 것이 아니고 연속적인 해수흐름으로서 대양을 순환하는 흐름을 해류(ocean current)라고 한다. 따라서 임의지점의 해류는 그 지점에서 한 번 조사하면 일정 기간 동안 거의 변하지 않는 경향이 있지만 국지적으로는 흐름의 축이나 유속 및 유향과 흐름의 폭 등이 불규칙하게 변동한다. 이런 경우 예측하기 어려우므로 지속적인 관측 및 모니터링이 필요하다.

2) 조류

조석현상에 따라 해수가 이동하기 때문에 일어나는 흐름으로서 유향, 유속이 주기적으로 변화한다. 조류(tidal current)는 보통 약 반일의 주기를 가지고 있으나 장소에 따라서는 거의 하루를 주기로 변동하는 곳도 있다. 조류의 특성을 파악하기 위해서는 조석과 마찬가지로 장기간에 걸친 연속관측이 필요하며 대체적인 규모를 파악하는 데에는 최소 1일 동안(통상 25시간)의 연속관측이 필요하다. 관측자료를 해석하면 과거나 미래의 흐름을 계산할 수 있다.

조류는 해면에서 해저까지의 전 수심에 걸쳐 해수가 거의 같은 속도로 흐른다. 이것은 강한 조류가 흐르고 있는 해협이나 수로의 해저에 진흙이 침적되지 않고 암반이 노출되고 있는 현상에서 알 수 있다. 어떻게 보면 해양에 작용하고 있는 힘 중에서 조석을 일으키는 힘만큼 크고 일정한 힘은 없다고 할 수 있다.

불규칙한 해안지형이나 해저지형의 영향에 대해서는 조류가 조석보다 훨씬 민감하게 반응하기 때문에 조류의 변동은 조석의 변동보다 복잡하며 시간적으로 같은 주기로 변동하지 않는다. 조석은 해면의 승강이라는 1차원적인 운동으로 표현할 수 있지만 조류는 3차원적인 운동이다.

3) 기타 흐름

해역의 지역특성이나 바람의 영향으로 발생하는 일시적인 흐름으로 해수면 부근에 발생하는 취송류(吹送流, Wind-driven current)나 파랑에 의한 연안류 및 이안류 등 기상의 영향으로 발생하는 흐름은 발생요인이나 작용외력이 소멸하면 유동도 소멸되므로 일반적으로 예측하기 어려운 점이 있다.

(1) 조류의 원인
조류를 살펴보기에 앞서 조류현상을 유발하는 직접적 원인인 조석현상을 살펴볼 필요가 있다. 조석이란 달, 태양 등 지구 주위 천체의 규칙적인 자전 및 공전과 각 천체의 인력에 의해 발생하는 지구표면 해수의 주기적인 수직승강운동을 말하는 것으로, 조석현상을 일으키는 힘을 기조력이라 한다. 기조력은 지구와 천체 사이에 작용하는 인력과 그 반대방향으로 쏠리는 원심력에 의해 나타나는데 어떤 천체가 지구에 미치는 기조력의 크기는 그 천체의 질량에 비례하고, 거리의 세제곱에 반비례한다. 따라서 질량이 큰 태양은 달보다 거리가 훨씬 멀기 때문에 지구에 미치는 기조력은 달에 비해 반(0.46) 정도로 작게 나타난다.

(2) 조류와 조석과의 관계
해수의 주기적 운동 중 수직방향의 운동이 조석이고 수평방향의 운동이 조류이므로 조석과 조류는 주기가 서로 같다는 밀접한 관계가 있다. 양자의 위상(일어나는 시간)이나 진폭(변화범위) 등은 장소에 따라 다르다. 어떤 지점에서 조류는 간조 시에서 고조 시까지는 일정한 방향으로, 만조 시에서 간조 시까지는 그 반대방향으로 흐르고 고·저조 시에 전류하지만 장소에 따라서 고·저조 시에 유속이 최대로 되고 고·저조 시의 중간에서 전류하기도 한다. 이와 같이 장소에 따라 다른 현상이 나타나는 것은 지형적인 영향으로 조석파와 지형과의 관계에 따라 달라진다.

조석의 크기와 조류의 최강유속과의 비율은 장소에 따라 다르다. 조석이 클지라도 조류가 현저하게 미약한 곳이 있는가 하면 조석이 그다지 크지 않을 때도 조류가 현저하게 강한 곳도 있다. 단, 일정한 장소에 있어서는 조석이 큰 날(물매 중 사리)일수록 조류의 유속도 크다.

저조에서 고조까지의 사이에 해수가 연안방향으로 흐르는데 이때 발생하는 흐름을 창조류(밀물 또는 들물, flood current)라고 하며, 고조에서 저조 사이에 발생한 외해방향의 흐름을 낙조류(썰물 또는 날물, ebb current)라고 한다. 왕복성 조류가 아닌 회전성 조류가 있는 해역에서는 창조류와 낙조류를 구분하기가 어려운 경우도 있다.

왕복성 조류의 전류는 대부분의 장소에서는 하루에 4회 일어나지만 곳에 따라서는 2회밖에 없는 곳도 있다. 전류가 4회 있는 곳에서는 전류에서 다음 전류까지의 시간은 날에 따로 다소 변화하지만 평균 6시간 12분이며 2회의 전류밖에 없는 곳에서는 12시간 25분이다.

전류와 전류 사이의 최강유속은 전류가 1일 4회 일어나는 곳에서는 주로 월령(음력 날짜)에 의해서 변화하여 대조 시(보름과 그믐 후 2~3일)에 최대로 되고 소조 시(상현과 하현일 때)에 최소로 된다. 또 전류가 1일 2회밖에 없는 곳에서는 주로 달의 적위(달의 위치를 나타내는 위도)에 의하여 변화하며 달의 적위가 북 또는 남으로 최대가 될 무렵에 유속이 최대로 되고, 달이 적도 부근에 있을 무렵에 최소가 된다.

동일 방향으로 연달아 일어나는 최강유속의 시간간격과 크기는 오전과 오후 혹은 낮과 밤에 있어서 차이가 있다. 즉, 조류의 일조부등(diurnal inequality)은 달이 적도 부근에 있을 무렵에 작고, 적도에서 남북으로 멀어져 감에 따라 현저해진다.

(3) 왕복성과 회전성조류

해안에 가까운 지점 혹은 해협, 수도 등에서 장기간에 걸쳐 조류관측을 해 보면 유속은 시간과 더불어 끊임없이 변화하지만 유향은 거의 일정하여 거의 일직선 상에서 한쪽으로 혹은 반대방향으로 흐르는 것을 알 수가 있는데 이와 같은 조류를 왕복성 조류(reversing current)라 한다. 해안에서 멀리 떨어져 있는 곳에서 장시간에 걸쳐 조류를 관측해 보면 시간과 더불어 유속과 유향도 끊임없이 변화하므로 전류를 볼 수가 없으며 유향이 회전하는 조류를 회전성조류(rotary current)라고 한다.

(4) 단위 및 방향

해수유동은 흐름속도와 흐름방향으로 표현된다. 속도는 벡터(유속과 유향 성분이 함께 나타남)이므로 이것을 결정하기 위해서는 방향과 크기가 필요하다. 조류의 방향, 즉 유향(direction)은 해수가 흘러가는 방향을 나타내며, 바람(풍향)이나 파랑(파향)의 경우와는 정반대이다. 예를 들어 조류의 흐름방향이 북향이라고 하면, 남쪽에서 북쪽으로 흐르는 조류를 말한다. 조류의 크기, 즉 유속은 노트(Knot, kn)의 단위로 표시되며, 1kn는 51.4cm/sec이다.

3.2 조류관측

조류는 조석에 의해 발생하는 수평적인 흐름이므로 조류의 주기는 조석과 동일하며, 반일 주기, 1일 주기, 15일 주기로 달라진다. 따라서 조류를 관측하려면 2주기에 해당하는, 최소한 30일 이상 연속 관측할 필요가 있다. 조류를 측정하는 유속계의 종류는 매우 많고 다양하다. 하천과 같이 유향이 거의 일정한 장소에서 유향의 측정은 쉬우므로 유속만을 측정할 수 있는 유속계이면 충분하다. 그러나 해상에 있어서의 흐름을 측정할 때에는 유속과 유향을 측정할 수 있는 유속계가 필요하다.

조류조사는 조사해역의 유동특성에 따라 해역의 범위, 시기, 기간, 관측 층, 사용측기 및 설치방법을 결정하여 현지조사한 후 그 자료의 분석방법을 선택하여 수행하여야 한다. 유동조사 계획을 수립함에 있어서 먼저 조사해역의 유동 특성, 즉 조석이 탁월한 해역인지, 장주기변동이 탁월한지를 검토하여야 한다.

해수유동 조사에서는 대상으로 하는 시·공간 규모를 어디까지 생각하는가와 관측된 변동이 주로 무엇에 기인하는가를 밝혀야 한다. 장주기변동이 우세한 해역에서는 최소한 30일 또는 1년 이상 관측하여 통계적 해석, 스펙트럼 해석 등을 통해 변동의 주요인을 파악할 필요가 있다.

조류를 측정하는 방법에는 2가지 방법이 있다. 첫째는 부표, 염료, 해류 카드(drift card), 표류물, 드로그(drogue)를 이용하는 라그랑지안(Lagrangian) 방법이고, 둘째는 한 지점에 유동관측기기를 설치하여 연속적으로 흐름을 측정하는 오일러(Eulerian) 방법이다. 이 두 가지 방법 중 어느 것을 적용하느냐에 따라 두 방법 모두 장점과 단점이 있다.

라그랑지안 방법은 시간이 지남에 따라 염료의 농도 및 확산범위, 혹은 표류물의 위치를 추적하는 방식의 이동경로 파악에 용이하다. 유해화학물질(HAZMAT)의 유출이나 기름 유출 시 확산범위 및 이동경로 예측에 사용되거나 강어귀 지역의 순환특성 등을 연구할 때 사용한다. 잠수 표류물을 이용하여 저층부의 조류를 추적할 때에도 이용된다.

오일러 방법을 적용하여 측정된 관측자료는 특정 지점과 수심에 매우 유용한 시계열 조류데이터를 제공하고, 주로 여가 및 상업용 내비게이션과 어업용 선박을 위한 조류예측에 이용된다.

두 가지 측정방법을 사용하여 취득한 관측자료는 조류를 이해하고, 동수력학 순환수치모델을 개발하고 검·보정 하는 데 매우 유용하다. 수로 측량선은 조사지역과 정보에 따라 필요한 조류 관측장비를 이용해야 한다.

초기 조류측정방법은 본질적으로 라그랑지안 방법을 채택했다. 표류하는 배를 추적하거나 표류막대를 선박에서 흘려보내는 방식이었다. 연안에서는 이러한 방식이 최근 다양한 전자−기계식으로 설계된 계류 조류관측 시스템으로 대체되었다. 이러한 연안 시스템들을 수면 밑에 설치하여 고정하고 수직 계류선을 따라서 관측기기를 설치한다. 관측기기의 수는 수심에 따라 달라지고 그중 가장 위에 있는 관측기기는 가능한 한 해수면에 가장 근접하게 설치한다. 기계식 조류관측기는 유향계(Vane), 회전자(Rotor), 프로펠러를 이용하여 조류의 방향과 속도를 측정한다. 일반적으로 관측기기는 내부적으로 장착되어 데이터를 기록하고 기록된 데이터를 회수하는 형식이다. 설치 기간은 일반적으로 짧다(최대 수 개월). 현대식 조류측정 시스템은 초음파유속계(ADCP: Acoustic Doppler Current Profiler, 이하 ADCP)를 이용하여 해저면 상에 유동관측기기를 설치하고 시간이 지남에 따라 해수 기둥 내의 조류특성을 측정한다. ADCP는 수평으로 설치하여 고정된 수심에서 시간에 따른 수로에서의 조류를 측정하거나 측량선에 달아 수로가 갈라지는 지점의 조류를 측정할 수도 있다. 이들 조류관측기기는 해수면에 있는 부표 등에 장착하여 해수면 아래에서 바닥을 향하게 한 다음 설치조건에 따라 음파식 모뎀 기술 혹은 직선 케이블 등을 이용하여 실시간으로 데이터를 받아 볼 수 있다. ADCP는 TRBM(Trawl Registance Bottom Mount)에 고정하여 해저면 상에 설치하여 연직상방향으로 초음파를 송수신하여 측정된 정보로 조류의 방향과 속도정보를 제공한다.

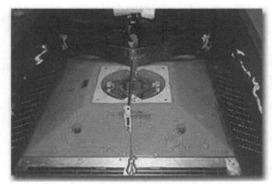

〈그림 5-20〉 기계식 유속계(RCM-7)와 해저면에 설치하는 초음파 해류계

〈그림 5-20〉은 전형적인 유동(해류, 조류, 하천흐름) 측정기의 모습을 나타낸 것이다.

1) 관측계획

조류관측계획은 조사 목적이나 규모에 따라 다르지만 그 목적에 따라 필요한 성과를 얻을 수 있도록 수립해야 한다. 그러나 조류관측은 많은 노력과 경비가 필요한 작업이므로 최종적인 성과를 고려하여 측점의 위치, 관측기간, 측점 수 등을 미리 결정해야 한다. 관측계획 수립 시 고려할 사항은 다음과 같다.

① 측점의 선정: 측점 선정 시에는 가능한 한 정기적으로 선박이 빈번하게 통항하는 항로와 사전조사를 통해서 어로활동 기간 및 해역 등을 파악하여 어로활동이 행해지는 해역은 피하여야 하며, 해저 케이블, 저질 등을 면밀하게 분석하여 측점을 선정하여야 한다.

② 조사기간: 1일(25시간) 관측은 보조적으로 조류 현황을 파악하기 위한 약식관측이므로 1일 자료만으로는 독립적으로 조류예보를 할 수는 없다. 따라서 관측해역 부근에 조류예보 지점이 없을 경우에는 그 해역을 대표할 수 있는 곳에 기준관측점을 설정하여 15일 혹은 30일 이상 연속관측을 실시하여야 한다. 각 1일 관측점은 기준관측점과 동시에 관측하는 것이 적절하다.

③ 조사시기: 1일(25시간) 관측은 대조기 중에 관측할 수 있으면 가장 이상적이지만 그 외의 시간일지라도 월령과 달의 적위를 사전에 조사하여 소조기는 피하여야 한다. 또 섬 주위나 해안선 부근의 지형의 영향을 받을 것으로 판단되는 곳은 대조기와 소조기에 반복해서 관측할 필요가 있다.

④ 1일(25시간) 관측 예정점 수와 유속계 수량에 의한 소요일수 산정방법은 다음과 같다.

소요일 수=측점 수/유속계 수량×2

⑤ 관측 층: 관측 층의 수는 조사목적에 따라 결정해야 한다. 일반적으로 조류를 예측할 경우에는 조류 이외의 흐름을 피하기 위하여 해수면하 5m 층에서 관측하는 것이 보통이다. 하천수나 육수의 영향을 조사하려면 표층을 관측할 필요가 있으며, 해수의 오염, 유동, 해수의 교환상태 등을 조사하기 위해서는 각 층에 대한 관측을 해야 한다.

2) 관측장비

(1) 기계식 유속계

기계(Rotor)식 유속계(에크만 유속계)는 과거에는 조류관측에 많이 사용되었으나 현재는 그다지 많이 사용하지 않는 관측기기로, 선정한 임의정점에 계류하여 시간에 따른 유속과 유향을 연속적으로 관측하는 유속계이다. 유속은 유속계에 장치되어 있는 프로펠러의 회전수로 계산하여 선정하고, 유향은 유속계의 날개가 나침반의 자북과 이루는 각도를 전기적인 방법으로 측정하여 구한다.

조류관측에는 일반적으로 RCM-7과 RCM-9(Aanderaa 제작사)를 많이 사용하는데 조류관측 기간은 보통 1일(25시간), 15일 또는 30일(약 1개월)로 구분하여 관측을 실시하고 있다. 조류자료는 과거에는 자기테이프에 기록되었으나 현재는 기억소자에 기록되어 회수 후 자료를 처리한다.

2000년대 초반까지는 비교적 가격이 저렴하여 비교적 많이 사용되었으나 기계식 유속계는 부표에 계류하여 측정하는 방식을 취하므로 선박의 항행 및 어로작업에 의한 유실위험이 큰 단점이 있다. 기계식 유속계의 프로펠러 부위에 이물질 또는 해양생물이 부착하여 측정기가 정상적으로 작동하지 않아 관측이 실패하는 경우가 있으므로 관측 후 청소와 관측 전 사전점검을 실시하여야 한다.

(2) 초음파 유속계

도플러효과를 이용하여 수심별 유속을 측정하는 장치로서 국내 대부분의 조류·해류관측을 수행하는 해양조사 시에 많이 사용되고 있다. 초음파 유속계는 특정수심의 유속뿐만 아니라 1m 간격 또는 임의 수층간격으로 각 수층별 유속을 측정할 수 있다. 이 장치를 선박에 설치하면 항해 중에도 유속을 측정할 수 있는데, 선박의 속도가 측정유속에 미치는 오차는 해저면에서 반사되는 음향의 도플러효과를 이용하여 보정해 준다.

초음파 유속계(ADCP, RDCP, Aquadrop 등)는 현재 해수유동 관측을 위해 일반적으로 사용되는 장비로서 지난 10년 동안 기계식 유속계에 비해 점차 사용빈도가 증가하는 유동관측기기이다. 측정원리는 수중에 음파를 발사하여 수중 부유물질에 의해 반사되어 오는 음파의 도플러효과를 측정하여 해수유동의 방향과 속도를 추정하는 것이다. 음파는 4개의 송수파기(transducer)에 의해 발사되고 수중 부유물에 의해 반사된 음파를 수신하여 발신음과 수신음 간의 도플러효과(주파수 차잇

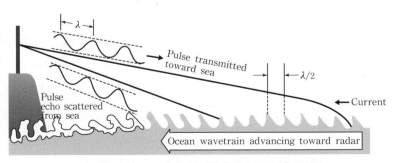

How HF-Radar Measures Ocean Currents

〈그림 5-21〉 HF-레이더를 이용한 해수유동관측 모식도

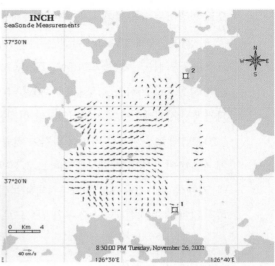

〈그림 5-22〉 HF-레이더 관측소   〈그림 5-23〉 2개 관측소에서 동시에 측정한 HF-레이더 자료를
                                                    합성한 유동벡터도

값)로부터 수평방향의 속도뿐 아니라 수직방향의 속도까지 측정할 수 있다. 기계식 유속계와는 달리 한대의 유속계로 여러 수층의 흐름을 동시에 측정할 수 있다. 해양조사선의 선저에 설치하여 해수유동을 측정하기도 하고, 해저면 상에 설치하여 장기간에 걸쳐서 해수유동을 측정할 수도 있다. 해양조사선에 설치된 경우 얕은 바다의 경우으로 조사선의 보텀(바닥)으로부터 정확한 속도계산을 할 수 있으나 깊은 바다의 경우(보통 300m 이상)는 GPS를 사용한다. 현재 DGPS를 사용하면 위치측정 오차가 1m 내외로 줄어 정확한 조사선 속도 계산이 가능하여 깊은 바다에서도 해수유동 관측을 할 수 있게 되었다.

(3) HF-레이더(High Frequency Radar)

해수유동의 관측장비는 기계식유속계를 거쳐 초음파유속계로 발전하였다. 그러나 이러한 방법은 모두 관측자가 현장에 직접 나가야 하며 선박이나 태풍 등에 의한 장비의 파손, 분실 등 어려움이 많았다. 최근에는 이러한 문제를 해결한 새로운 관측방법이 사용되고 있는데 대표적인 것으로 HF-레이더를 들 수 있다. HF-레이더는 육상에 설치된 안테나의 전파를 사용하여 해수면 상의 파랑에 의해 반사되는 신호를 측정하여 해수유동정보를 취득하기 위하여 제작된 기기이다.

레이더는 전파를 발사한 후 물체에서 반사되는 반사파를 이용하여 목표물의 존재와 그 거리를 탐지하는 무선 감시 장치이다.

HF-레이더도 반사파의 도플러효과를 이용하여 어느 일정한 주파수 발생원과 관측자 사이에 상

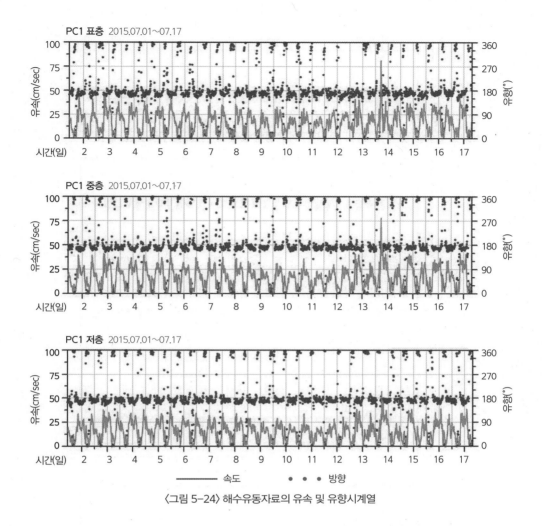

<그림 5-24> 해수유동자료의 유속 및 유향시계열

대적인 운동이 있을 때 관측 주파수가 발생원의 주파수와 달라지는 현상을 이용하여 관측소와 해수의 상대적인 유속을 관측하는 것이다. 두 개 이상의 HF-레이더에서 동시에 관측된 상대적인 유속을 벡터적으로 합성하여 관측해역의 해수유동(유향·유속) 정보를 취득한다.

3) 조류자료처리 및 분석

(1) 개요

모든 장비는 해양특성을 직접 반응하지 않으며 물리적인 단위로 기록하지 않으므로 관측되는 센서의 반응시간, 저장시간, 반복되는 회로의 시간이 서로 다르다. 따라서 자료의 환산과 자료처리과

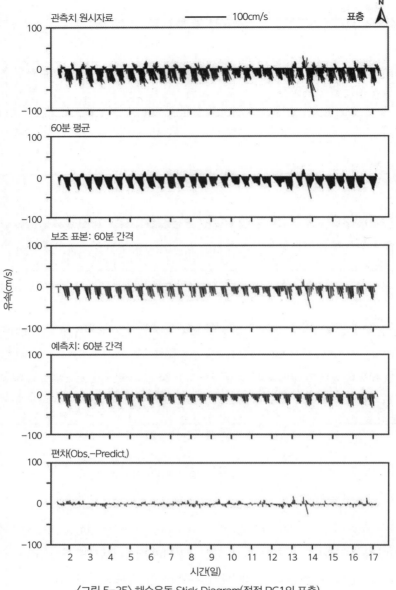

<그림 5-25> 해수유동 Stick Diagram(정점 PC1의 표층)

정에 주의가 필요하며, 일단 자료가 수집되면 오류의 발견과 제거 및 보완이 필요하다.

　일시적인 관측의 경우 관측시간이 정확한지를 확인해야 한다. 이러한 오류는 관측간격 변화로 인한 관측의 중복 또는 누락으로부터 기인한다. 그러므로 자료 수×관측간격=관측시간($N\Delta t=T$)을 확인하여야 하며, 이를 위하여 정확한 관측 시작시간과 종료시간을 기록해 두어야 한다.

일반적으로 관측치 오류에는 두 가지의 오류가 있다. 첫째는 순간적인 오류(관측 중 이벤트성 외력이나 선박통행 등에 의해 발생)로 특정시간에 관측값이 연속된 값과 비교하여 뚜렷한 차이를 보인다. 이 오류는 자료처리 과정에서 제거한 후 처리하여야 한다. 둘째는 오류의 크기가 크지는 않지만 잡음 오류이다. 이런 오류는 통계적인 방법을 통하여 제거된다. 자료를 사용하여 작성한 그래프와 분포도는 큰 오류를 발견하는 데 유용하다.

(2) 환산

전기적인 신호로 저장된 자료를 물리적 의미를 갖는 단위로 환산하는 과정이 필요하다. 일반적으로 원시자료는 컴퓨터 언어로 되어 있는데 이는 자료량이 ASCII 코드에 비하면 20% 정도 되기 때문이다. 환산은 각 센서마다 갖고 있는 환산계수를 이용하며, 환산된 물리적인 양은 관측대상의 허용되는 값의 범위 내에 분포하는지를 반드시 확인하여야 한다.

(3) 보간법

자료의 누락은 시·공간적으로 불규칙하고, 일정하지 않기 때문에 종종 발생한다. 또는 오류의 제거에 기인한다. 자료 분석을 위하여 일정한 간격으로 보간하는 것이 불가피하다. 일반적으로 작은 범위의 자료 누락은 보간을 하지만 많은 범위에 걸친 자료의 누락은 보간을 하지 않는 것이 좋다.

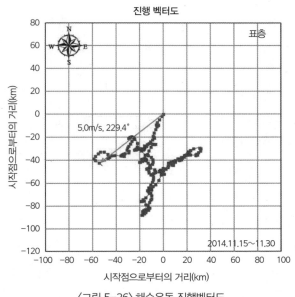

〈그림 5-26〉 해수유동 진행벡터도

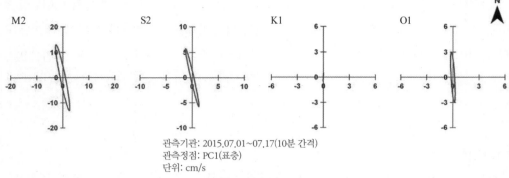

관측기관: 2015.07.01~07.17(10분 간격)
관측정점: PC1(표층)
단위: cm/s

〈그림 5-27〉 조류타원도

(4) 조류자료 표현

육안으로 자료의 전체적인 경향과 오류를 발견하는 데 매우 효과적인 방법으로 그래프를 이용하는데 유동시계열도, 시간별 유속벡터도, 유동진행벡터도, 조류타원도 등을 그려서 나타내고, 이를 분석하여 조류특성을 해석한다. 오류의 판정은 통계적으로 결정하기도 하지만 주관적인 판단이 요구된다.

① 유동시계열 및 시간별 벡터도(stick plot)

일반적인 방법이 주어진 시간의 x축에서 막대의 길이와 방향으로 유속과 유향을 표현하는 시간별 벡터도이다. 방향은 진북을 일반적으로 사용하지만 해안 등 일정한 방향이 우세하게 나타날 때에는 조정하여 나타낸다.

② 유동진행 벡터도(progressive vector diagram)

관측유속을 사용하여 흐름의 진행 방향과 이동경로를 파악하기 위하여 유향유속을 연결하여 나타낸 것이 유동진행 벡터도인데 이는 궤적과 유사한 시간에 따른 흐름을 반영하고 있다. 조류의 잔차류나 장기간 평균된 항류 그리고 회전성 흐름을 잘 표현한다.

③ 조류타원도(tidal ellipse plot)

조류타원도는 1주기 동안 주요 4대분조의 흐름크기와 방향을 나타낸 것이다. 이로부터 주요 4대분조의 유속과 유향을 파악할 수 있다.

④ 유동분산도(scatter plot)

유동분산도는 관측기간 동안 측정된 유동의 유속과

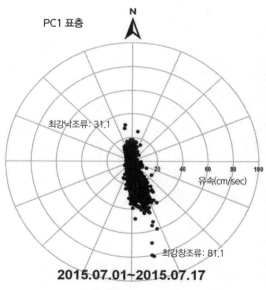

〈그림 5-28〉 유동분산도(정점 PC1, 표층)

유향을 분포도 형식으로 나타낸 것으로 주된 흐름의 방향, 크기 및 분포특성을 알 수 있다.

(5) 스펙트럼 분석

스펙트럼 분석에서는 특정 주기성분에 한정되지 않고 통계적으로 취득 간격과 관측기간에 의해 한정되는 계산 가능한 모든 주기성분을 얻어낸다. 이 해석방법은 각 주파수(또는 주기) 성분의 변동 유속비를 자기상관계수(auto-correlation function) 에너지 밀도 함수(energy density function)라는 값을 얻어 비교분석하는 것이다. 지금 임의 시각의 관측치 Xn과 시간간격 τ(n△t)만큼 지난 다음의 관측치 Xn+τ 사이에 어떤 관계가 있는가를 명백하게 알아보기 위하여 자기상관함수를 계산한다.

이 분석을 통하여 주기별로 우세한 정도를 알 수 있다. 일반적으로 반일주조가 강한 지역에서는 주기의 역수에 해당하는 주파수 부근에 큰 값이 나타난다.

〈표 5-5〉 15일간 유동자료를 분석하여 얻은 조류 조화상수(예: 황해남부 해역)

No.	Name	Major (cm/s)	Minor (cm/s)	INC (°)	G (°)	G+ (°)	G- (°)	U-Amp. (cm/s)	V-Amp. (cm/s)	U-Phase (°)	V-Phase (°)
1	Z0	13.6	0.0	100.6	180.0	79.4	280.6	2.5	13.4	360.0	180.0
2	Msf	1.8	0.1	101.7	196.2	94.5	297.9	0.4	1.8	34.1	195.4
3	O1	3.0	−0.2	93.4	330.7	237.3	64.2	0.3	3.0	105.9	330.9
4	P1	0.2	0.0	87.5	322.2	234.7	49.7	0.0	0.2	278.6	322.3
5	K1	0.5	0.0	87.5	322.2	234.7	49.7	0.0	0.5	278.6	322.3
6	M2	13.3	−1.0	101.3	126.4	25.2	227.7	2.8	13.1	285.6	127.3
7	S2	5.9	−0.3	102.4	144.3	42.0	246.7	1.3	5.8	313.2	144.9
8	K2	1.6	−0.1	102.4	144.3	42.0	246.7	0.4	1.6	313.2	144.9
9	M3	0.6	−0.2	125.1	179.7	54.6	304.8	0.4	0.5	334.3	192.8
10	SK3	1.0	0.1	105.4	137.4	32.0	242.7	0.3	1.0	335.9	135.9
11	M4	5.1	0.6	100.0	269.2	169.2	9.2	1.0	5.0	120.9	268.1
12	MS4	2.4	0.0	96.0	314.4	218.4	50.4	0.3	2.4	145.0	314.3
13	S4	0.6	−0.1	104.6	295.9	191.3	40.4	0.2	0.5	80.5	298.6
14	2MK5	1.4	−0.2	98.6	80.7	342.1	179.3	0.3	1.3	216.6	82.0
15	2SK5	0.6	−0.1	75.2	209.9	134.7	285.1	0.2	0.6	240.2	207.6
16	M6	1.8	−0.4	116.7	218.7	102.0	335.4	0.9	1.6	16.1	224.7
17	2MS6	0.3	0.3	73.8	134.5	60.7	208.3	0.3	0.3	63.4	148.3
18	2SM6	0.9	0.0	94.7	78.3	343.6	173.0	0.1	0.9	241.3	78.4
19	3MK7	0.4	−0.1	44.8	191.7	146.9	236.5	0.3	0.3	207.0	176.2
20	M8	0.5	−0.1	168.6	171.3	2.7	339.9	0.5	0.1	348.9	217.0
21	M10	0.5	0.2	109.4	63.6	314.2	173.1	0.2	0.5	287.2	56.9

(6) 조화분해(Harmonic analysis method)

최근에는 컴퓨터를 사용하여 10분 간격으로 관측된 유속 및 유향을 대상으로 IOS 조석 패키지(IOS Tidal Package manual)를 통해 전 처리 과정을 거쳐 입력자료를 생성한 후, 분석한다. IOS 조석 패키지는 조류를 남방성분과 북방성분으로 분해하지 않고 벡터적으로 해석하여 조화분해를 실시하는 프로그램이다. 유속성분을 남방성분과 북방성분으로 구분하여 입력자료를 생성한 것은 TASK 패키지(TASK Package)로 조화분해를 실시한다. 15일간 관측한 유동자료를 분석하여 산정한 조류 조화상수는 〈표 5-5〉에 제시하였다.

유속계를 회수한 후 내부에 자기기록된 데이터를 저장하고 자료분석을 하기 위하여 관측된 원시자료는 후처리 프로그램(Win A.D.C.P)을 이용하여 수치자료로 변환한 후, 1m 수층 간격으로 관측된 자료 중 해당 수심의 표층(H2/10), 중층(H6/10), 저층(H8/10)에 해당되는 유동자료를 추출하여 분석한다.

일반적으로 조화분석에는 캐나다 해양연구소의 포먼(M.G.G. Forman)에 의해 개발된 IOS 조석 패키지 등을 사용하고 있다. IOS 조석 패키지 및 TASK 패키지는 조위 및 조류 시계열 자료의 조화분석 및 예보프로그램으로 각각 1977년 및 1964년에 개발되어 현재까지 수차례 개정되었으며, 전

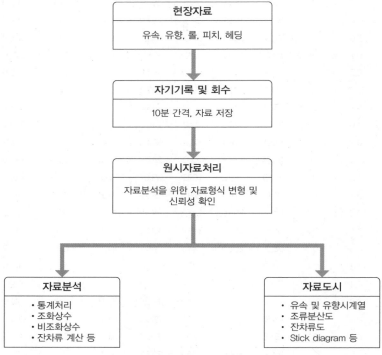

〈그림 5-29〉 유동관측자료 전산처리 흐름도

세계 많은 연구기관에서 사용되고 있는 그 성능을 검증받은 프로그램이다. 유동관측자료를 전산처리하는 흐름도는 〈그림 5-29〉와 같다.

조류의 유향이 정해진 한 방향 또는 거의 그 반대방향으로 한정되어 있고 회전이 없는 경우에는 조석과 같이 조류를 다수의 성분조류(component current)로 분리할 수 있다. 또한 조류가 시간과 더불어 유속, 유향이 변하는, 즉 회전성인 경우에는 조류를 정해진 방향, 예를 들면 동서 및 남북 방향으로 분리한 후 각 방향에 있어서의 성분속도를 산정하고 각 성분속도에 대하여 조화분해를 할 수 있다.

조류를 조화분해할 때 채용하는 분조류는 조석의 분조와 같은 주기의 것은 모두 기대할 수 있으나 조류관측은 조석관측에 비하여 그 기간도 짧고 관측정도도 나쁘며, 또 천문조 이외의 간섭이 조석보다 조류가 많다. 따라서 각 분조류의 상수도 조석의 경우와 동일한 정확도를 기대할 수는 없다.

조류의 동·북방성분을 분해하고 각성분의 변위는 주기가 알려진 여러 개의 조류성분(이를 분조라 한다)의 합으로 구성되어 있다. 조류변위의 이론값과 실제 관측값 사이의 차의 제곱의 합이 최소가 되게 하여 미지수를 결정하는 방법을 최소자승법이라 한다. 조류분석의 경우 이론적인 조류를 여러 분조 정현파의 합으로 두고, 각 분조의 진폭과 위상을 최소자승법에 의해 계산하는 것을 조석의 조화분석(Harmonic analysis)이라 한다.

다수의 분조성분의 합으로 구성되어 있는 기조력은 시간에 따라 다르다. 따라서 위의 조화분석 방법에 의해 계산되는 조류의 진폭과 위상은 관측기간에 따라 다르게 나타난다. 관측기간이 언제인가와 무관한 조류조화상수(각 분조의 진폭과 지각)를 결정하려면 관측기간 중 각 분조에 해당되는 '천체'의 천문학적 위치가 고려되어야 한다. 조류조화상수에서 각 분조의 지각은 해당되는 천체가 표준시(동경 135°E)를 통과하는 시각 이후의 고조가 나타나는 시간지연을 나타낸다.

각 분조 위성의 각속도는 해양의 조석반응에 관계없이 천문학적 요인에 의해 결정된다. 천문상수는 주어진 시간에 해당되는 분조위성의 위치(경도)를 나타낸다. 현재 조석에서 쓰고 있는 시간은 2000년 1월 1일 0시를 t=0으로 잡고 있으며, 임의의 시각에 대해 각 분조의 천문상수를 알 수 있다.

달의 공전면은 동일한 평면 상에 있지 않고 18.6년의 노드(node) 주기로 움직이는데, 이로 인해 달에 의한 기조력은 18.6년 주기로 서서히 바뀐다. 조화분석에 사용되는 1년 이내의 자료로부터는 이 노드 주기에 따른 영향을 알 수 없지만, 해양에서의 조위변동은 기조력의 변동과 선형적 관계에 있다고 간주하고, 노드 주기에 따른 진폭보정과 위상보정을 해 준다.

조화분석을 이용한 분조의 진폭과 위상을 결정하는 데 있어서 결정적인 요인은 관측기간이다. 일반적으로 조화분석에 사용되는 자료의 기간이 길면 길수록 독립적으로 결정되는 분조의 수는 많아진다. 수많은 분조 중 어떤 분조를 조화분석에 포함시킬 것인가, 포함시키지 않을 것인가를 판단하기 위하여 종종 레일리 기준(Rayleigh's criterion)을 적용하여 사용한다. 적어도 완전한 주기에 의해 분리되는 분조에 대해서만 분석하여야 한다. 예를 들면, 독립적으로 M2와 S2를 결정하기 위해서는 360/(30.0−28.98)hours=14.77days, 즉 적어도 14.77일의 자료기간이 필요하다. 이러한 최소한의 자료길이는 두 분조를 분리하는 데 필요하다.

조석에 관계된 천문학적 분조는 무제한적인데, 두손(Doodson)은 400여 개의 분조를 정량적으로 제시하였다. 현재 우리나라 조석분석에서는 진폭이 상대적으로 큰 60개 분조를 이용하여 조석을 분석하고 예측하는 데 활용하고 있다. 여기에는 천문학적인 기조력상의 외력으로 작용하지 않지만 천해 비선형작용으로 나타나는 4반일주조, 6반일주조 등도 포함되어 있다.

1년 자료에서, 조화분석에 의해 60개 내지 100개 정도의 분조를 분석할 수 있다. 19년 자료를 사용하여 분석하면 300개 이상의 분조를 분석할 수 있다. 최소자승법에 의한 조화분석에서 분조를 결정하기 전에 알고 있는 분조의 계절적인 특성을 제거하는 것이 가능하다. 가장 대표적인 계절적 변동에는 연주기 조석인 Sa와 반년주기 조석인 Ssa가 있다.

분조를 선택할 때 분해하고자 하는 분조의 주기가 관측간격의 두 배 이상 되어야 한다(이를 나이퀴스트 조건이라 한다). 매시간 자료의 경우에 나이퀴스트 조건에 맞는 가장 짧은 성분은 주기가 두

〈표 5−6〉 25시간 조류 조화상수

Observed area:
V: Current velocity(cm/sec)M_1: Diurnal tidal current M_4: 1/4 diurnal tidal current
K: Lunitidal interval(time)M_2: Semi−diurnal tidal current M_0: Non−tidal current
Dir.: True bearing(°)

측점	관측일	관측위치	월령(d) 적위	관측 수심	축	일주조류 Dir. V1 K1	반일주조류 Dir. V2 K2	1/4일주조류 Dir. V4 K4	항류 Dir.	V0	V1/ V2	V4/ V2
ST01	2003. 5.1~2	37−15− 34N 126−22− 43E	29.3~0.6 / N 11−37 ~16−11	해면 하 5m	장축 단축 단/장 회전	154 2.7 7.6 244 0.6 13.6 0.2 CW	20 104.2 2.7 110 0.5 5.7 0.0 CW	97 9.0 5.4 187 4.5 0.9 0.5 CCW	24	4.6	0.0	0.1
ST02	2003. 5.1~2	37−20− 42N 126−23− 24E	29.3~0.6 / N 11−37 ~16−11	해면 하 5m	장축 단축 단/장 회전	25 1.8 23.9 115 0.3 5.9 0.2 CW	77 65.2 2.0 167 6.2 5.0 0.1 CCW	90 12.0 2.2 120 3.8 3.7 0.3 CW	155	8.9	0.0	0.2
ST03	2003. 5.17 ~18	37−21− 34N 126−15− 32E	15.6~16.6 / S 22−49 ~25−34	해면 하 5m	장축 단축 단/장 회전	44 11.1 6.1 134 1.0 12.1 0.1 CW	49 104.7 3.3 139 9.0 6.3 0.1 CCW	63 12.5 5.7 153 0.7 1.2 0.1 CW	238	19.5	0.1	0.1

※ CW: 시계방향, CCW: 반시계방향

시간이다.

〈표 5-6〉은 유속계를 이용하여 25시간 관측한 자료를 1시간 간격으로 나타낸 자료를 조화분해 하여 얻은 조류 조화상수 값을 나타낸 값이다. 표에서 '단축/장축'의 비율이 1에 가까울수록 조류타 원은 원에 가깝고, '회전'에서 "R", "L"은 타원의 회전방향을 표시하며 "R"은 우회전, "L"은 좌회전을 표시한다.

관측한 조류곡선이 단순하게 변화하지 않고 극히 특이한 형상을 보일 때가 있다. 이와 같은 조류 곡선은 앞에서 논의한 조화상수에 의한 수식으로는 나타낼 수 없으므로 관측자료를 조화분해 하여 도 아무런 의미가 없다. 이와 같이 유속곡선의 불규칙성이 와류에 의해서 생길 때에는 조류로서의 해석은 곤란하다.

와류는 극히 단시간에 연이어 나타나기 때문에 유속변화를 해석할 수 없으므로 변화 곡선 꼭짓점 을 연결하여 유속변화를 계산하든지 평균곡선을 그려서 이것에 와류에 의한 유속 변동값을 더해서 계산하는데 어느 경우이든 참고자료로만 사용한다.

특이한 유속곡선이 기조력에 의해 발생하는 것이라면 동일조시에는 거의 동일한 유향을 표시할 때가 많다.

4) 잔차류

잔차류(residual current)는 조류 관측치를 관측기간 동안 평균한 것으로 때로는 항류(constant current) 또는 평균류(averaged current)라고도 부른다. 잔차류가 어떻게 변하는가는 잔차류의 생 성원인에 따라 다르다. 잔차류를 일으키는 원인은 그 장소의 지역환경에 따라 여러 가지를 생각할 수 있으므로 잔차류의 변화는 그 장소에 따라 다르게 된다. 따라서 잔차류는 그 장소에서 장기간에 걸친 연속 관측자료를 근거로 하여 검토하지 않으면 간단히 설명할 수가 없다.

일반적으로 잔차류가 발생하는 주요 발생원인은 다음과 같다.
① 지형의 영향에 의한 조류의 변형류
② 하천류
③ 바람의 취송에 의한 흐름
④ 파도에 의한 연안류
⑤ 육수의 유입에 의한 흐름

4. 우리나라 연안의 조석과 조류

4.1 조석개황

우리나라 황해, 남해 및 동해는 만의 형태상 조석 및 조류특성이 각기 다르게 나타나는데 〈표 5-7〉은 한국연안의 주요한 몇 개 지점의 조석 중 조차가 큰 대표적인 장소에서 조석의 비조화상수를 나타낸 것이다.

〈그림 5-30〉은 한국 근해 M2 분조의 동조시도(135°E 기준)와 동조위고(단위 cm)를 나타낸 것이며, 동조시도란 동시에 고조가 되는 곳을 연결한 선의 그림으로 그림에 표시된 숫자는 달이 135°E를 통과하고 난 후의 태음시를 표시한다(Kang et al., 1991).

〈표 5-7〉 한국 연안 조석의 비조화상수

지명	평균고조간격		대조차	소조차
웅기	3h	04m	0.2m	0.1m
묵호	2	57	0.2	0.1
울릉도	2	32	0.1	0.1
포항	4	10	0.2	0.1
부산	8	02	1.2	0.4
여수	8	45	3.0	1.1
제주	10	31	2.0	0.8
목포	2	03	3.6	1.8
군산	3	10	5.7	2.7
인천	4	30	7.9	3.5
백령도	5	39	3.0	1.3
용암포	10	14	4.2	2.3

1) 동해안

동해안의 조석은 매우 작아 일반적으로 대조차는 48cm 이하이며, 봄·가을의 상·하현 전후에 일조부등이 크고, 1일 1회의 고·저조가 나타나는 일주조가 우세하며, 봄·가을의 삭·망 전후에는 대개 규칙적으로 1일 2회의 고·저조가 발생할 때도 있다. 평균고조간격은 연안의 대부분이 약 3시간이고, 남쪽으로 갈수록 급격히 증가하여 부산 부근에서는 약 8시간을 보인다. 동해안에서의 조석 예보는 대조기 때는 정확도가 높으나 소조기에는 정확도가 낮아지는 경향이 있다. 월평균해수면은 여름에 높고 겨울에 낮으며 그 높이의 차는 약 0.3m이다. 또한 어떤 항만에서는 항내의 부진동에 의한 해수면 변동량이 조차보다 큰 경우도 있으며, 동해에는 대마도 북측에 1개의 무조점이 있다.

2) 남해안

남해안의 조석은 1일 2회의 고·저조가 나타나는 비교적 반일 주조성분이 우세하며, 일조부등은 뚜렷하지 않다. 평균고조간격은 남해안 동부(부산)에서의 약 8시간부터 서쪽으로 갈수록 점차 증가 하여 중부에서 9시간, 서부에서 11시간 정도의 평균고조간격을 보인다. 대조차는 부산에서 118cm 이고, 서쪽으로 가면서 점차 증가하여 여수에서 297cm, 완도에서 306cm가 된다. 월평균 해수면은 2월에 가장 낮고 8월에 가장 높으며, 그 차는 약 0.3m에 달하고, 남해안에는 무조점이 없다.

3) 황해안

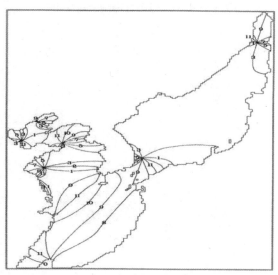

황해안의 조석은 규칙적으로 1일 2회의 고·저 조가 발생하는 반일 주조의 조석특성을 나타내며, 일조부등의 크기는 매우 작은 편이다. 월평균해면은 2월에 가장 낮고 8월에 가장 높으며, 그 차는 약 0.5m에 달한다. 평균고조간격은 황해안 남부에서 약 11시간이고, 북쪽으로 갈수록 점차 증가하여 군산에서 약 3시간, 인천에서 약 4.5시간 정도 나타난다. 대조차는 황해 남단인 진도에서 298cm, 북쪽으로 가면서 점차 증가하여 군산에서 624cm, 인천에서는 798cm에 달한다. 황해에는 4개의 무조점이 있다.

〈그림 5-30〉 한국 근해 M2 분조의 동조시조(135°E 기준)와 동조위고(단위 cm)

4.2 조류개황

조류는 연안역에서 해수의 이동에 중요한 역할을 한다. 특히 우리나라의 황해안처럼 조석간만의 차가 큰 지역에서는 조석의 수직적 변동에 의해 야기되는 수평적 흐름인 조류가 강해지기 마련이다. 조류관측은 여러 기관, 연구소, 및 업체 등에서 해역의 조류특성을 파악할 목적으로 수행되고 있으며, 국가기관인 국립해양조사원에서도 수행되고 있다. 국립해양조사원에는 1952년부터 조류관측을 실시하였으며, 1969년부터 2002년까지의 자료를 사용해 한국근해의 조류특성을 분석하였다. 국립해양조사원에서는 1952년부터 지속적으로 조류관측을 실시하고 있으며, 현재까지 1일 관측(25시간 관측) 2,167점, 반일(12시간 25분) 관측 152점, 15일 30점, 30일 64점 등 약 2,400여 점에서 조류관측을 실시하였다.

〈그림 5-31, 32〉는 국립해양조사원에서 1969년부터 1998년간 실시한 조류관측값 중 연간 최강창조류 및 최강낙조류의 유속을 벡터로 표시한 것이다.

1) 동해안

동한만 부근해역에서는 조류가 미약하고 불규칙적이며, 동해에 흐르는 난류와 한류가 만나 시계방향으로 회전하면서

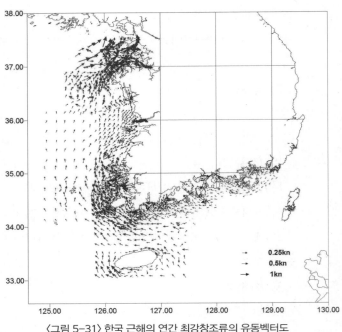

〈그림 5-31〉 한국 근해의 연간 최강창조류의 유동벡터도

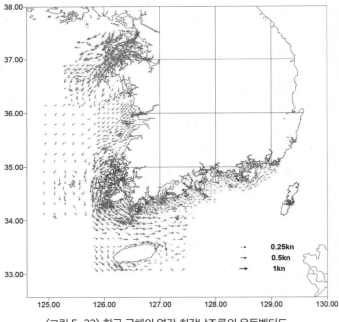

〈그림 5-32〉 한국 근해의 연간 최강낙조류의 유동벡터도

흐른다. 일반적으로 여름철에 한류는 연안을 따라 남쪽, 난류는 그 외해에서 북쪽으로 흐른다. 마양도 부근에서의 해류는 유속 1kn 정도로 동쪽으로 흐른다.

울릉도 주변해역에서 해류는 전반적으로 유속 약 0.8kn로 동쪽으로 흐르며, 바람의 영향을 받을 때는 불규칙적인 흐름을 나타낸다.

영일만 내에서의 유속은 0.4kn 미만으로 매우 미약하며, 조류는 다른 해역에 비하여 1/4일주 조류가 매우 우세하다. 영일만 내의 흐름은 조류보다 해류의 영향에 의한 흐름이 형성되며, 잔차류(항류)는 달만갑 쪽에서 0.2kn로 만내에 유입하여 포스코(포항제철) 앞에 이르러 형산강 하천수와 합류하여 장기갑 방향으로 편향하여 0.2kn로 유출되고 있다.

울산만 주변해역의 해수면은 23~26분, 45~56분을 주기로 변동하고 있으며, 해수면의 변동 폭은 30cm를 넘는 일이 있다. 울산만 내의 유속은 0.4kn 미만으로 미약하여 창조류는 만내측으로, 낙조류는 만외로 유출되고 있으며, 반일주조 성분의 조류에 비하여 일주조 성분의 조류가 약간 우세하다. 잔차류(항류)는 북북동~동남동 사이로 흐르며, 유속은 매우 미약하나 여름철 강우 시 하천수의 유입량에 따라 큰 차이를 나타내기도 한다. 울산만의 미포항 부근에서는 북~북동 방향의 해류가 0.5kn의 속도로 흐르고 있으며, 만 부근에서는 북상하는 난류에 수반하여 0.3kn 정도의 반류(남동류)가 형성되고 있다. 창조 시 울산항의 고조전 약 2.5~3.0시 사이에 유속이 약 0.5~1.8kn인 남서방향의 최강류가 형성되며, 낙조 시 저조전 약 1.0~3.0시 사이에 유속이 1.1~2.0kn인 북동방향의 최강류가 형성된다.

2) 남해안

남해안에서 창조 시 최강류는 일반적으로 해안선을 따라서 남서방향 또는 서쪽방향으로 흐르며, 낙조 시 최강류는 해안선을 따라서 동쪽 또는 북동방향으로 흐른다. 폭이 좁은 수로에서는 유속이 큰 조류특성을 나타낸다.

부산항 주변해역은 지형적인 영향으로 대마난류의 주축에서 벗어난 해역에 위치하고 있으므로 유속도 미약하고 반류, 환류, 편류 등 불규칙한 흐름이 나타난다. 최강유속은 부산항 내에서 평균대조기 창조 시에 0.2~0.8kn, 낙조 시에 0.2~0.9kn이나 영도~생도 사이는 창조 시에 1.7kn, 낙조 시에 2.7kn의 강한 흐름도 나타난다. 이는 이 해역을 통과하는 해류의 유세에 따라 끊임없이 변화하므로 유황도 매우 복잡하다. 한편 영도대교 부근은 수로 폭이 좁아 유속이 강하며, 최강유속은 창조 시에 2.2kn, 낙조 시에 1.6kn에 달한다.

거제도 동측해역에서는 창조 시 거제도 동측을 남서류하면서 점차 유속이 가속되고 거제도 남방에 이르러서는 서류하며, 일부는 거제도~가덕도 사이를 북서류하여 진해만으로 유입하며, 낙조류는 이와 반대현상으로 흐른다. 최강유속은 평균대조기 창조 시에 0.7~2.1kn, 낙조 시에 0.7~2.5kn로 흐른다.

여수해만 주변해역에서는 창조 시 외해에서 동류된 흐름이 돌산도와 남해도 사이에서 북서류하여 일부는 여수항으로 서류하고, 주류는 북류하면서 광양항과 노량수도로 유입되며, 낙조류는 이와 반대현상으로 흐른다. 평균대조기 최강유속은 창조 시에 0.7~2.0kn, 낙조 시에 1.0~1.6kn에 달한다.

횡간수도에서의 창조류는 외해에서 서류하여 수도를 따라 유입되면서 최강류가 일어나며, 일부는 마로해를 통하여 명량수도로 북류하고 일부는 유향을 북서류로 바꾸면서 장죽수도로 흐르며, 낙조류는 이와 반대현상으로 흐른다. 최강유속은 평균대조기 창조 시에 5.9kn, 낙조 시에 6.6kn로 매우 강하게 흐른다.

서귀포 남측해역은 구로시오 해류로부터 분리된 지류가 북상하다가 제주도 남방해역에서 타이완 난류와 황해난류로 다시 분기되고, 해류, 조류, 반사파, 기상조 등이 복합적으로 작용하여 매우 불규칙한 유황을 나타낸다. 최강유속은 평균대조기 창조 시 0.5~2.5kn, 낙조 시 0.4~2.2kn이다.

모슬포~가파도~마라도 서측해역은 우리나라 최남단인 마라도가 위치하고 있는 해역으로 창조류는 제주도 남측연안에서 서쪽으로 흐르는 흐름과 마라도 남측외해의 북서쪽을 향하는 흐름이 합류하여 제주도 남서방향으로 북서진하고, 낙조류는 제주도 남서방에서 남동류하며, 일부는 가파도~마라도해역의 동측으로 동류한다. 최강유속은 평균대조기 창조 시에 1.9~3.0kn, 낙조 시에 1.8~2.9kn에 달한다.

3) 황해안

황해안에서 창조 시 조류는 해안선을 따라 북쪽으로 흐르며, 조차가 가장 크게 나타나는 경기도 해안에서 강한 흐름을 나타낸다. 창조 시 최대유속은 5.8kn이며, 평균유속은 1.83kn이다. 낙조 시의 흐름패턴은 창조 시의 흐름패턴과 거의 반대방향으로 나타나며, 해안선을 따라 남쪽 또는 남서쪽으로 흐른다. 낙조 시 최강유속은 6.6kn이며, 평균유속은 1.88kn이다.

진도수도(울돌목)에서 창조 시에 형성되는 마로해에서의 북서방향 흐름은 진도와 화원반도 사이의 좁은 수로를 통과하면서 흐름이 가속화되어 최강류가 형성되고, 낙조 시에는 이와 반대방향의 흐름이 형성된다. 최강유속은 평균대조기 창조 시에 10.3kn, 낙조 시에 11.5kn이다. 명량수도는 우리나라에서 조류유속이 가장 크게 나타나는 곳으로 최강류 발생 시에는 와류, 격류 등이 발생한다.

장죽수도에서 북서(남동)방향의 조류는 하조도 저조(고조)후 약 1시 20분부터 고조(저조)후 약 1시 20분까지 흐르며, 최강유속은 7kn에 달한다. 맹골수도에서 창조 시 조류는 하조도 저조 후 약 2시부터 고조 후 약 2시까지 북서쪽, 낙조 시 조류는 하조도 고조 후 약 2시부터 저조 후 약 2시까지 남동방향으로 흐르고, 최강유속은 6.8kn이다.

목포구는 목포항을 출입하는 유일한 항로로서 유속이 강한 곳이었으나 영암방조제 및 금호방조제가 완공되어 영산강 하굿둑 축조 전보다 유속이 약 50% 정도 감소하였다. 조류는 창조 시 남동방향, 낙조 시 북서류방향의 흐름이 형성되며, 낙조류가 창조류보다 훨씬 강하게 나타난다. 창조류는 목포항 고조 전 2.5~4.6시경에 연간평균 대조기 최강창조류가 발생하며, 최강유속은 1.8~2.8kn로 나타난다. 낙조 시 최강유속은 목포항 저조 전 2.1~3.0시경에 연간평균대조기 중에 1.7~4.3kn로 나타난다.

군산항은 조차가 크고 조류가 강한 금강하구에 위치한 전형적인 하구항으로써 창조 시에는 군산항로와 개야도 동측의 개야수로를 통해 금강하구로 동류 또는 남동류하며, 낙조 시에는 이와 반대방향의 흐름이 형성된다. 조류형태는 반일주조류의 왕복성 조류형태로써 1일 2회의 규칙적인 창·낙조류가 일어나고, 창조 시 최강유속은 군산외항 고조 전 2.7~3.7시경에 발생하며, 유속은 평균대조기에 1.3~2.4kn로 나타난다. 낙조 시 조류는 군산외항 저조 전 3.2~4.0시경에 최강유속이 일어나며, 유속은 평균대조기에 1.1~1.7kn로 나타난다.

천수만은 안면도와 홍성군 사이에 남북으로 길게 위치한 수심이 얕은 만으로서 조류는 창조 시에 북류, 낙조 시에 남류하고, 만 입구에는 원산도가 위치하고 있어 정남풍을 제외하고는 악천후 시 대·소선박의 피항지 역할을 하는 중요한 해역이다. 최강유속은 평균대조기에 창조 시 0.9~2.1kn, 낙조 시 0.7~1.5kn로 나타난다.

동수도(인천)해역의 창조류는 승봉도 동측해역에서 북류하여 영흥도 서측해안을 따라 흐르다가 서수도에서 유입된 북동류와 합류한 후 팔미도를 지나면서 북류하여 인천외항으로 유입되며, 낙조류는 이와 반대현상으로 흐른다. 최강유속은 평균대조기에 창조 시 2.2~3.4kn, 낙조 시 2.1~4.2kn로 나타난다.

서수도(인천)해역의 창조류는 대이작도~소야도 사이의 좁은 수도를 북류하면서 최강유속이 나타나고 동백도 부근에서는 심한 와류가 일어난다. 초치도 남방에서는 북동류하여 동수도에서 유입된 흐름과 합류하여 형성된 흐름은 팔미도를 지나면서 북류하여 인천외항으로 유입되며, 낙조 시에는 이와 반대의 흐름양상을 나타낸다. 최강유속은 평균대조기에 창조 시 2.2~5.5kn, 낙조 시 2.2~6.4kn로 나타난다.

・ 5장 ・

참고문헌

국립해양조사원, 2013, 『2013년 조류예보표』, pp.346-353.

조규대·이재철·허성회, 1993, 『해양학개론』, 태화출판사.

Alan P. Trujillo Harold V. Thurman, 이상룡·강효진·김대철·이동섭·이재철·정익교·허성회 옮김, 2012, 『최신해양과학』(제10판), 시그마프레스, pp.207-222.

Foreman, M. G. G., 1977, "Manual for Tidal Heights Analysis and Prediction", Pacific Marine Science Report 77-10. Institute of Marine Sciences.

Kang, Y.Q., 1997, Real-time prediction of tidal currents for operational oil spill modelling. In: H. Yu, K.S. Low, N. Minh and D.Y. Lee (editors), Oil Spill Modelling in the East Asian Region. MPP-EAS Workshop Proceedings, 5, pp.130-141.

Munk, W. H. and D. Cartwright, 1966, Tidal spectroscopy and prediction. Phil. Trans. Roy. Soc. (A), 259, pp.533-581.

Pugh, D. T., 1987, *Tides, Surges and Mean Sea-Level*, John Wiley & Sons.

Schureman, P., 1958, Manual of Harmonic Analysis and Prediction of Tides, U.S. Department of Commerce.

인터넷

http://www.i-science.hs.kr/cyber/Earth-science1/earth_moon.html

6장

해양지구
물리탐사

1. 해양지구 물리탐사 개요

해양지구 물리탐사는 해저에 분포하는 지하매질(퇴적층, 기반암 등)의 물성에 대한 반응을 알아내기 위한 것으로 대표적으로 탄성파 탐사, 중력탐사, 그리고 자력탐사를 들 수 있다. 탄성파 탐사의 경우는 인공적으로 신호를 발생시켜 신호가 지층을 통과할 때 매질의 특성에 따라 변화하는 것을 측정하여 지질학적으로 해석하는 방법으로 능동형 탐사에 속한다. 반면, 중력탐사와 자력탐사는 중력장 및 자력장과 같은 지구 자체가 가지고 있는 자연장의 변화를 탐지하는 수동적인 탐사방법이라고 할 수 있겠다. 이와 같은 해양지구 물리탐사 방법은 각기 다른 지하매질의 물성에 좌우되므로 조사목적에 따라 적당한 방법을 선택하여 사용하는 것이 중요하다. 예를 들면, 중력탐사의 경우는 지하매질의 밀도차이에 민감하므로 밀도가 높은 하부 기반암과 그 상부에 퇴적된 상대적으로 낮은 밀도의 퇴적층의 구조 탐사에 적합하다. 자력탐사는 지구가 가지고 있는 자성특성을 이용하는 방법으로 천부지층에 매몰되어 있는 파이프, 케이블, 금속물체 등의 탐지는 물론 탄화수소 탐지와 같은 대규모 지질구조 탐사 등에도 활용된다. 일반적으로 중력탐사와 자력탐사를 병행하게 되는데 이는 두 탐사방법이 갖는 특성을 이용하여 상호 보완적으로 정보를 얻는 데 유리하기 때문이다. 반면 탄성파 탐사의 경우는 퇴적층 간의 물성(주로 속도와 밀도) 차이에 의해 구분되는 서로 다른 층서단위를 조사하는 데 이상적이다. 각 분야별로 자세한 내용은 다음 절에 수록하였다.

2. 탄성파 탐사

2.1 탄성파 탐사 개요

탄성파 탐사란 인공적으로 발생된 탄성파 신호가 해저면 또는 퇴적층의 경계면에서 반사되는 신호를 기록하여 해저지층 및 기반암에 대한 지질학적 정보를 분석하는 물리탐사 방법 중 하나이다. 탐사선이 이동하면서 일정한 간격으로 음파를 발생시키고 해저면과 지층의 경계면에서 반사된 음파를 수진기를 이용하여 연속적으로 기록하게 되며 결과적으로 해저면 하부의 지질구조를 왕복시간 또는 깊이 단면으로써 재현할 수 있다. 탄성파 탐사 자료상에서 관찰되는 반사면은 퇴적층의 물성 차이에 기인하며, 구성 퇴적물의 입도 및 구성성분 등 퇴적학적인 특징도 반영하게 된다.

1) 탄성파 탐사의 기본원리

음원에서 발생된 지진파(P파)가 수층을 통과하여 해저면에 도달하면 일부가 지층으로 투과된다. 이때 지층을 통과하는 P파의 특성은 지층을 구성하고 있는 매질의 물성(주로 속도와 밀도)에 의해 결정되며 결과적으로 특정 지층을 통과한 P파는 그 지층의 물성특성 정보를 가지게 된다(그림 6-1). 지층의 지질정보를 가지고 이동하는 P파는 물성(속도와 밀도)을 달리하는 지층의 경계면에서 반사하게 된다.

상기 탄성파 탐사 자료 취득을 위한 현장조사에서는 조사목적을 고려한 장비선정은 물론 제반 변수조정 등을 포함하는 탐사설계가 필요하다. 즉, 조사대상 지역 퇴적층의 심도, 구성 퇴적물 물성 특성, 수직 해상도 등을 고려하여 음원을 설정하고, 음원과 수진기의 배열을 결정해야 한다. 이와 같은 탐사설계가 필요한 이유는 탐사시스템에서 인공적으로 발생시키는 음원의 주파수에 따라 탄성파 자료의 정확도를 좌우하는 투과심도와 분해능이 결정되기 때문이다. 일반적으로 음원에서 발생되는 지진파의 주파수가 고주파수 대역으로 갈수록 지층을 통과하면서 에너지 손실이 커지기 때문에 투과심도가 낮아지고, 분해능은 향상된다(그림 6-2). 반면, 음원의 주파수가 저주파수대역으로 갈수록 투과심도는 증가하지만 상대적으로 분해능은 감소하게 된다. 예를 들면 천부지층 탐사에 주로 사용하는 첩(chirp)탐사의 경우 중심 주파수가 3~7kHz의 범위를 가진다. 따라서 첩 탄성파 탐사자료는 100m 미만의 투과심도를 가지므로 이보다 깊은 퇴적층의 정보는 얻을 수가 없

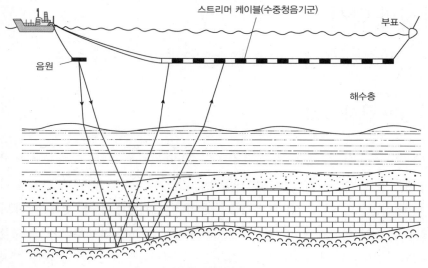

스트리머 케이블(수중청음기군)

부표

음원

해수층

〈그림 6-1〉 해양 탄성파 탐사 모식도

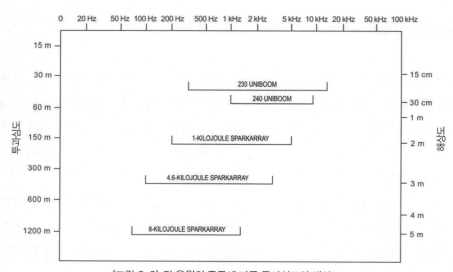

〈그림 6-2〉 각 음원의 종류에 따른 투과심도와 해상도

게 된다. 그러나 분해능은 매우 높아 수십 cm 두께까지 해석이 가능하다(그림 6-2). 반면 스파커 (sparker)의 경우 수백 Hz의 주파수를 사용하게 되므로 100m 이상의 중천부 탄성파 탐사에 주로 사용된다. 또한 석유나 가스자원 탐사에 주로 사용되고 있는 심부탄성파 탐사는 음원의 주파수가 수십 Hz에 속하는 매우 낮은 저주파를 사용함에 따라 수 km까지 투과가 가능하게 된다. 그러나 분 해능은 수 m 정도로 매우 낮아진다.

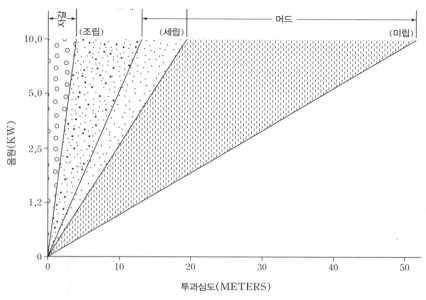

〈그림 6-3〉 각 음원의 투과심도와 퇴적물 유형의 관계

탄성파 탐사 자료의 투과심도는 구성퇴적물 특성에 따라서도 달라진다. 〈그림 6-3〉은 고해상 탐사자료의 예를 보여 주는 것으로 세립질퇴적물에서는 50m 이상 투과되지만 자갈을 포함하는 조립질 퇴적물에서는 투과심도가 급격히 떨어진다. 이와 같은 현상은 음원에서 발생한 음파 에너지가 지층을 통과하면서 세립질퇴적물에 비해 모래나 자갈과 같은 조립질 퇴적물에서 상대적으로 에너지 손실이 크게 발생함에 따라 투과 심도가 급격히 감소하게 된다. 따라서 현장조사 시에는 조사 예정지역에 분포하는 대상 퇴적층의 심도, 퇴적물 특성 등을 고려하여 음원 및 탐사장비를 선정하는 것이 매우 중요하다.

2) 탄성파 탐사기의 종류

육상의 경우 에너지원으로 다이너마이트, 바이브로사이스 등을 사용하는 경우가 많으나 해상에서의 탄성파 탐사에는 주로 전기적 에너지와 압축공기를 사용하고 있다. 전기적 에너지를 사용하는 것으로는 자왜형(磁歪型)진동자, 전자유도형진동자, 해수중방전 등이 있으며 압축공기를 사용한 것으로는 에어건(air gun)이 있다. 수파기는 주로 자왜형진동자를 사용하고 있으나 측심기의 수파기와 달라서 주파수 대역폭(band width)이 매우 넓다. 수신기는 증폭부(amplifier), 여파부(filter)로 되어 있고 수신기로부터의 신호는 증폭되어 여파부에서 필요한 주파수대 내의 신호만을 잡아내어 다시 증폭한 다음 기록기에 송신한다. 제어기는 발신 간 폭의 설정, 기록기 펜의 속도, 수신 간 폭의 설정 등 모든 제어를 한다.

2.2 현장탐사

1) 탐사변수 설정

탄성파 탐사 수행 시 적용되는 탐사변수는 향후 최종 지층 단면상에서 수직 분해능(vertical resolution)과 수평 분해능(lateral resolution)에 영향을 주게 된다. 따라서 탐사목적 및 조사해역의 지층 특성을 충분히 숙지하여 최적의 자료취득이 가능하도록 매개변수를 설정하여야 한다. 탐사 시 고려해야 할 주요 변수로는 음원의 크기(shooting power), 발파간격(shot interval), 샘플링 간격(sampling interval), 기록시간(recording length) 등을 들 수 있다.

수직 분해능은 자료 취득 시 설정되는 샘플링 간격(sampling interval)과 음원이 형성하는 우세주파수(dominant frequency)의 영향을 가장 많이 받으며, 분해능이 높을수록 박층의 층간 경계를 더욱 세분화하여 식별할 수 있게 된다. 하지만 관심 주파수 영역을 벗어나는 과도한 오버 샘플링(over sampling)은 디지털 자료의 크기만을 증가시키고 수직 해상도가 증가하지는 않기 때문에 적절한 샘플링 값의 조정이 필요하다. 수평 분해능의 경우 음원의 발파간격(ping late)에 영향을 많이 받으며 분해능이 높을수록 탄성파상에 나타나는 지층의 연속성(continuity)이 향상되어 향후 지층 해석 시 각 층의 수평적 분포를 분석하는 데 큰 영향을 주게 된다. 하지만 해양 환경의 특성상 수평적으로 변화가 일어나는 거리가 길기 때문에 전산처리 시 부담이 되는 자료의 크기를 줄이기 위해서는 현장 여건에 맞는 적절한 변수 설정이 필요하다.

그 외에도 조사해역에 분포하는 해저지층 특성을 고려한 탄성파 탐사장비의 적정 주파수대역을 설정하고, 사용 예정인 탄성파 탐사장비의 적정 증폭비(gain) 및 시간가변증폭비(Time Variable Gain, TVG)를 고려하는 것은 물론 적정 파장(pulse)에 대한 폭(width) 및 길이(duration) 등도 고려한다.

2) 현장 탐사 및 자료취득

탄성파 탐사 장비의 설치는 일반적으로 탐사선의 측면이나 선저 또는 수신기를 예인하는 방법 등이 있으며 조사목적 및 현지 여건에 따라 결정한다. 천부지층 탐사 목적으로는 주로 수 kHz의 주파수대역을 사용하며, 중천부 및 심부 탄성파 탐사 목적을 위해서는 수백 혹은 수 Hz의 저주파 음원을 이용한다. 주파수가 높은 음원은 파장이 짧아 해상도는 높지만 에너지 감쇠가 커서 탐사심도는 얕은 반면에 주파수가 낮은 음원은 탐사심도는 깊지만 해상도는 떨어진다.

탄성파 탐사의 첫 번째 단계는 자료취득을 위한 현장조사에 해당된다. 현장조사에서는 조사목적을 고려한 장비선정 및 변수조정 등을 포함하는 탐사설계가 필요하다. 즉, 조사 대상지역 퇴적층의 심도, 구성 퇴적물 특성, 수직 해상도 등을 고려하여 음원을 설정하고, 음원과 수진기의 배열을 결정해야 한다. 그리고 자료취득 시에는 선박, 장비, 전기적인 요인 및 기상상태에 의해 발생되는 기본적인 잡음(background noise)이 수반되므로 이를 최소화하기 위한 작업이 요구된다. 〈그림 6-4〉는 자료취득을 위한 해양 탄성파 탐사의 일반적인 구성도이다. 자료취득을 위한 해양 탄성파 탐사장비 배열 모식도를 보면 크게 음원, 수진기, 기록장치 등 3가지 요소로 구성된다.

음원은 수면 근처에 위치하며 인공적으로 음파를 발생시켜 주는 장치로 초창기에는 다이너마이트를 사용하였으나 오늘날에는 고압의 압축공기를 이용하여 음파를 발생시키는 에어건이 주로 사용되고 있다(그림 6-4). 이때 에어건은 단일 용량의 1개의 건을 사용하기 보다는 다양한 크기의 건을 조합하는 어레이(array)를 구성하여 탐사를 수행하게 되는데 이것은 에어건 폭발 시 발생하는 버블(bubble)의 영향을 최소화하기 위해서이다. 즉, 서로 다른 용량의 건이 폭발하면서 2차적으로 발생하는 다양한 크기의 버블들이 서로 상쇄되는 효과를 야기시켜 궁극적으로 신호 대 잡음비(Signal/Noise ratio, S/N ratio)를 향상시킬 수 있기 때문이다.

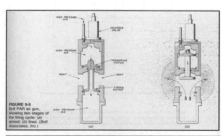

〈그림 6-4〉 대표적 음원인 에어건

음원으로는 에어건 외에도 스파커, 슬리브건(sleeve gun), 부머(boomer), 유니붐 등이 사용되고 있다. 그중에서 슬리브 건의 경우 철골구조물의 외부를 신축성이 좋은 고무슬리브로 감싸고 있는 형태로 된 음원으로 철골 구조물 내부에서 가스폭발을 일으켜 지진파를 발생시키는 것을 말한다. 에어건이 2차적으로 기포에 의한 잡음발생이 심한 반면 슬리브건의 경우 기포발생에 의한 2차적인 잡음이 없다는 장점을 가지고 있다.

물성차이가 있는 지층의 경계면에서 반사된 지진파는 수진기에 의해 연속적으로 수진된다. 이때 반사된 지진파의 미약한 신호를 수진하기 위해 여러 개의 수진기(하이드로폰)를 연결하여 사용하게 되며 이를 스트리머라고 한다(그림 6-5). 해양에서 사용하는 수진기는 미세한 압력차이를 감지하여 전기적인 신호로 변환해 주는 기능을 가지고 있어 연속적으로 지진파를 수진할 수 있게 된다.

수진기를 이용하여 수진된 신호는 선상에 있는 기록시스템으로 전송된다. 기록장치에는 서로 다른 물성 특성을 갖는 지층을 통과하면서 간직한 지진파의 강약과 왕복시간 등의 정보가 기록되며, 이들 정보의 해석을 통하여 해저면 하부의 지질구조 및 층서에 대한 유용한 지질학적 정보를 얻게 된다. 자료기록 장치에서는 수진기에서 수신된 탄성파 신호와 함께 항측 정보도 기록하게 된다.

탄성파 탐사 자료 취득을 위한 탐사는 수립된 현장조사 계획에 따라 시험탐사 자료를 기초로 하여 조사지역의 지형 및 지질특성을 고려하여 수행한다. 특히, 기존 조사자료 및 시험탐사 결과를 신중히 검토하여 해저지층에 대한 주요 반사면이 충분히 묘사될 수 있도록 장비를 운용하여야 하며, 자료의 질과 해석을 용이하게 할 수 있도록 경우에 따라 달리 적용할 수 있다.

품질관리는 자료 기록 분야에서 취득된 탄성파 자료와 각종 헤더정보를 전달받아 선상에서 기본적인 전산처리를 수행하여 탐사자료의 품질을 실시간으로 파악하는 역할을 하게 된다. 이 과정을 통해 기록시스템에 기록된 잡음의 종류와 그 수준을 파악하고 그 정도에 따라 탐사의 수행 여부를 결정하고, 탐사자료의 품질을 향상시키기 위해 필요한 제반 조치를 취하게 된다.

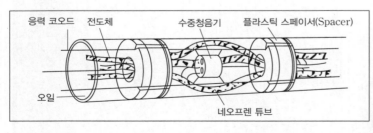

〈그림 6-5〉 해양에서 사용하는 수진기의 일종인 스트리머

2.3 자료처리 및 저장

1) 전산처리

　현장에서 취득한 원시자료는 불필요한 잡음(noise) 및 다중반사(multiple) 신호를 다수 포함하고 있으며, 이와 같은 불필요한 신호를 포함하게 되면 지층에 대한 정확한 해석이 어렵게 된다. 따라서 현장에서 취득한 원시자료는 전산처리 과정을 통하여 불필요한 잡음을 최대한 제거하고 지층 정보를 포함한 신호의 세기를 향상시켜 신호 대 잡음비를 향상시켜 주게 된다. 다중반사 역시 지층 해석을 어렵게 하는 원인이 되기 때문에 전산처리를 거쳐 다중반사파를 최소화하는 작업을 수행하기도 한다.

　연안에서 사용되는 단일 채널 탄성파 탐사(single-channel seismic survey)의 경우 한 지점에 대한 지층 정보가 하나의 트레이스로만 구성되어 있기 때문에 전산처리 기법의 적용에 많은 제약이 따른다. 실제로 전산처리 과정 중 신호 대 잡음비 향상에 가장 큰 역할을 하는 중합(stack), 간섭 잡음 감쇠에 효과적인 주파수-파수 필터(F-K filter), 다중반사파 제거에 탁월한 효과가 있는 레이던 필터(radon filter) 등은 여러 개의 트레이스로 공심점이 구성되는 다중 채널 탄성파 탐사 자료에만 적용이 가능한 방법이다. 따라서 연안 지층 탐사 자료는 자료 해석에 용이한 단면을 만드는 것에 중점을 두고 전산처리를 수행한다. 일반적으로 이용되는 처리 기법은 주파수 필터(frequency filter), 이득 조절(gain control)이 있다. 탐사 자료의 목적에 따라 추가적으로 적용할 수 있는 전산처리 방법으로는 지층 반사파형 압축과 다중반사파 감쇠 및 무작위 잡음 감쇠를 위해 사용되는 여러 종류의 디콘볼루션과 해저면 다중반사파 감쇠에 효과적인 WEMR(Wave Equation Multiple Rejection) 등을 들 수 있다. 전산처리를 할 때 취득 자료의 종류와 품질에 따라 여러 기법들을 가감하여 사용

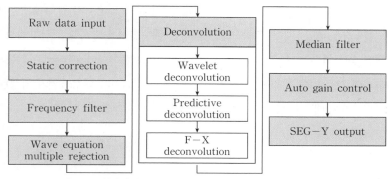

〈그림 6-6〉 단일 채널 탄성파 탐사 자료 전산처리 흐름도 예시

하며 〈그림 6-6〉은 추가적인 전산처리 기법을 적용한 전산처리 흐름도의 예이다.

2) 자료저장

해저지층 탐사 자료는 디지털 저장매체에 표준 SEG-Y형식으로 저장하고, 탐사기록야장에는 탐사 연도, 월, 일, 시각, 현장조사 과정에서 있었던 특이 사항을 '탄성파 탐사 기록야장'에 기재한다.

2.4. 자료해석

1) 층서단위 분석

우선 탄성파 탐사 자료 상에서 강한 진폭을 가지고 나타나는 반사면을 기준으로 서로 다른 층서단위를 구분하게 된다. 서로 다른 층을 분리하는 경계면은 침식경계면 혹은 강한 반사면 특성을 갖는 정합면의 특징을 갖는다. 이와 같은 탄성파 자료를 이용하여 층서단위 경계면을 해석할 경우에는 층 내부에 발달해 있는 반사파의 종단면을 분석하여 정의하게 된다(그림 6-7). 대표적인 반사면 종단패턴에는 상부경계면에 위치하는 탑랩(toplap), 침식절단(erosional truncation), 그리고 하부 경계면에 위치하는 온랩(onlap), 다운랩(downlap)이 대표적이다.

상부경계면에서 관찰할 수 있는 탑랩은 해수면이 상승하거나 하강하지 않고 정체된 조건에서 다량의 퇴적물이 공급될 경우에 만들어지는 종단양상으로 대표적인 예를 들면, 강 하구역에 발달하는 삼각주 퇴적층이 있다. 반면 침식절단은 퇴적층이 퇴적된 후 대기 중에 노출되어 일정 기간 침식작용을 받아 형성된 일종의 침식면을 특징을 가진다. 따라서 퇴적단위 상부 경계면에서 침식절단의 종단양상이 나타나게 되면 퇴적단위가 형성된 후 대기 중에 노출되어 침식작용을 받았음을 시사해 준다. 온랩의 경우 해안선이 육지쪽으로 후퇴하는 해수면이 상승하는 조건하에서 퇴적작용이 진행될 경우에 퇴적층 하부에서 나타나는 전형적인 종단양상에 속한다. 따라서 이러한 종단양상을 정밀하게 분석하면 서로 다른 특징을 갖는 퇴적단위 구분은 물론 각 퇴적단위가 형성될 당시의 퇴적환경이나 퇴적기작에 대한 해석도 가능해진다.

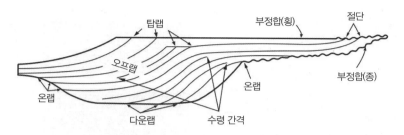

〈그림 6-7〉 탄성파 탐사 자료의 경계면 해석에 이용되는 반사파의 종단양상

출처: Mitchum et al., 1977

2) 탄성파상 분석

　탄성파상 분석은 탄성파 층서단위 내에 나타나는 다양한 형태의 탄성파상 요소를 분석·기술하여 조사지역 내에 분포하는 퇴적층의 지질학적인 해석을 하는 과정을 말한다. 탄성파상 요소에는 반사면의 연속성, 진폭, 빈도수 등이 포함 된다(그림 6-8). 이러한 탄성파상 요소에 의해 구성되는 탄성파상의 다양성, 수평·수직적인 조합은 퇴적과정, 환경, 퇴적물 특성 등을 해석하기 위한 자료를 제공해 준다. 반사면의 연속성은 반사면의 수평적인 연속성의 정도를 말하며 결과적으로 음향 임피던스(acoustic impedance), 즉 암상의 수평적인 변화를 의미한다. 연속성이 불량한 경우는 수평적인 퇴적상 변화(facies change)가 급격하게 나타나는 경우이다. 예를 들면, 자갈을 포함하는 모래와 니질퇴적물이 수평적으로 혼합되어 존재하는 해역에서 탄성파 자료를 얻게 되면 반사파의 연속성이 불량한 음향상 특성을 갖게 된다. 반면, 균질한 퇴적물이 수평적으로 연속되어 발달할 경우에는 반사파의 연속성이 양호한 특성을 갖고 나타나게 된다. 반사파의 진폭은 탄성파 단면상에 나타나는 반사파의 진한 정도를 반영하는 변수를 말한다. 즉, 반사파의 상하 층간 밀도 차에 따라 진한정도가 결정되는데 층간의 밀도차가 클수록 진한 반사파를 만들게 된다. 예를 들면, 밀도차가 큰 자갈층과 니질퇴적물이 접하고 있는 경계면에서는 강한 진폭의 반사파가 만들어지는 반면, 니질퇴적물과 모래가 접하고 있는 경우는 이보다 약한 진폭의 반사파가 생성된다. 반사파의 빈도수는 단위 구간 내에 포함되는 반사면의 수를 말하는 변수로 반사파의 수가 높은 경우와 낮은 경우로 나누어진다.

　탄성파상 요소의 조합에 의해 나타나는 대표적인 탄성파상에는 수평층리(parallel) 탄성파상, 다이버전트(divergent) 탄성파상, 한 방향으로 전진하는 형태(prograding)의 탄성파상, 무질서한(chaotic) 탄성파상, 투명(transparent or reflection free) 탄성파상, 수로충진(channel fill) 탄성파상 등이 있다(그림 6-9).

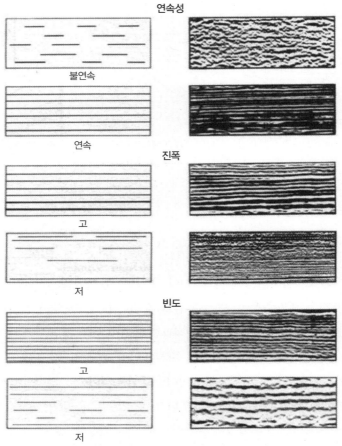

연속성

불연속

연속

진폭

고

저

빈도

고

저

〈그림 6-8〉 탄성파상 특징을 결정하는 탄성파상 변수

출처: Mitchum et al., 1977

　우선, 수평층리 음향상은 수평적으로 퇴적되는 퇴적물의 양이 일정한 경우에 주로 나타나며, 이 때문에 수평적인 퇴적층의 두께가 일정한 판상(sheet)의 퇴적층 외부형태를 가진다. 반면 한 방향으로 향하면서 반사파가 기울어져 나타나는 다이버전트 퇴적상의 경우 퇴적 방향성은 같으나 쌓이는 퇴적물의 양이 달라질 때 주로 나타난다. 이러한 퇴적상은 수로나 분지를 채워 주는 경우에 주로 볼 수 있으며 쐐기(wedge) 모양의 외부 형태를 가진다(그림 6-9). 전진하는 형태의 음향상은 어느 한쪽 방향에서 퇴적물이 공급되어 확산되면서 퇴적작용이 진행될 때 주로 발달한다. 예를 들면 육상 하천을 통하여 바다로 유입되는 퇴적물이 강 하구를 중심으로 외해로 확산 되면서 삼각주 퇴적층이 형성되는 경우를 들 수 있다. 이러한 경우 퇴적층 내부에는 한 방향으로 전진하는 형태의 음향상을 보여 주게 되며, 쐐기 혹은 뱅크(bank) 모양 외부를 갖게 된다.

무질서한 음향상 조합은 탄성파 단면상에서 특정 내부구조를 갖지 않고 불연속적인 반사파들이 불규칙하게 혼합된 형태로 발달한다. 이러한 특징의 탄성파상 조합은 짧은 시간 동안 갑작스런 퇴

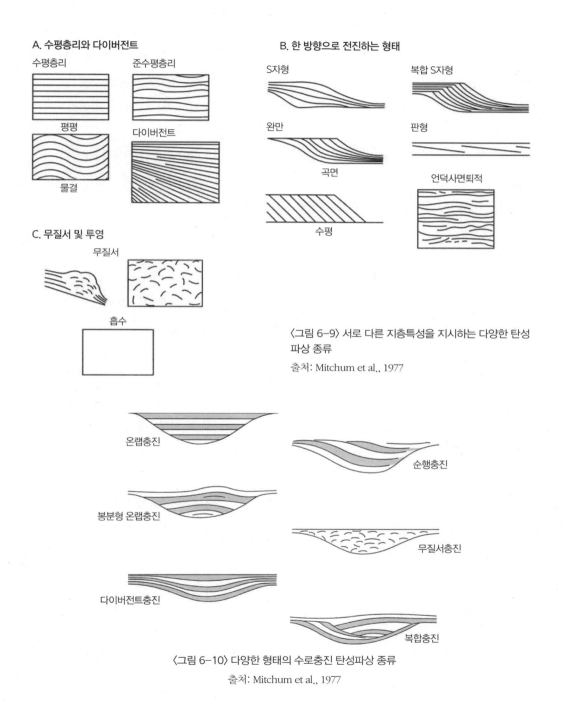

〈그림 6-9〉 서로 다른 지층특성을 지시하는 다양한 탄성파상 종류
출처: Mitchum et al., 1977

〈그림 6-10〉 다양한 형태의 수로충진 탄성파상 종류
출처: Mitchum et al., 1977

적작용이 진행되거나 사질퇴적물이 우세하게 분포하는 경우에 나타난다. 즉, 산사태 등에 의해 다양한 크기의 퇴적물이 혼합된 상태로 경사면을 따라 단시간 내에 흘러내려 쌓이는 경우에 볼 수 있으며, 주로 자갈을 포함하는 사질퇴적물이 우세하게 분포하는 경우에 주로 발달한다. 투명음향상(transparent) 조합은 탄성파 단면상에서 특별한 내부 반사면을 볼 수 없는 투명한 경우를 말한다. 이러한 투명음향상은 수평, 수직적으로 암상의 변화가 없는 경우에 발달하게 되며, 특히 균질한 세립퇴적물(주로 니질)로 구성된 퇴적층에서 나타나는 대표적인 음향상 조합에 속한다.

수로충진 탄성파상은 탄성파 단면상에서 기존퇴적층을 삭박한 후에 재 퇴적되면서 만들어지는 음향상을 말한다(그림 6-10). 이러한 수로충진 음향상은 주로 하천과 같은 물이 흐르면서 만들게 되며 수로를 충진하고 있는 내부 반사면의 탄성파상 특징에 따라 다양한 형태로 분류되며, 각 탄성파상 조합은 퇴적물이 퇴적될 당시의 퇴적환경 및 퇴적기작에 대한 정보를 간직하고 있기 때문에 탄성파상 분석을 통하여 다양한 지질정보를 해석할 수 있다.

3) 종합해석

〈그림 6-11〉에서 상기 과정을 통하여 분석된 결과를 바탕으로 종합해석을 수행하는 과정을 제시하였다. 우선 현장에서 취득한 자료는 전산처리 과정을 통하여 제작된 탄성파 탐사 단면을 준비한다. 준비된 탄성파 탐사 단면을 대상으로 층서단위 분석 및 탄성파상 분석을 포함하는 층서분석을 한다. 층서분석 결과를 바탕으로 기반암 분포도, 총 퇴적층의 두께, 각 퇴적단위의 등 층후도, 탄성파상 분포도를 제작한다. 조사 목적에 따라 퇴적층 및 기반암에 발달해 있는 단층, 습곡을 포함하는 지질구조 분석도 수행하게 된다. 제작된 각종 도면을 종합하여 각 퇴적층의 발달에 영향을 미치는 요소, 퇴적환경 및 퇴적역사 등을 복원하게 된다. 최종적으로 분석된 모든 결과를 종합하여 조사지역을 대표할 수 있는 지층모델을 수립하게 된다.

천부 탄성파 탐사 자료의 탄성파상 분석을 수행하게 되면 해저면에 분포하는 지층의 음향상 분포도 제작이 가능하며 우리나라 관할해역을 대상으로 제작된 음향상 분포도가 대표적인 예라고 할 수 있겠다(그림 6-12). 탄성파 탐사 자료상에서 강한 진폭을 갖는 반사면과 종단양상을 토대로 서로 다른 특징을 갖는 퇴적단위를 분석할 수도 있다.

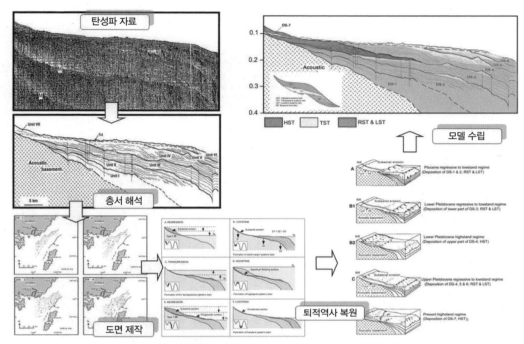

〈그림 6-11〉 탄성파 탐사 자료의 종합해석 과정을 보여 주는 예

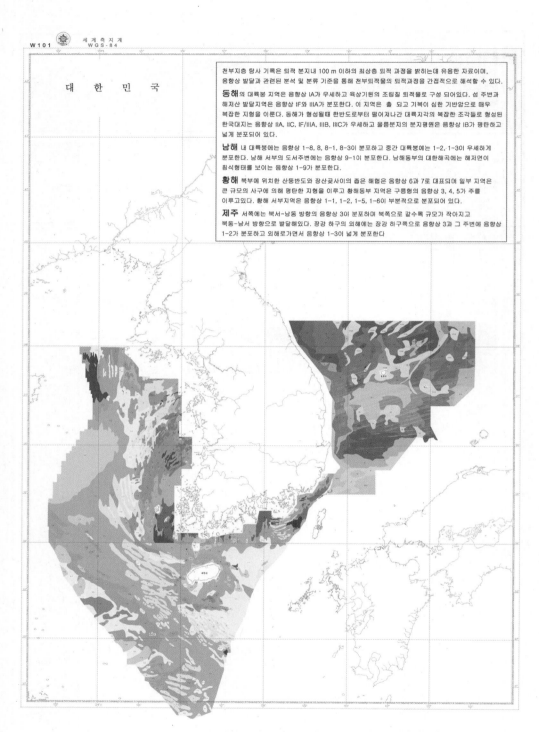

천부지층 탐사 기록은 퇴적 분지내 100 m 이하의 최상층 퇴적 과정을 밝히는데 유용한 자료이며, 음향상 발달과 관련된 분석 및 분류 기준을 통해 천부퇴적물의 퇴적과정을 간접적으로 해석할 수 있다.

동해의 대륙붕 지역은 음향상 IA가 우세하고 육상기원의 조립질 퇴적물로 구성 되어있다. 섬 주변과 해저산 발달지역은 음향상 IF와 IIIA가 분포한다. 이 지역은 좁 고고 기복이 심한 기반암으로 매우 복잡한 지형을 이룬다. 동해가 형성될때 한반도로부터 떨어져나간 대륙지각의 복잡한 조각들로 형성된 한국대지는 음향상 IIA, IIC, IF/IIIA, IIIB, IIIC가 우세하고 울릉분지의 분지평원은 음향상 IB가 평탄하고 넓게 분포되어 있다.

남해 내 대륙붕에는 음향상 1-8, 8, 8-1, 8-3이 분포하고 중간 대륙붕에는 1-2, 1-3이 우세하게 분포한다. 남해 서부의 도서주변에는 음향상 9-1이 분포한다. 남해동부의 대한해곡에는 해저면이 침식형태를 보이는 음향상 1-9가 분포한다.

황해 북부에 위치한 산둥반도와 장산곶사이의 좁은 해협은 음향상 6과 7로 대표되며 일부 지역은 큰 규모의 사구에 의해 평탄한 지형을 이루고 황해동부 지역은 구릉형의 음향상 3, 4, 5가 주를 이루고있다. 황해 서부지역은 음향상 1-1, 1-2, 1-5, 1-6이 부분적으로 분포되어 있다.

제주 서쪽에는 북서-남동 방향의 음향상 3이 분포하며 북쪽으로 갈수록 규모가 작아지고 북동-남서 방향으로 발달해있다. 장강 하구의 외해에는 장강 하구쪽으로 음향상 3과 그 주변에 음향상 1-2가 분포하고 외해로가면서 음향상 1-3이 넓게 분포한다

〈그림 6-12〉 동해, 남해 및 황해의 음향상 분포도(국립해양조사원, 2012)

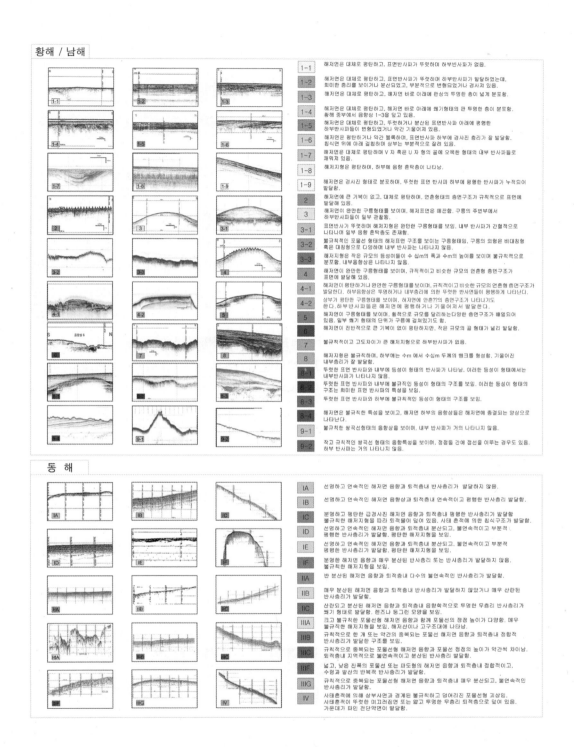

〈그림 6-13〉 음향상 분류 및 특성

3. 중력탐사

3.1 중력탐사 개요

중력탐사란 지구 상에 존재하는 중력장(gravity field)에 관련된 것으로 지오이드 및 연직선 편차를 계산하여 지구의 형상을 결정하거나, 각 지역의 밀도변화에 의한 중력 차이를 구하여 지하구조 및 자원탐사 등을 위한 목적으로 중력의 크기를 측정하는 지구 물리탐사이다.

중력탐사에 있어서 지표나 해저면 아래에 주변과 다른 밀도를 갖는 물질의 존재를 파악할 수 있으므로 중력탐사에서 지오이드 계산은 매우 중요하다. 중력탐사를 통해 얻어지는 자료는 중력분포도 작성, 지오이드에 관한 연구, 수준측량(높이측량) 보정자료, 지하자원탐사, 지하수 이동 및 지구 온난화에 의한 해수면 상승, 지진 및 지각활동 예지 등 다양한 분야의 자료로 활용된다(표 6-1).

중력측정은 중력값의 지리적 분포나 시간적 변화를 정밀하게 측정하기 위하여 중력가속도의 크기를 측정하는 것이며 측정을 위한 전제조건은 다음과 같다.

① 중력은 지구 상의 위치나 높이에 따라 장소마다 값이 다르고 지하의 광물이나 단층 등 지구 내부구조의 차이에 따라서도 값이 달라진다.

② 지구를 타원형으로 가정한 정규 중력값은 원심력의 영향이 최대가 되는 적도에서는 978Gal(갈)이고 원심력의 영향이 최저가 되는 극에서는 983Gal이 된다.

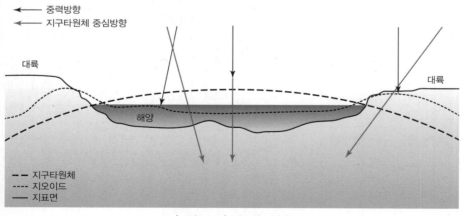

〈그림 6-14〉 지오이드변화

③ 중력값은 지구의 중심으로부터 거리가 멀어지게 되면 지구의 인력이 그 거리의 제곱에 역비례하여 적어지므로 높이에 따라 차이가 나고 1m만큼 높아질 때마다 약 0.3mGal 즉 3.3m 높아질 때마다 약 1mGal의 비율로 적어진다.

〈표 6-1〉 중력탐사 활용 분야

구분	활용 분야
측지학	• 측량 분야 기준고도 설정에 필요한 지오이드 모델결정 • 지구의 형상결정
지구물리탐사	• 지각의 밀도 측정 • 지질학적 구조해석 – 지형, 다양한 지질구조 유추 • 판구조론 분야 • 기반암탐사
자원탐사	• 육상자원탐사(석유, 가스 등) • 해상자원탐사(석유, 가스 등) • 지하광물탐사

3.2 중력계

중력탐사를 위해 이용되는 중력계는 밀도 차에 의한 중력의 상대적인 변화를 측정하는 기기로 스프링에 매달린 추가 중력의 변화로 인하여 변위되는 현상을 주 원리로 한다.

1) 안정형 중력계

안정형 중력계는 길이의 변화가 중력의 변화에 비례하는 관계이며, 스프링에 질량을 매달고 이들이 평형을 이룰 때 스프링의 변위를 측정한다. 따라서 지구 조석의 연속측정 등에 적합하며, 대표적으로 아스카니아 중력계가 있다.

2) 불안정형 중력계

중력계의 원리는 스프링의 변위를 증가시켜 줌으로써 측정 정밀도를 높이는 것으로, 되돌리려는 힘이 근소하게 작용한다. 불안정형 중력계는 중력탐사용에 적합하고 소형이므로 산악지대에서 한 사람이 혼자 측정할 수 있다. 대표적인 중력계는 보르돈(Wordon), 장주기 수직 지진계를 응용해서 만든 라코스트(Lacoste-Ronberg)형이 있으며, 그 외에 티센(Thyssen)형, 해양탐사에 쓰이는 해저면 중력계와 선상 중력계, 시추공에 삽입시켜 지하 심도에 따른 밀도를 측정할 수 있는 시추공용 중력계, 항공 탐사용 중력계 등이 있다(그림 6-15).

스프링의 길이변화는 온도에 따라 민감하게 변하므로 중력계 본체를 항온조 안에 보관해야 한다.

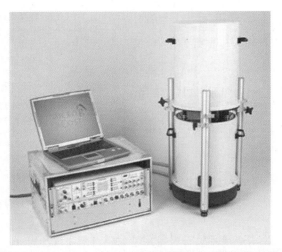

국립해양조사원 KSS-31 중력계

- ZE31: 해상중력계 전체적인 데이터 처리 및 제어를 담당
- GE31: 중력계센서 전원 공급을 담당
- PS31M: 해상중력계 전원 공급을 담당
- KE31: 해상중력계 안정을 담당
- GSS31: 해상중력계 센서
- KT31: 자이로제어 플랫폼으로 피치, 롤에서 중력센서의 안정을 유지

〈그림 6-15〉 중력계

3.3 중력측정

중력측정은 앞서 언급한 중력계를 사용하여 〈그림 6-16〉과 같이 기기를 이용한 측정 후에 시간을 동기화하고 여러 가지 보정을 한 후 필터링을 거쳐 최종 중력이상값을 산출한다.

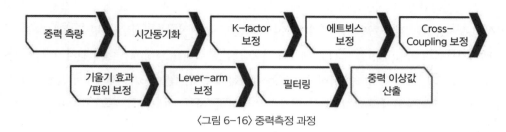

〈그림 6-16〉 중력측정 과정

1) 원리 및 특징

중력측량은 지각을 구성하는 암석이나 광물이 종류 및 위치에 따라서 밀도가 다른 점을 이용해 탐사범위 내에서도 측정지역마다 중력값에 차이가 생기는 것을 이용하고 있다. 따라서 중력탐사는 지하 암석의 밀도 차를 바탕으로 하여 밀도분포를 살피는 것이 주 원리이다. 중력측정은 스프링에 의한 탄성력과 물질에 작용하는 중력이 균형을 이룰 때 그 크기를 측정하는 중력계를 써서 이뤄진다. 그 밖에 중력의 수평경도 등의 편차를 측정하는 중력편차계도 사용된다. 지표면에서 중력을 정확하게 측정하기란 매우 어려우면서도 중요한 일이므로 일반적인 측정 오차 범위는 0.1mGal이어야 한다. 야외측정법은 측정목적이나 측정지역의 지형 등 여러 가지 요인에 따라 다르지만 측정 시꼭 시행하여야 할 사항은 아래와 같다.

① 측정지역 또는 인접지역에 있는 중력 기준점과 각 측점 간의 상대중력치 측정
② 각 측점에서의 측정시간 측정
③ 각 측점의 고도측정 측정
④ 각 측점의 정확한 위치 측정
⑤ 중력측정 기간 동안의 중력의 시간적 변화 측정

2) 측량방법

중력측량은 관측 지점의 중력을 구하는 방법에 따라 절대 중력측량과 상대 중력측량으로 나눌 수

있다(그림 6-17, 그림 6-18).

(1) 절대중력측량

절대중력계를 이용하여 관측 지점에서의 중력값을 직접 획득하는 것은 사용하는 중력계의 원리에 따라 단진자를 이용하는 방법과 낙하체를 이용하는 방법으로 나눌 수 있다. 두 가지 종류 중 보편적으로 사용하는 절대중력계는 낙하체를 이용하는 탄도식 절대중력계로서, 간섭계에서 낙하체가 레이저광선의 파장 절반을 낙하할 때마다 광학 간섭 프린지를 생성하고 이때 원자시계를 이용하여 시간을 정밀하게 측정하여 낙하한 거리를 계산하게 된다. 즉, 어느 한 지점에서 진공 속의 물체를 반복 자유낙하시켜 독립적으로 중력값을 측정하며, 이는 상대중력측량의 기준이 된다(그림 6-17).

(2) 상대중력측량

중력값을 알고 있는 점으로부터 관측 지점까지의 상대적인 중력 차이를 측정하는 방법으로, 측정 지역에 따라 육상, 해상, 항공으로 나눌 수 있다. 상대중력측량은 두 지점 간의 중력 차이를 구하며 절대중력값으로 보정하여 계산한다. 육상 중력측량은 육상에서 상대중력계를 이용하여 관측 지점 간의 중력차이를 측정하는 방법으로 미지의 중력값을 결정하기 위해서는 환을 구성하여 독립적인 측점이 없도록 한다. 또한 시간에 따라 기계가 변하는 특성인 드리프트(drift)를 보정하기 위해 일별 폐합하는 것이 원칙이다. 항공 및 해상중력측량은 이동체인 항공기 또는 선박에 GPS와 중력계를 탑재하고, GPS로부터 계산된 이동체의 가속도($\ddot{x}$)와 중력계로부터 반작용에 대한 가속도(a)를 구하여 두 값의 차이로부터 중력(g)을 계산하는 원리이다(그림 6-18).

$g = \ddot{x} - a$ 식 (1)

(3) 해상중력측량

해상중력은 일반적으로 육상중력과 마찬가지로 해상에서 육상기준점까지의 중력 차를 측정하는 것으로, 해상중력관측 시에는 속도와 방향을 가능한 일정하게 유지하고 에트뵈스(Eotvos) 효과를 고려하여 조사한다. 입·출항 시에는 해상중력계로 육상기준점과 선상중력계 간의 중력값을 비교하고, 선상중력계 고도를 확인하기 위해 조석(안벽고)을 관측하여야 한다. 해상중력은 출항하여 입항할 때까지 연속적으로 측정되어야 하며, 선박의 위치 및 수심 자료도 동시에 측정되어야 한다(그림 6-19).

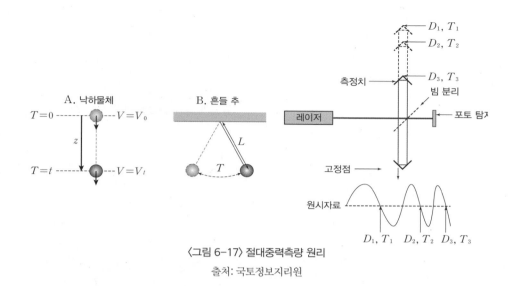

<図>

A. 낙하물체

$T = 0$ ----- $V = V_0$

z

$T = t$ ----- $V = V_t$

B. 흔들 추

L

T

D_1, T_1
D_2, T_2

측정치 ← D_3, T_3

빔 분리

레이저

포토 탐지

고정점 →

원시자료

D_1, T_1 D_2, T_2 D_3, T_3

〈그림 6-17〉 절대중력측량 원리

출처: 국토정보지리원

Δ 20μGal

Δ 10μGal

Δ 100μGal
절대중력점

80μGal

70μGal

〈그림 6-18〉 상대중력측량 원리

(4) 중력측량 일반현황

절대중력계는 Micro-g LaCoste사의 FG5, FG5-X, FG-L, A-10 등이 있으며, 우리나라는 주로 탄도식 절대중력계인 FG5와 FG-L을 사용하고 있다. FG-L은 국토지리정보원 절대중력관측소 내에 거치하여 중력원점의 중력값을 지속적으로 측정하는 데 활용하며, FG5는 전국의 절대중력관측 시 이용하고 있다.

또한 2009년 수행한 항공중력측량에서 ZLS사의 Dynamic Gravity Meter를 이용하였으며, 국립해양조사원에서는 해상중력측량 시 LaCoste & Romberg사의 S115 모델과 Bodensee Gravimeter KSS-31 모델을 이용하였다. 사용된 중력계의 독취해상도는 0.01mGal 수준이다.

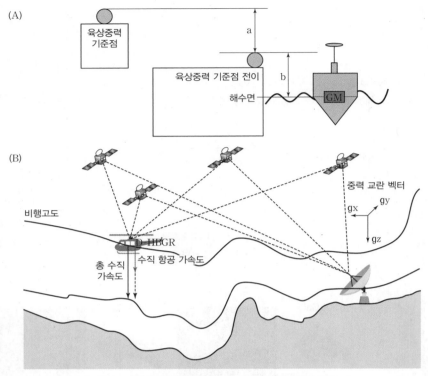

(A)

육상중력
기준점

a

육상중력 기준점 전이

b

해수면

GM

(B)

중력 교란 벡터

gx   gy

비행고도

gz

HBGR

수직 항공 가속도

총 수직
가속도

〈그림 6-19〉 (A) 해상절대중력 전이, (B) 항공중력측정 원리

　우리나라의 육상중력자료는 1960년대 초반 지질구조탐사를 목적으로 시작되었으며, 이후 측지, 지질구조, 지반조사, 지오이드 구축 등을 목적으로 국토지리정보원, 한국지질자원연구원 및 대학교에서 꾸준히 획득하여 왔다. 그러나 대부분 지구물리탐사를 목적으로 하였기 때문에 지역적으로 편향된 분포를 보인다는 한계가 있다. 또한 독취정확도가 낮은 중력계를 이용하여 오랜 기간 측정하였기 때문에 상대적으로 낮은 정밀도를 보인다.

　해상측정은 1996년 국가해양기본조사사업을 통하여 해상중력측정을 시작하였다. 1단계(1996~2005년)에는 동해, 황해, 남해안 해상에서 중력자료를 획득하였으며, 2006년 시작된 2단계 사업에서는 연안지역에서의 중력측정을 실시하여 2010년 완료하였다. 일련의 자료처리 후 연도별 교차오차는 1.5~4.7mGal 수준이다. 그러나 연도별로 해상중력자료를 획득 및 처리해 오면서 연도별 중력이상값 간의 불연속성이 있는 것으로 알려져 현재 국립해양조사원에서는 국가 해양기본조사 통합자료 분석 및 도면제작 사업을 통해 연도별 해상중력자료에 대한 통합 재처리를 수행하고 있다.

3.4 중력보정

중력보정은 탐사 대상체와 주변암과의 밀도 차에 의한 변화량만이 필요하므로 다른 요인들에 기인되는 중력변화량을 제거하기 위해 실시한다. 중력계를 이용하여 같은 장소에서 1시간 정도의 시간 차로 중력을 측정하면 보통 1mGal 내의 차이가 있다. 이와 같이 중력측정치가 측정시간에 따라 변화하는 원인은 중력계 내의 스프링 크립현상, 지구와 천체와의 시간에 따른 상대적 위치변화에 기인하는 기조력의 변화와 기온변화 등이 있다. 또 각 측점의 위도와 고도 및 주위 지형 등의 차이에도 측정치에 영향을 미치며 해상 및 항공중력측정 시 속도가 빠른 비행기나 항공기를 이용하기 때문에 속도의 동서방향 성분은 지구의 자전속도를 상대적으로 증감시키는 효과를 초래함으로써 중력의 변화를 가져온다. 중력 보정에는 주로 계기보정, 조석보정, 위도보정, 고도보정, 프리에어보정, 부게보정, 지형보정, 대기보정, 에트뵈스보정과 지각평형보정을 거친다.

1) 계기보정

중력계 내에 스프링의 크립 현상 때문에 생기는 중력의 시간에 따른 변화를 계기 변화라 하는데 이러한 오차를 보정하기 위해서는 측정 종료 시 처음 측점으로 돌아가서 반복 측정을 실시한다.

2) 조석보정

달, 태양 등 천체의 상대적인 위치 변화에 따른 인력의 변화를 보정하는 것으로 조석보정량은 달과 태양에 의한 수직성분의 합으로 표현될 수 있으며, 오차는 약 0.3mGal 정도이다.

3) 위도보정

주로 원심력의 영향을 제거하는 작업으로 위도가 다른 두 측점에서 측정된 중력치를 비교하기 위하여 이들 측점 간의 위도 차에 의한 영향을 제거한다. 따라서 극 쪽은 위도 보정치를 빼 주고 적도 쪽은 위도 보정치를 더해 준다.

4) 고도보정

고도보정은 프리에어(free-air)보정과 부게(Bouguer)보정으로 나뉜다. 프리에어보정은 '중력은 지구 중심으로부터의 거리에 따라 변한다'는 전제하에 지구 중심으로부터 각 측점까지의 거리가 고도차만큼 서로 다르기 때문에 나타나는 중력의 차이를 보정하는 것이다. 고도가 기준면보다 높은 곳은 보정치를 더하고 기준면보다 낮은 곳은 보정치를 빼 준다. 부게보정은 측점과 기준면 사이에 존재하는 물질의 인력에 의해 나타나는 중력의 차이를 보정하여 주는 것으로 밀도가 균일한 무한 수평판(부게판)이 있다는 가정하에 고도가 기준면보다 높은 곳은 보정치를 빼 주고 기준면보다 낮은 곳은 보정치를 더한다(그림 6-20).

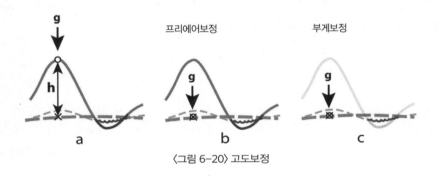

〈그림 6-20〉 고도보정

5) 지형보정

측점 주위에 있는 산이나 계곡 등과 같은 불규칙한 지형의 영향을 보정하는 것으로 지형보정에서는 측점 주위의 지형이 산이냐 계곡이냐에 관계없이 보정치를 항상 더한다.

6) 대기보정

측점의 고도 변화에 따른 대기 질량의 효과 변화를 고려해 보정한다.

$\Delta g_A = 0.87 - 0.0000965H$ 식 (2)

여기서, Δg_A=대기보정량, H=표고이다.

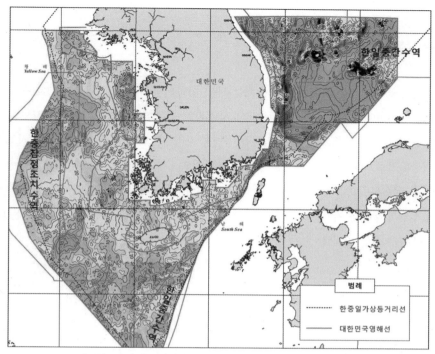

〈그림 6-21〉 우리나라 해상 중력-프리에어 이상도(단위: mGal)

출처: 국립해양조사원

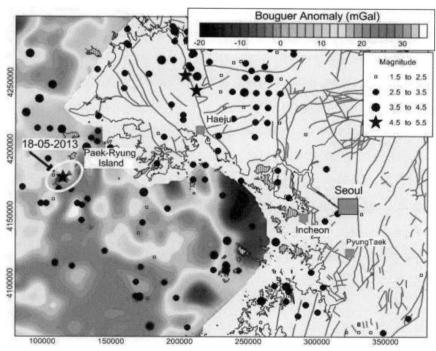

〈그림 6-22〉 우리나라 서해역 부게 중력 이상도

7) 에트뵈스보정

해상 또는 항공중력측정 시에는 속도가 빠른 배나 항공기를 이용하기 때문에 이때 속도의 동서 방향성분은 자전축에 대한 지구 자전 각속도의 상대적인 증감효과를 일으킴으로써 지구 자체의 원심 가속도를 변화시킨다. 또한 배는 곡면인 해수면을 따라 이동하고 항공기는 곡면인 지표면과 평행하게 이동하므로 이와 같은 곡선운동에 따른 원심 가속도가 지구 중심으로부터 바깥방향으로 생겨서 중력을 감소시킨다. 이 두 영향을 에트뵈스(Eotvos) 효과라고 하며 이러한 현상을 측정 중력치로부터 제거하는 것을 에트뵈스보정이라고 한다. 동서방향 성분이 동쪽성분일 경우에는 (+)이고 서쪽성분일 경우에는 (−)이다.

3.5 자료해석

현장에서 측정된 중력값은 측정장소에 따라 필요한 보정작업을 거쳐 관측된 중력을 계산하고, 고도 이상 및 부게이상을 계산해서 자료에 더해 지형보정을 거쳐 완전 부게이상을 계산한다. 따라서 여러 측점에서 측정된 중력치는 중력보정 중 필요한 모든 보정을 통하여 기준면에서의 중력치로 환산되는데, 이를 보정된 중력치라고 한다.

보정된 중력치로부터 표준 중력치를 뺀 값이 지하의 구조를 반영하는 중력이상값이 된다. 그 후, 목적깊이의 지하구조에 의해 생성된 중력값을 강조하는 필터링 등의 처리 과정을 거쳐 지하의 밀도 구조를 구해 낸다. 하지만 중력탐사에서 자료해석의 비유일성 원리에 따라 지하의 밀도와 분포를 유일하게 구하는 것은 매우 어려우므로 상세한 조사나 설계를 목적으로 하는 경우에는 다른 적절한 조사 방법을 효과적으로 실시하기 위해 개략적으로 탐사를 계획하는 것이 좋다.

또, 측점 부근에 큰 건축물이 존재하거나 지형이 급격히 변하는 장소에서는 이들이 미세한 이상값에 영향을 주기 때문에 이러한 장소를 피하여 측정해야 한다. 최종 해석 결과는 중력이상도와 그것에 대응하는 지하구조도 등을 조사 영역 위에 중첩시킨 등중력이상도로 나타낸다. 중력이상은 지하광체나 구조에만 기인되는 중력효과이기 때문에, 중력이상도를 해석함으로써 역으로 이들을 탐사할 수 있다.

1) 자료해석의 한계성

중력탐사의 목적은 측정된 중력이상으로부터 지하지질구조나 광체를 탐사하는 데 있으나 여기에는 한계성이 있으므로 탐사자료 해석 시 다음 사항을 항상 염두에 두어야 한다.

측정된 어떤 중력이상에 대하여 광체의 형태나 깊이를 달리하면 무한히 많은 해석이 가능하기 때문에 세밀한 지질조사, 탄성파탐사, 자력탐사 등의 지구물리탐사 및 시추 등을 실시하고 결과를 서로 대비, 분석하고 종합하여야 한다. 중력이상을 정량적으로 해석하기 위해서는 탐사 대상체와 주위 물질과의 밀도 차, 즉 밀도의 수평 및 수직적 변화를 정확히 알아야 한다. 중력이상에는 지하 심부에 존재하는 대규모의 구조에 기인되는 광역중력효과와 지하 천부에 존재하는 소규모 구조나 광체에 기인되는 국지중력 효과가 합하여져 있다. 대부분의 중력탐사는 후자인 국지중력효과에 의한 소규모 구조나 광체를 탐사하기 때문에 중력이상으로부터 잔여 중력이상을 구하기 위하여 국지중력효과만을 분리해 내야 하는데 이를 중력이상의 분리라 한다. 중력이상을 분리하는 방법으로 도해법과 해석적 방법이 있으며 이는 평균법, 2차미분법, 다항식 접합법, 중력의 하향 연속법 등을 사용한다.

부게이상의 대규모적 변화는 지각의 두께 변화에 기인되며, 반대로 국지적인 변화는 지표 근처에 존재하는 소규모의 이상밀도를 갖는 질량체에 기인된다. 또한 음의 이상은 퇴적분지, 암염돔, 화강암체 또는 지구대 등에 의한 것으로 양의 이상은 융기부나 염기성 암석에 의한 것으로 해석된다.

2) 밀도 결정

밀도 차에 의해 중력값이 결정되므로 밀도를 측정하는 일은 매우 중요하다. 이는 중력이상으로부터 지하광체나 구조를 해석할 때, 부게보정과 지형보정을 실시할 때 주로 필요하며 측정방법은 여러 가지가 있다.

① 암석시료에 의한 방법: 가장 대표적인 밀도측정 방법으로 노두에서 대표적인 암석 시료를 채취하거나 시추를 통해 채취하여 실내에서 밀도를 측정하는 방법이 대표적이며, 피크노미터(pycnometer) 등을 이용한다. 시료는 단단하고 균열이 없이 보존 상태가 양호한 부분을 이용하도록 한다.

② 네틀턴(Nettleton) 방법: 이것은 밀도를 간접적으로 측정하는 방법으로, 지표로부터 매우 얕은 심도의 밀도만 측정이 가능하다. 밀도가 비교적 균일할 경우에만 적용한다.

③ 밀도 검층에 의한 방법: 시추공 내에서 감마검층법으로 밀도를 검층하여 간접적으로 측정하는

방법이다.

④ 시추공 중력계를 이용하는 방법: 시추공에 시추공중력계를 넣어서 중력을 측정하고, 이로부터 지층의 밀도를 산출해 내는 방법이다.

⑤ 탄성파의 전파속도를 이용하는 방법: 탄성파 탐사를 이용하는 하나의 방법으로, 탄성파의 전파속도와 매질의 밀도와의 상관 관계가 매우 큰 것을 이용하여 탄성파의 전파속도로부터 매질의 밀도를 유추한다.

3) 해상중력자료

육상중력측정은 측점에 중력계를 거치한 후 측정을 수행해서 자료를 얻는 반면, 해상중력측정은 선박에 중력을 거치해 두고 이동하면서 중력을 측정한다. 따라서 조석 등 시간, 기계적인 오차가 많이 발생하는 편이고, 그 외에도 이동하면서 발생하는 움직임에 의한 효과도 고려하여야 한다. 특히,

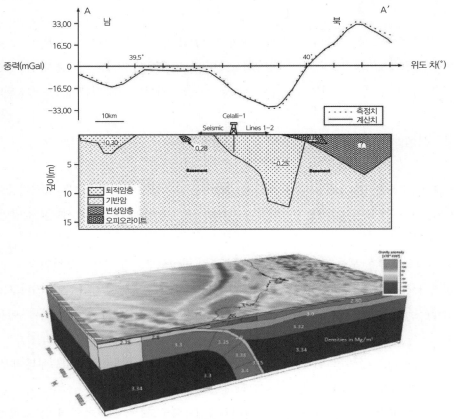

〈그림 6-23〉 2차원(상), 3차원(하) 중력모델 예시

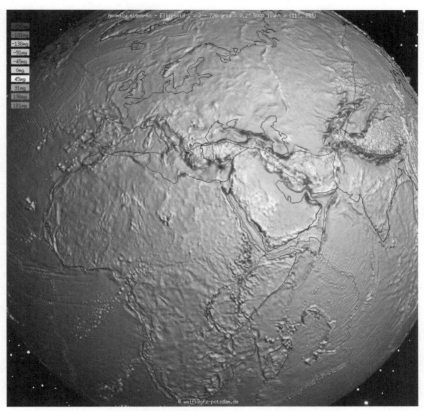

〈그림 6-24〉 중력측정을 통해 그린 중력이상도(ICGEM)

획득한 자료의 신뢰도를 평가하기 위해 노선을 교차하여 측정하기 때문에 항체가 노선을 변경하면서 발생하는 회전점에서의 오차 및 교차점에서의 오차를 보정하는 것이 필요하다. 또한 상대적인 중력값만을 측정하기 때문에 절대중력값을 계산하기 위해 육상중력계를 이용하여 선박과 가장 근사한 위치에서 중력측정을 수행한 후 이를 기점으로 활용한다.

〈그림 6-23〉은 일반적인 분지지역에서 나타나는 중력측정결과를 해석해 2차원과 3차원 모델로 나타낸 것이다. 또 〈그림 6-24〉는 해상중력탐사 결과로 알아낸 해저지형도이다.

4. 자력탐사

4.1 자력탐사 개요

1) 지자기 단위

해양자력탐사 때, 자력계에 최종적으로 측정되는 값은 관측 지점에서의 자력 세기(magnetic intensity)이지만 이 값에는 자력의 방향성을 포함하여 물질의 대자율, 투자율, 자화 강도, 광물 자성 등의 특징들을 내포하고 있다. 따라서 이러한 기본적인 용어 및 원리들을 정확히 파악해야 측정 값의 올바른 해석이 가능하다. 또한 지자기의 국제단위는 테슬라(T)이지만, 지구의 자기는 매우 약하기 때문에 보통 마이크로테슬라(μT)나 나노테슬라(nT)를 쓴다. 나노테슬라는 지자기학에서 감마(γ)라는 이름으로 부르기도 한다. 또한 CGS 단위인 G(가우스)를 쓰기도 하는데, 1G는 100μT이다 (50,000nT=0.5G).

(1) 자력선
자력계의 상태를 나타내기 쉽게 하기 위하여 가상된 선으로, N극에서 나와 공간을 지나 S극으로 들어간다.
　① 자극: 자력선이 모이는 부분이다.
　② 자기 쌍극자: 자극은 항상 양극과 음극이 존재한다.
　③ 단극: 한쪽 극이 다른 쪽 극의 영향을 거의 받지 않을 경우에는 두 극을 분리하여 독립적으로 생각한다.

(2) 자기장
　① 자기 강도(magnetic pole strength, F): 자극 사이에 작용하는 자력의 크기로, 두 자극의 자기량의 곱에 비례하고 자극 사이 거리의 제곱에 반비례한다(콜롬의 법칙).

$$F = \frac{1}{\mu} \frac{m_1 m_2}{r^2} \quad 식 (3)$$

　μ: 투자율, $m_1 m_2$: 자력강도, r: 자극 사이 거리

② 자기장 H

$$H = \frac{F}{m_2} = \frac{1}{\mu}\frac{m_1}{r^2} \quad \text{식 (4)}$$

③ 자속 밀도(magnetic flux density): 자기장에 수직인 단면을 지나는 자기력선의 총수를 자기선속이라 하고, 단위 면적을 지나는 자기선속을 자속 밀도(자기력 선속밀도)라고 한다.

$$B = \frac{\Phi}{S} \quad \text{식 (5)}$$

Φ: 자기선속 S: 넓이

(3) 투자율

투자율(magnetic permeability, μ)은 자성 물질이 자기장 내에서 자력선을 통과시키는 정도로, 두 극 사이에 존재하는 물질에 따라 달라지며 진공에서는 1, 자철석의 경우는 5 정도의 값을 가진다.

$$\Phi = 1 + 4\pi\kappa \quad \text{식 (6)}$$

κ: 대자율

(4) 대자율

대자율(magnetic susceptibility, κ)은 물질의 자기적 특성을 결정하여 주는 상수로서 각 자성 물질이 외부 자기장에 의해 자화되는 정도이다. 자성 물질을 외부자기장 H에 노출시키면 그 물질은 자화되는데 자화 강도 I는 외부자기장의 크기와 자성 물질의 대자율에 비례한다. 지질 매질의 경우에는 지구자기장이 외부자기장의 역할을 하기 때문에 자화방향은 지구의 자기장에 평행하게 되며, 따라서 자화 강도는 다음 식으로 표현되며, 이때 비례상수 κ를 대자율이라고 한다.

$$I = kH \quad \text{식 (7)}$$

(5) 자화 강도

모든 자성 물질은 자기장 내에서 자화되는데 자화 강도(intensity of magnetization, I)는 이때 자화되는 정도를 말한다. 일반적으로 자화 강도가 증가하면 자극의 밀도는 증가하고, 단위 면적당 자극의 세기가 커지게 된다.

$$I = \frac{m}{A} \quad \text{식 (8)}$$

자기 모멘트(magnetic moment, M): 길이 l, 자극 ±m인 막대자성의 자극강도를 의미하며, M =ml로 정의된다. 따라서 자기 강도는 단위 체적당 자기 모멘트이다.

2) 암석의 자기적 성질

암석의 자기적 성질은 암석의 구성 광물입자나 결정들의 자기적 성질에 기인한다. 암석은 전형적으로 소량의 자성 광물을 포함하고 있다. 따라서 특정한 암석의 자기적 성질은 매우 다양하며, 같은 암상의 암석이라고 할지라도 반드시 똑같은 자기적 성질을 갖지는 않는다. 따라서 자성물질마다 다르게 나타나는 대자율의 크기를 기준으로 자성물질들을 반자성물질, 상자성물질, 강자성물질로 나눌 수 있다.

(1) 반자성(diamagnetism) 물질

외부 자기장이 없을 경우, 반자성 물질의 자성 효과는 나타나지 않는다. 그런데 외부에서 자기장을 작용시키면 원자 속의 전자는 닫힌 궤도를 따라 운동하므로 전자 유도 법칙에 의해 전자의 운동이 변화하며 자기장은 외부자기장과 반대 방향으로 미약하게 나타난다. 따라서 전자운동이 상쇄되어 자성을 띠지 않게 되고, 이런 물질들은 자장 속에서 음의 대자율을 가지게 된다. 이 값은 너무 작아 자력탐사에서 그 효과가 거의 나타나지 않는다. 대표적인 반자성 광물에는 석영, 암염, 석고, 장석 등이 있다.

(2) 상자성(paramagnetism) 물질

최외각 전자가 쌍을 이루지 않는 원자는 전자의 회전에 의해 자기 모멘트가 존재하며 외부 자기장이 가해지면 자기 모멘트는 외부 자기장과 같은 방향으로 정렬되어 내부 자기장은 증가한다. 따라서 상자성 물질은 양의 대자율을 가지지만 이 값 또한 대체적으로 매우 낮은 편이다. 또한 절대온도에 반비례하여 감소한다. 대표적인 상자성 물질은 흑운모, 휘석, 각섬석, 감람석, 석류석 등 규산염 광물들이 있다.

(3) 강자성(ferromagnetism) 물질

자화된 영역들이 상호작용에 의하여 일정한 방향으로 배열되려 하는 에너지가 열에너지보다 커서 외부 자기장을 걸어 주면 강한 자성을 띠게 된다. 따라서 매우 강한 대자율 값을 보인다. 강자성 물질은 주로 세 가지로 분류할 수 있는데, 강자성과 페리자성, 반강자성이 이에 해당한다.

① 강자성: 이웃하는 원자의 자기 모멘트가 서로 같은 방향으로 배열하는 것으로 니켈, 철, 코발트 등이 있다.

② 페리자성: 한 원자의 자기 모멘트가 이웃 원자의 자기 모멘트와 크기도 다르고 방향도 서로 반대로 배열되어 나타나는 자성이다. 자철석, 크롬철석, 자류철석 등이 있다.

③ 반강자성: 한원자의 자기 모멘트가 이웃하는 원자와 크기는 같으나 방향이 반대로 배열되어 전체적으로 자기 모멘트가 0이 된다. 따라서 대자율이 매우 낮다. 적철석, 티탄철석이 여기에 해당한다.

(4) 암석 또는 광물 자화 원리와 기본개념

① 유도자기(induced magnetism): 암석의 자화에 의하여 나타나는 자기장 중 현재의 자기장에 의하여 자화된 자기이다. 자화 강도는 암석의 대자율에 좌우되며 자화 방향은 현재의 지자기장과 평행한다.

$$I_i = \frac{k_0 H_e}{1 + k_0 \lambda} \quad \text{식 (9)}$$

I_i: 유도자기 강도, λ: 소자인자, H_e: 지자기장의 강도, k_0: 대자율

$$I = pl \quad \text{식 (10)}$$

I: 암석 전체 유도자기 강도, I_i: 하나의 자성광무에서 유도자기 강도,

p: 자성광물의 총부피(암석 내부)

② 육지와 해양에서의 자기 특성: 암석은 퇴적암, 변성암, 산성화성암, 염기성화성암의 순으로 자화강도가 높다. 퇴적암은 대자율이나 잔류자화가 매우 낮기 때문에 육지나 해양에서의 자기 이상은 주로 화성암이나 변성암에 기인한다. 육지의 암석은 많은 부분이 선캄브리아기의 화강암 또는 변성암이며, 유도자기가 잔류자기보다 훨씬 우세할 뿐만 아니라 잔류자기는 그 방향성이 매우 불규칙하기 때문에 전체적으로 자기이상은 주로 유도자기에 기인한다. 하지만 육상의 관입암체나 화산암체에서는 뚜렷한 잔류자기가 나타나기도 한다.

③ 잔류자기: 잔류자기는 암석이나 퇴적물 생성 당시의 자기장에 의해 자화된 것이 현재까지 보존되는 것으로 고지자기(paleomagnetism)를 연구하는 데 있어 중요한 역할을 한다. 이와 같이 암석이 잔류자기를 갖는 현상을 자연잔류자화(NRM: Natural Remanent Magnetization)라고 하며, 일반적으로 화성암과 변성암이 큰 값, 퇴적암이 작은 값을 갖는다.

- 등온잔류자화(IRM: Isothemal Remanent Magnetization): 일정한 온도하에서 일정한 시간 동

안 존재하다가 없어지는 외부자기장에 의하여 암석이 잔류자기를 얻게 되는 현상이며, 국지적으로 나타난다. 지자기장이 미약한 외부자기장일 경우 등온잔류자화에 의한 잔류자기의 강도는 매우 미약하다.

- 열잔류자화(TRM: Themo-Remanent Magnetization): 자성물질이 높은 온도에서 큐리 온도를 거쳐 식어갈 때 외부자기장에 의하여 강하고 안정된 잔류자기를 얻게 되는 현상이다. 화성암류가 형성될 당시 지자기장의 방향을 알아내는 데 널리 이용된다.

- 퇴적잔류자화(DRM: Depositional Remanent Magnetization): 콜로이드 상태(1nm에서 100nm 사이의 크기를 가진 입자들의 혼합체)의 세립질이 퇴적되면서 당시 지구 자기의 방향으로 자화되는 현상이며 자철석 입자들은 퇴적 당시 지자기장의 방향과 평행하게 배열된다.

- 점성잔류자화(VRM: Viscous Remanent Magnetization): 암석이 약한 외부자기장일지라도 오랫동안 영향을 받아서 잔류자기를 띠게 되는 현상으로, 암석의 생성 당시 지구자기장과는 관련이 없어 고지자기 연구에서는 제외된다. 시간에 따라 로그(log) 함수로 증가하고 암석의 자기 점성에 좌우된다.

- 화학잔류자화(CRM: Chemical Remanent Magnetization): 큐리 온도 이하에서 암석 내에서의 화학 작용으로 자성 광물이 성장하거나 재결정되어 잔류자기를 얻게 되는 현상이다.

④ 쾨니히스베르거(Konigsberger) 비: 자연잔류자기와 현재의 지자기장에 의해 유도된 자기 강도(유도자기)와의 비이며 보통 Q로 표시한다.

$$Q = \frac{M_r}{M_i} = \frac{M_r}{kH_e} \quad 식\ (11)$$

M_r: 자연잔류자기 강도, M_i: 유도자기 강도, H_e: 현재 지자장의 강도

3) 지구자기장

지구자기의 3요소에는 편각과 복각, 수평자기력이 있다. 편각은 진북(지리상 북극)과 자북(자기 북극)이 이루는 각이다. 복각은 어떤 곳에서 자침이 수평면과 이루는 각이고, 자극에서 최대이다. 수평자기력은 전 지구자기력의 수평 성분을 말한다. 수직 성분은 연직자기력이라고 한다. 또한 수평자기력은 적도에서 최대이고 자극에서는 0이다. 연직자기력과 전자기력은 적도에서 0이고 자극에

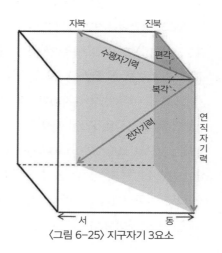

〈그림 6-25〉 지구자기 3요소

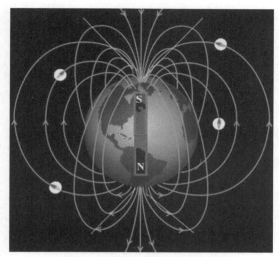

<그림 6-26> 자기장 형성의 원리

서 최대이다. 전자기력은 수평자기력과 연직자기력의 합력이며 전자기력이 실제 지구자기이다. 지구자기 3요소는 다음 <그림 6-25>와 같다.

해양자력탐사가 가능해진 것은 지구에 의한 자기장이 형성되어 있기 때문이다. 그렇다면 지구는 어떻게 자성을 가지게 되었을까? 여기에는 두 가지 대표적인 가설이 존재한다.

① 영구자화설(permanent magnetization hypo-thesis): 이 가설은 지구를 하나의 커다란 자석 덩어리로 보고 지구자기장을 설명하는 이론이다. 하지만 특정 온도 이상에서는 물질의 자성이 상실된다는 큐리 온도가 확인되고, 지구 내부의 온도는 수천 ℃로 철의 큐리 온도보다 훨씬 높아 영구 자석이 존재할 수 없다는 것이 밝혀진 후로는 가설의 힘을 잃었다.

② 다이나모 이론(dynamo theory): 이는 지구 내부에서 전류를 발생시킬 수 있는 물질이 움직이면서 지구 전체에 자기장을 형성한다는 이론이다. 탄성파 탐사 분야의 발달로 인해 지구 외핵이 양도체인 유체로 구성되어 있음이 밝혀진 후, 이를 근거로 외핵의 유체운동에 의해 자류가 발생한다는 가설이다. 다이나모 이론은 지구자기의 역전 현상을 잘 설명해 주며, 현재까지 지구자기장의 생성 원인을 설명하는 이론 중에서 가장 유력한 것으로 여겨진다.

지구자기장의 세기는 위치에 따라 약 $25 \sim 65 \mu T (=250 \sim 650mG)$ 정도이다. 매우 약한 세기이지만 자기장도 역제곱법칙을 따르므로, 위치에 관계없이 어디서나 수십 μT의 자기장이 검출된다는 것은 지구가 얼마나 강력한 자석인지를 보여 준다.

이러한 지구자기장은 지구 전체에 걸쳐 작용하며 지형적인 영향에 의해 상당히 복잡한 구조를 가진다. 해양자력탐사는 그 목적에 따라 측정하고자 하는 요소가 다르나 가장 근본적인 측정치는 관측 지역에서 실제 획득한 자력값에서 표준지구자기장을 뺀 자기 이상이 된다. 이때 표준지구자기장은 이러한 지구 전체 지구자기장의 구면 조화 함수 전개식에 근사하여 만들어진다. 따라서 해양자력 탐사를 위해서는 국제 지구자기 및 초고층 물리학회에서 5년 단위로 발표하는 국제표준지구자기장을 이용하여 관측 지역의 주 자기장을 계산하여 자기 이상을 구해야 한다.

(1) 지구자기장의 특성

지구자기장에서 지배되는 공간을 자기권이라 한다. 즉, 지구의 자기력이 대전 입자의 운동에 뚜

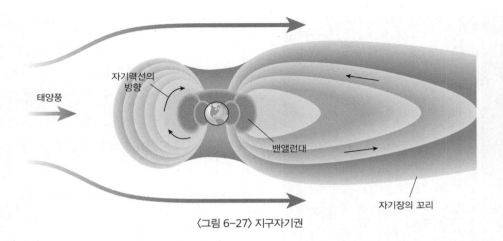

〈그림 6-27〉 지구자기권

렷한 영향을 미치는 공간이다. 지구자기장의 모양은 태양 쪽은 태양풍에 눌려 납작하고, 태양 반대편은 자기장의 꼬리가 길게 늘어나 있는 비대칭 모양이다(그림 6-27).

(2) 지구자기장의 변화

지구자기장은 항상 일정하지 않으며, 다이나모 이론에 의한 극의 이동 및 역전을 포함하여 일변화, 영년변화, 자기폭풍에 의한 변화 등이 나타난다. 극의 이동 및 역전에 의한 지자기장 변화는 고지자기학과 같은 특정 분야에서 필요하며, 관측 시점에서 자력값에 바로 영향을 끼치는 요소는 아니기 때문에 일변화, 영년변화, 자기폭풍이 주된 변화이다.

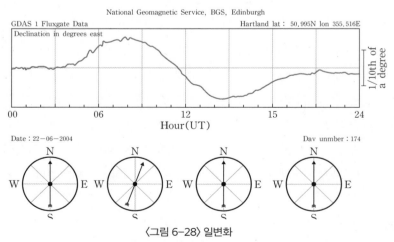

〈그림 6-28〉 일변화

출처: http://www.geomag.bgs.ac.uk/education/earthmag.html

① 일변화(diurnal variation): 일변화는 수 분 또는 수 시간마다 변화하는 것으로 변화량은 적으나 해양자력탐사 관측 내내 영향을 끼치기 때문에 매우 중요한 요소이다. 일반적으로 태양의 X선과 플라즈마 등에 의한 전리층 입자들의 운동으로 발생한 자장이 변화를 일으킨다. 지구 내부적으로는 맨틀과 핵 내에서 발생한 유도전류의 영향으로 알려져 있으나 그 영향은 미미하다(그림 6-28).

② 영년변화(secular variation): 수십에서 수백 년 주기로 변하며, 변화량은 일변화에 비해 매우

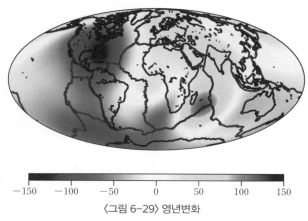

〈그림 6-29〉 영년변화

출처: http://geomag.org/info/mainfield.html

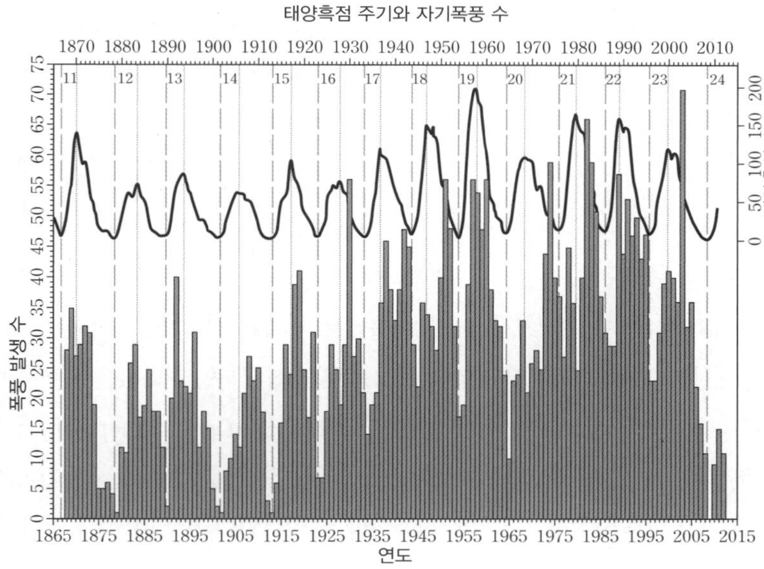

〈그림 6-30〉 자기폭풍에 의한 변화

출처: http://www.geomag.bgs.ac.uk/education/earthmag.html

크다. 큰 의미에서는 지자기극의 이동 및 역전과 관련이 있으며, 일반적으로 외핵과 맨틀의 자전각속도의 차에 의해 나타나는 것으로 알려져 있다. 지금까지 조사된 바에 의하면, 매년 0.05 %의 지자기장 세기의 감소가 나타나며, 지자기극은 매년 경도 0.05°씩 서쪽으로 이동하는 것으로 알려져 있다(그림 6-29).

　③ 자기폭풍에 의한 변화(magnetic storms): 수 시간 내지 수 일 동안 불규칙적으로 나타나며 일변화에 비해 양적으로 매우 크게 변화한다. 태양 흑점의 활동에 의해 나타나고 적도보다 극지방에서 더 빈번히 발생한다(그림 6-30).

4.2 자력계

자력 측정은 지자기의 3요소 중 수평 및 수직 성분과 총자기력이 측정되는데, 수평 및 수직 성분의 측정은 탐사지역에서 아주 작은 자기 이상까지도 측정할 수 있는 장점이 있으나, 측정이 어려운 단점이 있다. 반면 총자기력은 측정 자체는 쉬우나 미세한 자기 이상을 찾아내기가 어려운 단점이 있다. 따라서 측정하고자 하는 자기의 요소에 따라 측정방법과 기기가 다르다.

자력계(magnetometer)는 전자석이나 영구자석의 강도를 측정하거나 자성 물질의 자화를 결정할 때 사용하는 기기로서 측정요소뿐만 아니라 측정원리에 의해서도 구분되며, 이는 눈금설정의 방식에 따라 상대식과 절대식의 2가지 종류로 나뉜다. 상대식 자력계는 정확한 값을 알고 있는 자기장에 대해서 눈금조정을 해야 하고, 절대식 자력계는 내장되어 있는 상수를 기준으로 눈금이 조정된다. 현재까지 가장 많이 알려진 자력계의 종류는 다음과 같다.

1) 슈미트

슈미트(Schmidt) 형 수직자기장 천칭이라고도 불리는 이 자력계는 막대자석에 거울과 칼날을 부착해 수평으로 균형을 맞춘 구조로 되어 있어 수직 성분의 상대적인 변화값을 용이하게 측정할 수 있는 상대식 자력계이다. 그 원리로는 막대자석을 자기자오선(magnetic meridian)과 직각이 되는 동서방향으로 놓고, 이를 무게중심으로부터 벗어난 곳에서 지지시켜 줌으로써 자기와 중력에 의한 기울어짐을 천칭의 형태로 측정하는 방법을 사용한다. 측정범위는 최소 1nT 정도이며, 경우에 따라 수평자기력, 총자기력, 혹은 복각 등을 측정하도록 고안된 것도 있다. 하지만 초기에 고안된 형태로서 현재는 거의 사용되지 않는다.

2) 프로톤 자력계

프로톤 자력계(핵 자력계)는 양성자의 세차운동을 이용한 것으로, 쌍극자 역할을 하는 양성자가 자기장 방향을 중심축으로 하여 세차운동을 할 때 발생하는 전류를 자기장으로 변환시키는 절대식 자력계이다. 원리는 물 또는 등유와 같이 양자(proton)가 많은 액체를 담은 병 주위에 코일을 감아 직류를 통하면 액체 속의 수소 원자핵은 코일에 발생한 자장에 의해 일정 방향으로 정렬하여 자기 모멘트를 갖게 된다. 이때 갑자기 전류를 끊어 버리면 수소이온은 일제히 지구자장의 둘레에서 세차운동을 일으키며, 이때 코일 속 세차운동의 주기율 측정은 코일의 방향과 무관하므로 측정 시 측정방향이나 고도를 고려할 필요가 없어 해상이나 항공탐사에 매우 유용하다. 자기장의 방향에 거의 관계없이 사용할 수 있고 사용이 쉬울 뿐만 아니라 빠른 속도로 측정이 가능하고 정량적 해석에 용이하다. 하지만 총자기 측정만 가능하며, 방향성분에 대해서는 측정할 수 없다는 단점이 있다.

3) 오버하우저 자력계

핵 자력계의 원리에서 보다 발전된 오버하우저(overhauser) 자력계는 풍부한 화학용액을 사용하며 분극장을 사용하는 대신 라디오 주파수의 전자기장을 이용하며 총성분만 분석이 가능하다. 핵 자력계의 양성자 회전공명방식을 이용해 뛰어난 정확성을 유지하면서 전력사용량을 크게 감소시켜 작은 배터리로 작동이 가능하여 휴대성이 높아졌다. 또한 기존의 핵 자력계와 달리 자기장의 세기를 연속적으로 측정할 수 있으며 보다 빠르게 측정할 수 있는 장점이 있다. 따라서 국내 해양자력 탐사에서 가장 많이 사용되고 있다.

4) 플럭스게이트 자력계

플럭스게이트 자력계(포화철심형 자력계)는 지자기장에 의하여 서로 자화가 가능할 정도로 투자율이 높은 강자성체의 자기유도와 자기이력 특성을 이용하여 측정하는 자력계이다. 물질에 코일을 감고 여기에 강한 교류를 보내서 주기적으로 변하는 자기장을 형성시켜 주면 이 자기장이 지자기장과 합성되고 합성된 자기장은 코일 중심에 있는 코어를 자화시켜 자기이력 곡선에 나타나는 포화상태에 이른다. 이 포화자화의 위상을 측정함으로써 자기장의 세기를 측정할 수 있다. 이 자력계는 자기장 3성분의 세기와 방향성을 동시에 측정할 수 있다는 장점이 있으나 비교적 민감도가 떨어지고 기기편차가 심하다는 단점이 있다.

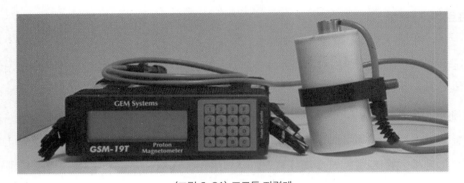

〈그림 6-31〉 프로톤 자력계

출처: http://www.mgps.mn/magnetometers/proton-magnetometers

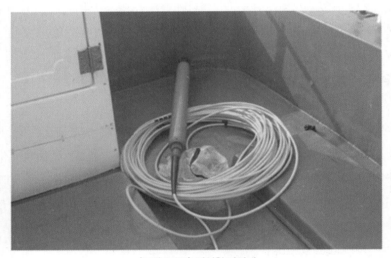

〈그림 6-32〉 예인형 자력계

　그 밖에 최근에는 고감도(0.001nT) 측정을 위한 알칼리베이퍼(alkali-vapor) 자력계가 개발되었으며, 높은 자기 이상을 내는 기반암 위에 존재하는 퇴적암의 미세한 자력변화까지 측정 가능한 세슘 자력계, 루비듐 자력계 등의 광펌핑 자력계도 실용화되어 있다. 해양자력탐사에서는 다른 자력계에 비해서 정밀도가 높고 측정방향과 고도에 상관없이 측정이 가능한 프로톤 자력계와 세슘형, 오버하우저 자력계가 가장 많이 사용된다.

4.3 자력탐사

해양자력탐사는 육상의 자력탐사 원리를 적용한 탐사법으로 일련의 측점에서 지자기장 및 각 자기 성분을 측정하여 해수 아래의 지질구조나 지형특성을 규명하는 지구물리탐사이다. 해양자력탐사는 신속, 간편, 저렴하고 선박을 이용해 이동하면서 연속적으로 측정이 가능하며 그 이용 범위가 넓다는 장점이 있으나, 측정 자력값에 주변 환경의 영향이 크게 작용하므로 자료획득 시 많은 주의가 필요하고 상대적으로 복잡한 자료보정을 거쳐야 하는 단점을 가진다. 하지만 최근 장비성능의 발달로 인해 보다 양질의 자료를 손쉽게 획득하는 것이 가능하게 되었다.

해양자력탐사는 육상에서 철광산과 같은 금속광산의 탐사에 이용되던 탐사법을 해양에 적용한 것으로, 1909년 미국의 카네기호에 의한 해양지자기탐사를 시초로 해양에서의 자력탐사가 널리 이용되었다. 해양자력탐사는 1950년 이후 지구물리학에서 매우 중요한 위치를 차지하는 고지자기학으로 발전하여 대륙이동설이나 해양저확장설과 같은 현대 지질학에서 중요한 학설들을 입증하는 정략적인 증거로 활용되었다.

오늘날의 해양자력탐사는 해양에서의 지하자원 탐사, 열수광상 탐사, 해양지질 탐사, 해양자원 확보 차원에서 널리 이용되고 있으며, 과거에 침몰된 선박을 찾는 해양고고학 분야, 해양플랜트 건설과 같은 해양공학 분야, 오염퇴적물의 분포 범위 등을 확인하는 해양환경 분야 등에서도 유용하게 사용되고 있다.

1) 자력탐사의 원리 및 과정

자기장을 이용하는 자력탐사의 기본적인 원리는 중력과 유사하지만 자기장을 생성하는 원인자(source)가 항상 쌍극자 방식(N극과 S극)을 취하며, 매개체가 밀도가 아닌 매질의 대자율이라는 차이가 있다. 즉 물체마다 특정 자기장에 놓이게 되면 자화되는 정도의 차이를 갖게 되고 이 차이에 의해 다시 2차적인 자기장을 형성하여 최초의 특정 자기장의 형태를 왜곡시키게 되는데, 이 왜곡된 형태를 통해 물체를 구분하는 방식이 자력탐사의 기본 원리이다. 실제 자력탐사의 경우는 잔류자기, 경위도, 조사 시기 등의 몇 가지 사항을 함께 고려하여 표준화하는 과정이 수반된다. 결국 자력탐사는 지하 매질의 대자율 분포를 추정하여 원하는 지하 정보

〈그림 6-33〉 자력탐사 과정

를 획득하게 된다.

자력탐사는 〈그림 6-33〉의 순서로 진행되며 자력탐사에서 가장 중요한 과정은 현장자력탐사에서 자료를 취득하는 과정과 관측자료를 보정하는 과정이다. 보정은 크게 센서 위치보정과 일변화 보정, 정규보정이 있으며 보정을 한 후에 지자기 이상이 있는 곳을 산출한 후 전자력치와 지자기 이상을 플로팅한다. 후에 오류데이터를 체크하고 전자력도와 지자기 이상도를 작성하면 자력탐사는 끝이 난다. 자력탐사에서 자료를 취득하는 과정부터 자기이상 산출까지가 많은 부분을 차지하므로 세 과정만 언급하도록 한다.

① 자료의 취득: 취득된 자료의 처리과정은 보다 양질의 자료를 만들어 내기 위한 과정으로 매우 중요한 역할을 하지만 일차적으로 현장탐사 시에 좋은 자료를 획득하지 못한다면 그 후 자료들을 처리할 때도 만족할 만한 결과를 얻지 못할 수가 있다. 따라서 처음 탐사 시부터 최적의 자료를 취득하기 위해 노력해야 한다. 탐사를 위한 야외 측정 시 항공 측정, 해상 측정, 육상 측정으로 나누어 수행한다. 항공 측정은 육상 측정용에 비해 감도가 높은 플럭스게이트(Flux-gate) 자력계나 핵 자력계를 사용한다. 항공 측정 시 고려해야 할 사항은 비행기 내부의 전류나 날개 등의 와동전류의 영향을 최소화해 이격시켜 측정한다. 육상 측정은 광체 탐사와 주로 석유 탐사나 지구물리학적 연정하고 비행의 안정도를 고려해야 한다. 해상 측정을 할 시에는 플럭스게이트 자력계나 핵 자력계를 사용하며 주로 석유 탐사나 지구물리학적 연구와 연관된 대규모 해상탐사가 주목적이 되고 육상 측정은 광체 탐사와 같은 비교적 소규모의 탐사 작업에 주로 사용된다.

자력탐사 시 대자율은 데이터 값을 좌우하는 데 큰 역할을 하는데, 이는 야외에서 채취한 시료와 대자율을 이미 알고 있는 표준시료와 대비하여 측정하며 솔레노이드 코일(solenoid coil)에 시료를 두고 인덕턴스(inductance)의 변화를 이용하여 대자율을 측정한다.

② 자기 보정: 보정작업은 위치에 따른 보정이 첫 번째로 이루어져야 한다. 지자기장의 각 성분은 위치에 따라 다르기 때문에 이에 대한 보정이 필수적이며 자기 분포도를 이용하여 각 측점에서의 측정치에서 그 지점의 표준치를 빼 준다. 다음은 지자기의 일변화와 기계 오차에 대한 보정으로 지자기장은 하루에 약 10~100yd 정도 변하므로 측정 시간 차에 따른 변화치를 보정한다.

③ 자기 이상 산출: 보정을 거친 데이터 중 주위 물질과 자성의 차가 있는 물질에 의하여 나타나는 매우 높거나 낮은 자기력을 산출해 내는 작업이다(그림 6-34). 주로 자기 이상을 좌우하는 요인에는 네 가지가 있는데, 자기 이상의 근원이 되는 물질의 형태와 그 지역의 자기 위도에 따른 지자기장의 방향이 있다. 또한 물질의 자화 방향과 측선의 방향도 중요하다.

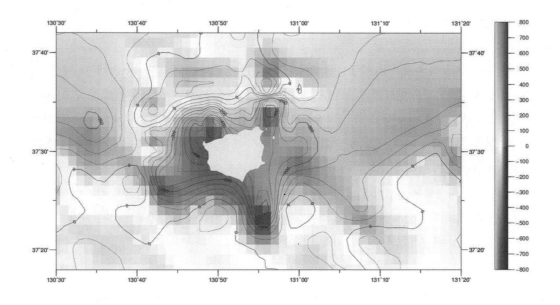

97KHOA－0004

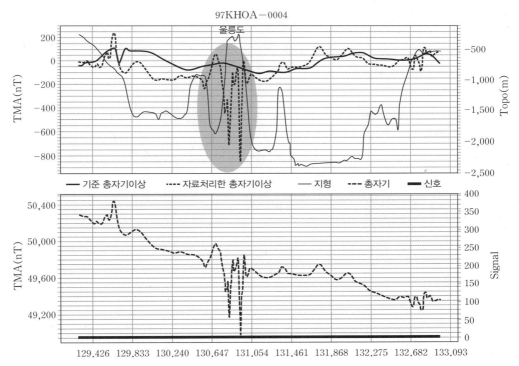

기준 총자기이상　　---- 자료처리한 총자기이상　　— 지형　　--- 총자기　　▬ 신호

〈그림 6-34〉 울릉도 부근 지구자기 이상 분포도(상), 단면도(하)

2) 자력탐사 활용 분야

자력탐사는 지구심부 구조 및 물질특성, 화산활동 연구, 지구의 판구조운동 등 거대 지구활동 연구를 비롯해서 자기장을 일으킬 수 있는 모든 지하 금속광물의 탐색, 지하수층 존재 및 구조, 지반 변형을 일으키는 단층 연구 등과 같은 지질학적 연구(그림 6-35)와 석탄, 석유, 가스 부존 구조 연구 등과 같은 자원탐사 연구, 지하 매설 파이프라인 및 구조물, 지하매몰 유적지, 하상수로, 매몰포탄, 해저침몰선 등의 탐색과 같은 여러 분야의 연구에 효과적으로 사용된다. 또한 최근에는 탐사장비의 정밀도가 향상됨에 힘입어 산업폐기물 등의 은폐 매몰지 등의 규명과 같은 환경 분야에도 활용하고 있다. 특히 자기장은 통신활동에 매우 큰 영향을 주기 때문에 태양활동 등 우주환경에 의한 자기장의 변화 및 예측기술의 연구도 중요한 분야로 대두되고 있다.

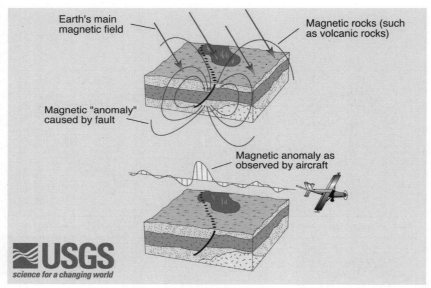

〈그림 6-35〉 자력탐사를 이용한 지하구조탐사

출처: USGS

4.4 자료해석

해양자력탐사를 통해 자료를 취득하고 여러 보정의 과정을 거치면 총 지구자기도나 자기이상도를 작성할 수 있으며, 이를 지질학적으로 타당성 있고 조사목적에 맞게 해석해야 한다.

1) 목적에 따른 구분

(1) 광역적 탐사

광역 해양자력탐사의 목적은 그 지역의 암석 및 암상, 지질구조 등을 파악하는 데 있다. 따라서 중력탐사에서 사용되는 해석기법들을 많이 적용시켜 해석한다. 광역이상과 국지이상을 분리하고 2차 미분법을 적용하면 국지이상을 강조시키고 광역적인 경향을 제거하여 국지적인 특징들을 파악할 수 있다. 상향연속 작업은 천부기원의 이상치를 제거하여 기반암의 깊이를 파악하는 데 유용하다. 반면 하향연속 작업은 천부기원의 이상치를 보다 뚜렷하게 하여 인접된 천부구조들을 파악하는 데 도움이 된다. 이외에 자력탐사자료를 정량적으로 해석하는 데는 아래와 같은 기법들이 사용된다. 하지만 이와 같은 기법들은 궁극적으로 기반암 및 구조의 깊이와 범위를 파악하는 데 목적이 있으므로, 해양에서는 정확한 수심자료와 퇴적물의 두께를 파악해야만 한다.

① 반 진폭법: 자기 이상체 중심까지의 깊이와 자기 이상의 최고치 및 이상곡선의 너비를 이용해 이상체의 깊이를 추정하는 방법으로, 이상체를 구형으로 가정했을 때 자기 이상치 최댓값의 1/2이 이상치까지의 깊이가 된다.

② 경사법: 자기 이상 곡선모양의 특성과 자기 이상체의 매몰 깊이를 대략적으로 측정하는 방법이다.

③ 컴퓨터 모델링: 탐사지역에 관한 지질학적 지구물리학적 제한요소에 입각하여 지하모델을 설정하고, 그 모델에 의하여 계산된 이상치를 측정값과 비교하는 것이다. 이들 둘 사이에 만족할 만한 일치가 이루어질 때까지 반복하여 지하구조를 대변하는 모델을 찾는다.

(2) 이상체 탐사

해저케이블, 해양구조물, 침몰선 등 이상체의 형태나 위치를 파악하기 위해 자력탐사를 수행했을 경우에는 해당 지역의 지역적 자력이상에서 이상체에 의한 자력이상을 찾아낼 수 있어야만 한다. 일반적으로 이상체의 자력이상은 기반암이나 지질구조에 의한 것보다 좁은 범위에서 강한 양과 음의 값으로 나타나기 때문에 존재의 파악은 비교적 쉽게 가능하다. 하지만 파악하고자 하는 목표를 정확히 진단하기 위해서는 해당 이상체의 대략적인 지자기 값을 알고 있어야 한다. 각 자력계 제작사에서는 대표적인 해양 이상체들의 특정 깊이에서의 자력값을 제시하고 있으므로 이를 참고하면 된다. 하지만 찾고자 하는 목표물의 크기와 존재할 수심은 언제든지 달라질 수 있으므로, 결론적으로 자료처리자의 경험에 의한 숙련도가 가장 중요시된다.

(3) 열수광상 탐사

열수광상 탐사는 일반적으로 강한 양의 자기 이상을 주요 대상으로 하는 타 자력탐사와 달리 작은 자기 이상에 주목한다. 열수광상은 얕은 부존 수심, 황화물 형태의 금속결합, 단위 면적당 높은 금속함량(금, 은, 구리, 아연, 납) 등 개발에 유리한 여러 가지 장점을 갖추고 있어 가장 먼저 개발될 심해저 광물자원 집적지역으로 부각되고 있다. 이런 열수광상은 대부분 중앙해령 부근에서 나타나며, 중앙해령은 용암이 해저면에 분출되면서 성장하게 되는데, 이때 분출된 용암이 해수에 의해 급격히 식게 되면 용암 내 자성광물은 그 당시 지구자기장에 의해서 자화된다. 특히 해저 상부 지각층은 풍부한 자성광물을 포함하여 전형적으로 강한 이상을 나타낸다. 그러나 열수분출대에서 해양지각을 통과하는 열수유체는 자성을 잃게 되는 큐리 온도 이상의 높은 온도를 가지며 자성광물을 부식시키는 특징이 있기 때문에, 열수유체가 자성광물과 접촉하는 경우 자성광물들이 자성을 잃거나 혹은 낮은 자성을 가진 광물로 변질된다. 따라서 해양지각에서는 열수유체를 따라 국지적으로 낮은 자기 이상이 나타나게 되고, 이런 특성을 이용하여 자력탐사로 열수분출지역을 효과적으로 파악할 수 있다.

2) 자료해석

자력탐사 데이터의 해석은 주로 다섯 가지 방법으로 해석된다. 이는 데이터를 해석할 때 어떤 값을 얻고자 하느냐에 따라 이용하는 데이터의 종류도 다르고, 알 수 있는 정보 또한 다르다.

① 정성적 해석: 자기 이상 단면도나 평면도를 이용한 정성적인 해석으로 주로 자기 이상도에 나타나는 주요 자기 이상의 형태나 방향성을 중요시한다. 자기 이상도에 나타나는 등자기선의 형태가 지하의 지질구조의 형태와 반드시 일치하지는 않는다.

② 특징적인 부분해석: 음의 이상과 양의 이상의 상대적인 위치와 크기를 나타내며 등자기 곡선에서 선형으로 나타나는 형태의 연장성을 보고 판단하며 등자기 곡선의 간격으로 표현되는 경사의 정도를 해석한다.

③ 정량적 해석: 자기 이상도를 이용하는 정성적 해석보다 더 정확한 해석이 요구될 때 실시된다. 정량적 해석은 주로 두 가지 방법을 이용하여 해석하는데, 첫째는 자기장의 연속을 이용하는 방법이다. 자기장이 상향으로 연속되어 있다면 작은 구조들에 의한 영향을 최소화시킴으로써 전체적인 구조해석에 도움을 준다. 또는 하향으로 연속되어 있을 경우 여러 복잡한 구조에 의하여 나타나는 자기 이상에 대한 분해능을 높여 퇴적층의 두께를 계산한다든지 작은 구조들을 나누어서 생각하는 데 도움을 준다. 두 번째는 모형에 의한 정량적 해석으로 적절한 모형을 설정하고 이에 의한 자기

이상을 계산한 후 실제로 측정된 자기 이상과 비교하면서 이들이 서로 일치할 때까지 모형을 변경한다.

그 외에 자기 이상 곡선에 의한 심도 결정과 수치 해석법 등이 있으며 자기 이상 곡선에 의한 심도 결정은 자기 이상의 해석에서 자성체의 최상부까지의 깊이 결정이 매우 중요하다.

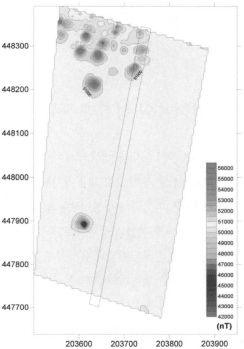

〈그림 6-36〉 총 자력이상도 결과 예시

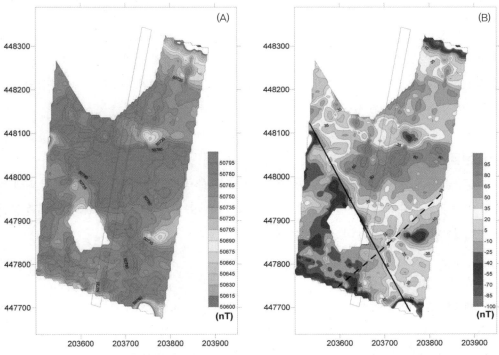

〈그림 6-37〉 인공적인 이상원에 의한 영향을 제거한 총 자력이상도(A), 잔여 자력이상도(B)

5. 해저퇴적물

5.1 퇴적물의 성질과 종류

연안 해저뿐만 아니라 대양의 해저에 쌓여 있는 물질의 대부분은 퇴적물이다. 비록 암석의 기반 암이 부분적으로 해저에 드러나 있기도 하지만, 사실 해저의 밑바닥은 주로 퇴적물로 덮여 있다. 이 해저퇴적물은 퇴적물이 생성, 운반, 퇴적된 전 과정에서부터 과거 해양환경의 역사를 기록하고 있다. 따라서 해저퇴적물의 성분, 분포 및 기원에 관한 이해는 해저지질 연구에서 매우 중요하다.

퇴적물은 다른 분류방법과 유사하게 분류되나, 주로 성분과 조직(texture)을 기초로 하여 분류한다. 이 두 요인은 퇴적물의 근원과 퇴적환경을 지시할 수 있다. 다시 말해, 조직은 주로 퇴적물과 그 운반 매체(물, 바람 등)의 특성을 반영하는 반면에 성분은 퇴적물의 근원을 주로 반영한다.

1) 퇴적물의 기원

궁극적으로 해저에 퇴적되는 퇴적물은 그 기원에 따라 4가지로 구분할 수 있다. (1) 해양 생물체의 잔해, 패각으로 구성된 퇴적물, (2) 해양환경에서 해수로부터 침전에 의한 퇴적물, (3) 주로 육지 암석의 풍화, 침식 및 운반 과정을 거쳐 생성된 퇴적물, (4) 지구의 대기권 밖으로부터 공급되는 우주기원 퇴적물이다(그림 6-38).

(1) 생물기원(biogenous)

식물과 동물의 유해(잔해)는 해양환경에서 중요한 퇴적물 공급원이다. 생물학적 작용에 의해 생성된 이 퇴적물은 대체로 탄산칼슘($CaCO_3$)과 실리카(SiO_2)로 구성되어 있다. 어류 등 척추동물의 뼈에서 인산염이 공급되지만 그 양은 매우 적다.

(2) 수성기원(hydrogenous)

수성퇴적물은 지역적으로 해수 또는 퇴적물 중에 간극수(interstitial water)로부터 직접 침전되는 퇴적물이다. 또한 이미 생성된 퇴적물 내에서 초기 화학적 작용 동안 변질 혹은 재용해에 의해 퇴적물이 생성된다. 대표적인 수성퇴적물은 증발염류, 암염, 경석고가 있으며, 양적으로 중요하지 않으나 경제적으로 중요한 철−망간 단괴도 이에 포함된다.

(3) 암석기원(lithogenous)

흔히 육성기원(terrigenous) 퇴적물로 불리기도 하며, 기존 암석(화성암, 변성암, 퇴적암)의 풍화와 침식의 산물로서 강과 하천을 통해 해양 환경으로 공급되는 퇴적물이다. 이러한 퇴적물들은 삼각주를 형성하거나, 해안을 따라 이동 또는 대륙붕을 거쳐 심해로 운반되기도 한다. 이 밖에도 화산 활동, 즉 화산 분출에 의해 형성된 화산재가 직접 해양 퇴적물이 되기도 하며, 바람에 의해 소량의 암석기원 퇴적물이 해양환경에 공급되기도 한다. 빙하는 주로 고위도 지역에서 해양으로 다량의 암석기원 퇴적물을 공급하는 중요한 공급원이다.

(4) 우주기원(cosmogenic)

지구 밖 외계에서는 매우 적은 양이지만, 흥미로운 퇴적물을 해양을 포함한 지구에 공급한다. 희

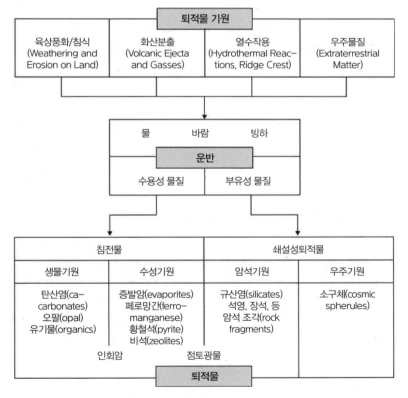

〈그림 6-38〉 해저퇴적물의 기원, 운반과 그 예

출처: Seibold and Berger, 1982

미한 자성을 가진 니켈-철의 소구(spherules)는 주요한 우주기원 해양퇴적물이다. 이 퇴적물은 매우 넓은 지역에 분산되므로 대부분의 퇴적물에서 이를 인지하기는 어렵다. 이와 다른 형태의 우주기원 퇴적물로는 콘드라이트(chondrite)라고 불리는 운석의 파편이 있다.

2) 퇴적물의 종류

퇴적물이 어디에서 그리고 어떻게 생성되었는지 즉, 퇴적물의 근원은 궁극적으로 퇴적물을 구성하는 성분에 영향을 미친다. 퇴적물의 생성기작에 따라 크게 3가지 퇴적물로 구분한다. 육상의 풍화와 침식으로 발생한 것을 암석기원 퇴적물로, 수용액으로부터 직접적으로 침전된 것을 수성기원 퇴적물로, 그리고 생물(유기물)에 의해 형성된 것을 생물기원 퇴적물로 분류한다. 암석기원 퇴적물은 대륙 주변부에 가장 풍부하며, 반면에 생물기원 퇴적물은 심해에서 우세하다.

① 암석기원 퇴적물: 기존 암석에서 떨어져 나온 쇄설성 산물로서 쇄설성 퇴적물로 불린다. 강, 빙하, 바람에 의해 운반되며, 파랑과 해류를 통해 재분배된다. 이들은 기본적으로 입자의 크기(입도)에 따라 역, 모래, 실트, 점토로 분류하며, 다시 성분에 따라 육성(terrigenous), 생물쇄설성(bioclastic), 석회질(calcareous), 화산성(volcanogenic)이라는 접두어를 사용하여 구분한다.

② 수성기원 퇴적물: 해수 혹은 간극수로부터의 직접적인 침전 산물로서 증발현상과 같이 그 기원 및 화학성분에 기초하여 분류한다.

③ 생물기원 퇴적물: 유기물의 잔해로서 주로 탄산염, 오팔, 인산염 퇴적물을 포함한다. 기본적으로 유기물의 종류와 화학성분에 따라 퇴적물을 구분한다.

5.2 퇴적물 채취 장비

해저의 저질퇴적물을 채취하는 장비는 크게 3종류, 채니기(grab-sampler), 박스형 코어러(box-corer), 좀 더 깊은 심도의 퇴적물 회수가 가능한 주상시료 코어러(long-corer)로 구분할 수 있다. 주상시료 코어러는 일반적으로 피스톤 코어러(piston-corer), 중력 코어러(gravity-corer)와 진동 코어러(vibro-corer)가 해당되며, 채니기와는 달리 약 10m 길이의 바렐 내부에 플라스틱 튜브 혹은 파이프를 삽입하여 해저 지층 퇴적물을 회수한다.

위의 퇴적물 코어러는 퇴적물 회수 심도가 각각 다르기 때문에 조사목적에 따라 투입장비를 선택해야 한다(표 6-2). 이 장에서는 수로조사에서 가장 널리 쓰이는 퇴적물 채취 장비에 대해 기술하

〈표 6-2〉 퇴적물 채니기, 코어러의 종류와 특징

종류	유형(type)	퇴적물 회수 심도	주요 용도	비고
채니기 (Grab-sampler)	van-Veen Dietz-LaFond Shipek Smith-McIntyre	수 cm 이내	해저면 표층퇴적물 회수 퇴적물 분포도면 작성	채니기 자중
박스형 코어러 (Box-corer)	Reineck-greifer	수십 cm 이내	표층퇴적물 회수 및 해저면하 수십 cm 이내 퇴적구조 조사	코어러 자중
주상시료 코어러 (Long corer)	Piston-corer Gravity-corer Vibro-corer Giant-corer	10m 이내	해저면하 수 m 이내 지층조사	피스톤식 압출 중력방식 전기적 진동방식 자중 방식

였다.

1) 채니기

그랩형 채니기(grab-sampler)는 일반적으로 해저면 아래 수 cm의 표층퇴적물을 채취하는 가장 일반적인 장비로서, Dietz-LaFond 채니기, van-Veen 채니기, Shipek 채니기, Smith-McIntyre 채니기 등이 대표적으로 사용되고 있다(그림 6-39). 이들 채니기는 입구가 열린 상태로 해저면에 닿으며 이때 끌어올리면 닫히는 비교적 단순한 퇴적물 채취 장비로서 사질 및 니질퇴적물의 채취

〈그림 6-39〉 채니기의 유형. (A) 소용량 van-Veen 채니기, (B) 대용량 van-Veen 채니기, (C) Dietz-LaFond 채니기

에 매우 효과적이다. 하지만 자갈 및 패각이 우세한 조수로의 저질에서는 회수율이 떨어지기 때문에 부적합하다.

퇴적물 회수 용량은 채니기 버켓(bucket)의 크기에 따라 다르다. 작은 크기의 버켓은 약 250cm^2 (~3l)의 용량을 갖고 있으며, 큰 규모는 약 2,500cm^2(~80l) 용량까지 사용되고 있다. 이와 같이, 조사 목적에 맞게 퇴적물의 회수 양이 어느 정도 필요한지를 고려하여 채니기를 선택한다. 하지만 일반적으로 소용량의 채니기는 천해 구역에서 해저퇴적물 회수에 많이 사용되며, 어느 정도 자체 중량이 있는 대용량 채니기는 비교적 수심이 깊은 해역에서 이용되는데, 이때는 크레인이 필요하다.

2) 박스형 코어러

박스형 코어러(box-corer)는 해저면 아래 수십 cm의 상자형 퇴적물을 채취하는 좀 더 큰 규모의 채니기이다. Reineck-boxcorer가 대표적으로 사용되고 있다(그림 6-40). 코어러 프레임이 해저면에 닿으면 추(weight)의 자중에 의해 박스가 낙하하며 해저면에 박힌다. 회수 시에는 와이어와 연결된 팔 걸림을 당기면 넓은 삽이 박스코어의 하부를 받쳐 줌으로써 퇴적물의 유실을 막는다(그림 6-41).

채니기와 마찬가지로, 자갈 및 패각이 우세한 저질에서는 수 cm 이내로 회수율이 떨어진다. 사질 해저면의 경우 온전한 수십 cm 심도의 상자형 퇴적물을 회수할 수 있어 저질퇴적물 채취뿐만 아니라 퇴적구조 연구에 적합하다. 점토질 해저면의 경우는 종종 과하중에 의해 상자의 최상부에서 펼

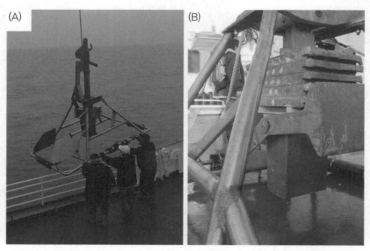

〈그림 6-40〉 (A) Reineck box-corer 투입 장면, (B) 박스형 코어러 확대 장면

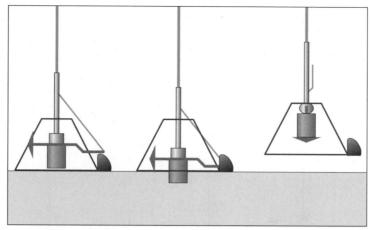

〈그림 6-41〉 박스형 코어러를 활용하여 온전한 상자형 퇴적물 시료를 채취하는 모식도

퇴적물이 압출되어 상자 밖으로 유출되고 교란되는 경우가 발생한다. 이와 같이, 비교란 저질시료를 채취하고자 할 경우 해저면의 저질 상황을 고려하여 운용한다.

3) 주상시료 코어러

주상시료 코어러(long corer)는 저질퇴적물을 주상(통) 형태로 채취하는 장비로서 일반적으로 직경 10cm 내외, 길이 10m 이내의 기다란 주상퇴적물 시료를 채취할 수 있다. 이 주상시료는 상당한 시기 동안에 퇴적된 해저 지층의 형성과정, 퇴적 역사를 연구하는 데 사용되며, 탄성파 탐사의 음향 상과 대비하는 데 쓰인다.

주상시료 저질 채취 방법은 선상에서 약 10m 길이의 바렐 내부에 플라스틱 튜브 혹은 파이프를 삽입한다. 이때 튜브 내부에 퇴적물 회수를 위하여 와이어와 연결된 피스톤을 넣는다. 크레인을 이용하여 바렐을 입수시켜 메신저 추가 해저면에 닿으면 바렐을 자유 낙하시킨다. 〈그림 6-42〉와 같이 해저지층을 관통한 바렐 내 와이어를 당기면 피스톤 압착으로 튜브 내의 퇴적물을 회수한다.

이와 같이, 피스톤 코어러(piston-corer)는 주사기 원리와 유사한 피스톤 압착으로 주상시료 퇴적물을 회수하며, 중력 코어러(gravity-corer)는 코어러의 자중에 의한 중력 낙하 방식을 사용한다. 진동시추 코어러(vibro-corer)는 위의 2가지 방식과는 달리 코어러의 상단에 전기적 진동 장치가 부착되어 있다. 따라서 전기적 진동 신호를 보내는 전선이 연결되어 있는 것이 특징적이다(그림 6-43). 코어러를 입수시켜 프레임이 해저면에 닿으면 코어 튜브 홀더의 상단에 부착된 진동장치에서 발생한 미세한 진동에 의해 파이프 자체가 해저 지층을 관통하게 된다. 주상시료 퇴적물을 회수

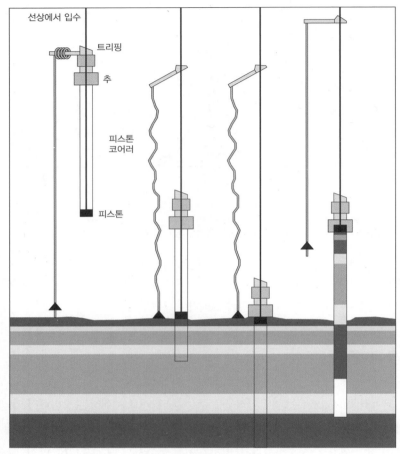

선상에서 입수

트리핑

추

피스톤
코어러

피스톤

〈그림 6-42〉 피스톤 코어러를 이용한 해저지층 퇴적물 회수 모식도

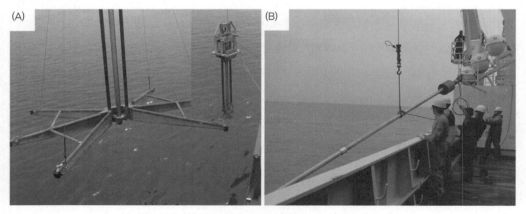

(A)

(B)

〈그림 6-43〉 (A) 진동시추 코어러와 (B) 피스톤 코어러 입수 장면

할 때는 피스톤식 혹은 중력식 코어러와 마찬가지로 튜브 최하단에 코어 캐처(catcher)를 부착하여 퇴적물 유실을 방지한다.

일반적으로 진동시추 코어러는 전선의 길이가 제한적이므로 천해 해역에서 주로 사용된다. 이 진동 방식은 니질퇴적물뿐만 아니라 사퇴 혹은 조석사주와 같은 사질퇴적물의 경우에도 매우 높은 회수율을 나타내는 것으로 알려졌다. 자중에 의한 자유낙하가 필요한 피스톤 및 중력 코어러 방식은 수심이 낮은 곳에서는 비효율적이다. 보통 최소 15m 이상의 수심이 확보되어야 회수율을 높일 수 있으며 대륙붕 내지는 심해저의 퇴적물을 회수할 때 효과적이다. 사퇴 혹은 사질퇴적물 해저의 경우, 위의 2가지 방식은 회수율이 급격히 떨어지며 펄(니질) 퇴적물의 경우 계획된 심도의 거의 대부분을 회수할 수 있다. 피스톤 방식의 시료 채취 시 피스톤의 과압착이 발생할 경우, 시료의 끌림으로 변형이 흔히 일어나기 때문에 섬세한 조절이 요구된다. 이러한 주상시료의 교란을 방지하기 위해 중력식을 적절히 사용하기도 한다.

5.3 퇴적물 분석 및 분류

1) 퇴적물 입도분석

해저에서 채취한 퇴적물 시료는 가장 일반적으로 실내에서 입도분석을 실시한다. 저질퇴적물의 입도를 측정하는 방법은 입자의 크기에 따라 다르다. 자갈 이상의 크기를 갖는 퇴적물의 입자는 보통 버니어 캘리퍼스를 이용하여 그 장축과 단축을 측정한다. 그러나 입자의 크기를 직접 측정할 수 없는 모래 퇴적물의 경우, 건식체질법을 사용한다. 이 건식체질법은 입자가 통과하는 체의 간격을 입자크기로 정하여, 각 체의 간격에 따른 입자들의 무게질량을 측정하고 각 크기별 무게질량 비율로 각 구간별 입자의 평균입도를 산출한다.

체질을 할 수 없는 펄(mud) 퇴적물은 피펫팅법을 이용하여 입도를 구한다. 피펫팅법은 입자의 침강속도가 입자크기에 비례한다는 스토크스(Stokes)의 이론에 근거하여 퇴적물 입도를 측정한다. 침전속도를 구하는 식은 다음과 같다.

침전속도 $V = \dfrac{2r^2(\rho_{sphere} - \rho_{fluid})}{9\mu} g$ 식 (12)

ρ sphere= 입자 비중(density of sphere), ρ fluid= 유체 밀도(density of fluid), μ = 점성도(fluid viscosity), r= 입자 반경(radius of the sphere), g= 중력가속도(gravitational acceleration)

이 방법은 퇴적물의 비중, 유체의 밀도, 유체의 점성, 입자의 크기에 따라 입자의 침강속도를 계산한다. 준비된 저질퇴적물을 침전시킬 때, 이미 계산된 시간에 시료의 일부분을 추출해 낸 다음, 입자의 무게를 측정하여 역시 무게비율로 평균입도를 구한다.

이와 같이, 저질퇴적물은 궁극적으로 퇴적물 입자의 직경(즉, 입도)으로 구분되며, 편의상 φ(phi) 스케일로 표현하여 사용되기도 한다(그림 6-44). 저질퇴적물의 입자직경이 2mm(-1φ) 이상이면 자갈로 구분하고, 2mm~0.063mm(4φ) 크기의 퇴적물은 모래에 해당하며, 0.063mm 크기 이하의 퇴적물은 펄(mud)로 구분한다.

대부분의 시료는 모래와 펄이 혼합되어 있어 건식체질과 습식체질을 동시에 실시해야 하는 경우가 대부분이다. 시료에 자갈만 있는 경우는 시료 전처리와 습식체질 과정을 생략한다. 모래로 구성된 시료의 경우는 시료 전처리는 필요하지만 습식체질은 생략한다. 이때 퇴적물 종류에 따른 입도분석 방법은 다음과 같다(그림 6-45).

현장에서 채취한 저질퇴적물 시료에 대한 입도분석 순서는 다음과 같다(그림 6-46).

입도(Grain Size)			입도등급(Size Class)		
mm	μm	Φ			
2,048		−11		매우 큰 거력	
1,024		−10	거력(boulder)	큰 거력	
512		−9		중간 거력	
				작은 거력	
256		−8		큰 왕자갈	
128		−7	왕자갈(cobble)	작은 왕자갈	
64		−6		매우 굵은 잔자갈	
32		−5		굵은 잔자갈	자갈
16		−4	잔자갈(pebble)	중간 잔자갈	(Gravel)
8		−3		작은 잔자갈	
4		−2		매우 작은 잔자갈	
2	2,000	−1	왕모래(granule)		
1	1,000	0	극조립사(very coarse sand)	매우 굵은 모래	
0.5	500	1	조립사(coarse sand)	굵은 모래	펄
0.25	250	2	중립사(medium sand)	중간 모래	(Mud)
0.125	125	3	세립사(fine sand)	가는 모래	
0.063	63	4	극세립사(very fine sand)	매우 가는 모래	
0.031	31	5		조립 실트	
0.016	16	6		중립 실트	펄
0.008	8	7	실트(silt)	세립 실트	(Mud)
0.004	4	8		극세립 실트	
0.002	2	9	점토(clay)	점토	

〈그림 6-44〉 퇴적물 입도의 구분

출처: Friedman and Sanders, 1978

〈그림 6-45〉 저질퇴적물 종류에 따른 입도분석 방법

〈그림 6-46〉 입도분석 실험 순서도

2) 퇴적물 분류

위의 건식체질과 피펫팅 과정에 의해 산출한 저질퇴적물의 각 입도(phi)별 함량비는 궁극적으로 퇴적물 입도조직변수 값을 계산하고 퇴적물 유형을 분류하는 데 사용된다.

퇴적물은 크게 자갈, 모래, 펄로 구분할 수 있다. 펄은 다시 비점착성 실트와 점착성 점토로 세분된다. 입도분석 자료로부터 퇴적물 유형을 구분하고 명명하기 위해서는 각 입도(phi)별 함량비를 다시 자갈, 모래, 펄 함량비로 합쳐 누적 100%가 되도록 계산한다. 각 함량비를 가지고 〈그림 6-47〉의 포크(Folk, 1968)의 삼각다이어그램에 도시하면 해당되는 퇴적물의 유형(기호 포함)을 구분할 수 있다.

예를 들어, 해저퇴적물이 자갈 10%, 모래 70%, 펄 20%로 구성되었다면, 포크의 분류법에 따르면이 퇴적물은 gmS에 도시되며 자갈-펄질 모래(gravelly muddy sand)에 해당한다.

해저퇴적물에 자갈이 포함되지 않았다면 〈그림 6-47〉의 삼각다이어그램을 사용한다. 이때 펄 함량은 다시 실트와 점토 함량으로 나눈다. 이제 각 모래, 실트, 점토의 함량비가 누적 100%가 되도록 계산한다. 상기와 마찬가지로, 모래 30%, 실트 40%, 점토 30%의 함량비를 갖는 해저퇴적물은 포크의 분류에 의하면 펄질 모래(muddy sand, mS)에 해당한다.

퇴적물 유형을 표시하는 기호는 〈표 6-3〉과 같다. 기호는 영문의 첫 글자에서 유래하며, 실트는 모래와 구분하기 위해 Z를 사용한다. 다양한 입도로 구성된 퇴적물의 경우는 작은 함량비부터 최대 함량비 순으로 표시한다. 이때 주 구성 함량비는 대문자로, 소량의 함량비는 소문자로 표시한다. 예를 들어, 퇴적물 기호 cS는 점토질 모래로서 점토가 일부 포함된 모래를 의미한다.

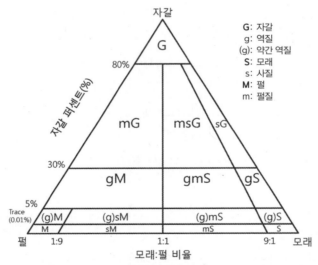

〈그림 6-47〉 자갈이 포함된 퇴적물의 유형 구분 삼각다이어그램

출처: Folk, 1968

〈표 6-3〉 퇴적물 유형과 기호

퇴적물 타입		코드		결정 입도(mm)	입도(φ) 규모
자갈		G(gravel)		>2	>-1.0
모래		S(sand)		2~0.063	-1.0~4.0
펄	실트	M(mud)	Z(silt)	0.063~0.004	4.0~8.0
	점토		C(clay)	<0.004	>8.0

3) 퇴적물 조직변수

　다양한 입자 크기로 구성된 퇴적물의 특성(예를 들어, 평균입도)을 알고자 할 때 그 퇴적물의 조직변수 값을 구한다. 퇴적물의 대표적인 조직변수는 평균입도, 분급도, 왜도, 첨도이다.

　평균입도(mean)는 퇴적물 입도의 산술적 평균값을 나타낸다. 이 평균입도는 입도의 증가와 감소 여부에 의하여 퇴적물의 퇴적환경 해석뿐만 아니라, 퇴적물 분포를 해석하는 데 있어 일차적인 중요 조직변수 값이다. 입도분포에서 두 개의 서로 다른 구간(복모드)이 나타날 경우, 평균입도의 해석에 주의한다.

　분급(sorting)은 입도 중앙집중 경향을 보여 준다. 입도분포의 양 끝 부분은 대체로 퇴적환경에 민감하게 나타난다. 높은 에너지 환경(예, 해빈)의 퇴적물은 양 끝 부분이 거의 나타나지 않는 입도분포를 보인다. 이 경우의 퇴적물은 분급이 좋고, 반면에 복모드(bimodal) 혹은 다중모드(multimodal)의 퇴적물은 분급이 나쁘다고 할 수 있다.

　왜도(skewness)는 퇴적물 입도분포가 어느 정도 비대칭을 이루는가의 척도이다. 입도분포에서 특히 소량의 퇴적물이 어느 쪽에 치우쳐 존재하는지를 알아보는 것이다. 입도분포에서 꼬리 부분이 오른쪽(세립질)으로 치우쳐 있으면 양성왜도(positive skewness), 왼쪽(조립질)으로 치우쳐 있으면 음성왜도(negative skewness)이다(그림 6-48). 입도분포에서 꼬리 부분은 퇴적환경에 민감

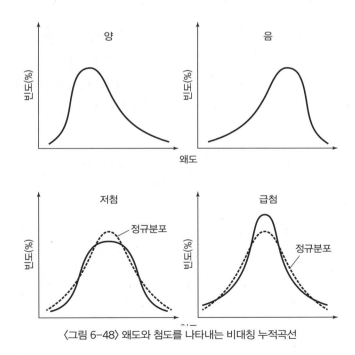

〈그림 6-48〉 왜도와 첨도를 나타내는 비대칭 누적곡선

하기 때문에 왜도가 중요하게 다뤄진다.

첨도(kurtosis)는 입도분포가 얼마나 뾰족한지를 나타내는 척도이다. 퇴적물의 입도분포곡선이 정규분포보다 더 편평하게 나타나면 저첨(platykurtic), 정규분포보다 더 뾰족하게 나타나면 급첨 (leptokurtic)이라고 한다(그림 6-48).

4) 퇴적물 입도의 해석

퇴적물의 조직변수 값은 일반적으로 그래프식 방법(graphic method)과 모멘트 방법(moment method)으로 구한다(표 6-4). 여기서는 일반적으로 가장 널리 사용되고 있는 포크와 워드(Folk and Ward, 1957)의 그래프식 방법과 프리드먼(Friedman, 1979)의 모멘트 방법의 조직변수 계산식을 소개한다.

그래프식 방법의 조직변수 값은 일차적으로 입도의 누적분포곡선의 백분위수와 그에 해당하는 입도(phi) 값을 읽어 원하는 공식에 대입하여 계산한다(그림 6-49). 평균입도는 누적곡선에서 $\phi16$, $\phi50$, $\phi84$ 백분위수에 해당하는 입도를 모두 더한 후 3으로 나눈 값을 취한다. 이 방법은 선택적으로 16번째, 50번째, 84번째의 입도만 평균값 계산에 사용한다. 따라서 극세립 퇴적물이 많이 포함되거나 혹은 극조립 퇴적물이 포함된 퇴적물시료의 경우, 평균입도에서 누락될 경우가 발생할 수 있다.

모멘트 방법은 조직변수 값을 구하는 데 선택적 백분위수를 적용하는 그래프식 방법에 비해 시료의 모든 구간을 고려한다(표 6-4). 퇴적물의 조직변수 값을 계산하는 데 상기 2가지 방법은 서로 장단점을 갖고 있기 때문에 목적에 맞게 계산식을 적절히 선택하여 사용하는 것이 좋다.

퇴적물의 전체적인 입도분포를 한눈에 파악하기 위해 다양한 그래프를 활용한다. 히스토그램 또

〈표 6-4〉 입도 조직변수 값 계산식

	그래프식 방법(Folk & Ward, 1957)	모멘트 방법(Friedman, 1979)
평균입도	$M_z = \dfrac{(\phi16+\phi50+\phi84)}{3}$	$\bar{x} = \dfrac{\sum f_i x_i}{\sum f_i}$
분급도	$\delta I = \dfrac{(\phi84-\phi16)}{4} + \dfrac{(\phi95-\phi5)}{6.6}$	$\sigma = \sqrt{\dfrac{\sum f_i (x_i - \bar{x})^2}{\sum f_i}}$
왜도	$Sk = \dfrac{(\phi16+\phi84-2\phi50)}{2(\phi84-\phi16)} + \dfrac{(\phi5+\phi95+2\phi50)}{2(\phi95-\phi5)}$	$Sk = \sqrt{\dfrac{\sum f_i (x - \bar{x})^3}{\sum f_i \times \sigma^3}}$
첨도	$Kg = \dfrac{(\phi95-\phi5)}{2.44(\phi75-\phi25)}$	$Ku = \sqrt{\dfrac{\sum f_i (x - \bar{x})^4}{\sum f_i \times \sigma^4}}$

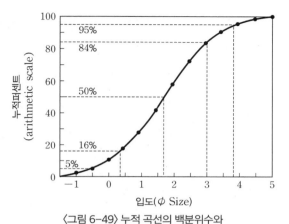

〈그림 6-49〉 누적 곡선의 백분위수와
이에 대응하는 입도(phi)

는 막대그래프와 빈도곡선(frequency curve)은 가장 일반적인 입도분포를 표현하는 방식이다. 이러한 그래프는 기본적으로 각 구간별 함량비와 그에 해당하는 입도를 토대로 하여 작성된다(그림 6-49).

히스토그램은 가로축 입도와 세로축에 각 구간별 함량비로 표현된다. 이 분포 그래프는 매우 단순하지만 전반적인 입도분포를 한눈에 파악할 수 있는 장점이 있어 기본 그래프로 사용된다(그림 6-50B). 빈도곡선은 막대그래프의 중앙(즉 구간별 입도의 중앙값)을 부드럽게 연결한 곡선이다(그림 6-50B).

누적곡선(cumulative curve)은 각 구간별 입도를 백분율로 나타내는 그래프로서 〈그림 6-50〉에서와 같이 산술적 등간격 백분율지에 표현하는 방법과 정규확률지에 그리는 방법으로 구분된

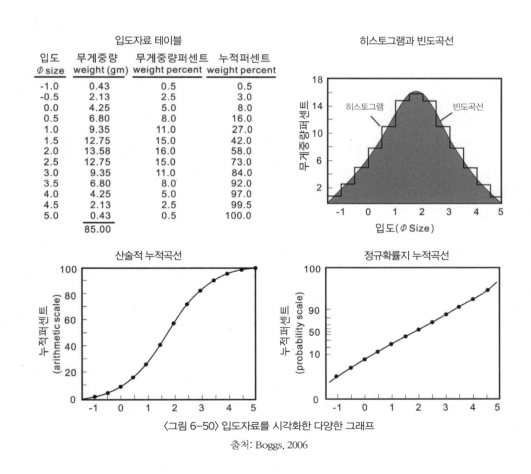

〈그림 6-50〉 입도자료를 시각화한 다양한 그래프
출처: Boggs, 2006

다. 퇴적물의 입도분포가 정규분포를 이루는 시료(예, 그림 6-50B)의 등간격 누적곡선은 〈그림 6-50C〉와 같이 S자 모양으로 표현된다. 동일한 시료를 정규확률지에 그릴 경우, 일직선으로 나타난다. 하지만 많은 퇴적물 입자의 분포는 정규분포를 따르지 않는다. 따라서 누적곡선은 직선으로 나타나지 않는다.

5.4 우리나라 주변해역의 퇴적물

우리나라 주변해역은 한반도를 중심으로 볼 때 크게 황해, 남해(동중국해), 그리고 동해로 구분되며, 지질·지형학적 혹은 해양학적으로 서로 다른 특성을 갖는다. 황해는 평균 수심이 55m이며 대부분의 지역이 수심 100m 미만의 천해이다. 대륙붕은 매우 평탄하며, 연안은 해안선의 굴곡이 심한 리아스식 해안을 나타내며, 조차가 4m 이상으로 조석이 지배적이다. 반면, 동해는 직선상의 해안선을 갖는 좁은 대륙붕과 수심 2,000m에 이르는 심해로 이루어져 있다. 한편, 남해는 한반도의 남쪽 해안으로 구획되어 있으며, 후빙기에 침강된 섬들과 리아스식 해안이 발달하며, 내대륙붕은 황해와 유사하게 비교적 수심이 얕고 평탄한 특징을 나타낸다.

한반도의 주요 하천 및 강은 우리 해역에 퇴적물을 공급하는 주요한 공급원 역할을 한다. 황해와 남해는 구조적으로 안정하고, 후빙기 이후 침수된 대륙붕으로 한강, 금강, 만경강, 동진강, 영산강, 탐진강, 섬진강으로부터 운반되는 막대한 쇄설성퇴적물이 퇴적되어 있다. 남동해역은 낙동강으로부터 운반된 다량의 퇴적물이 연안류를 따라 내대륙붕에 쌓여 있다. 한편, 동해는 남대천 등 소규모 하천이 퇴적물을 운반할 것으로 추정되지만, 이러한 하천으로부터 유입되는 퇴적물의 운반량은 알려진 바 없다.

이와 같이, 퇴적물을 공급하는 하천과 강, 해저지형, 그리고 이를 운반하는 조석 및 연안류(해류)의 상호작용의 결과는 한반도 주변해역에서 다양한 종류의 퇴적물로 나타난다(그림 6-51). 수심이 비교적 낮은 연근해의 퇴적물은 현재에도 해양지질학적 작용에 의해 활발히 재동(reworking)되고 재퇴적된다. 깊은 수심의 외대륙붕 퇴적물은 재동으로부터 벗어나 안정되어 변화가 미미하며, 이 퇴적물은 낮은 해수면 시기 동안에 퇴적된 것으로 잔류퇴적물(relic sediments)이 많다.

황해 연근해는 금강을 기준으로 북측은 사질 퇴적물이 우세한 반면에, 황남해 및 남해 연근해는 펄(니질) 퇴적물이 지배적이다(그림 6-52). 이러한 퇴적물 분포는 금강, 만경강, 동진강의 하구 퇴적물이 겨울철 폭풍에 의하여 남쪽으로 재동되어 이동한 결과이다. 황해 내대륙붕(황해 중앙부)과 동중국해 중앙부(제주 황남해)는 각각 황하강과 양자강으로부터 기원한 펄(니질) 퇴적물이 우세하

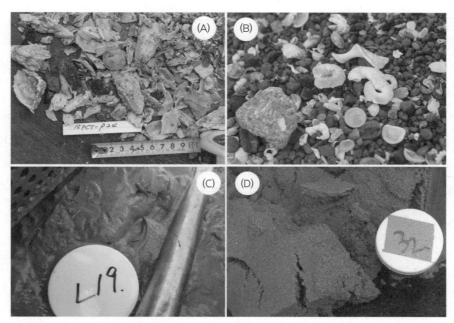

〈그림 6-51〉 우리나라 주변해역의 다양한 퇴적물. (A) 생물쇄설성 퇴적물(남해), (B) 검은 자갈 화산성퇴적물(제주도),
(C) 쇄설성 점토질 퇴적물(황해), (D) 쇄설성 모래 퇴적물(황해 장안퇴)

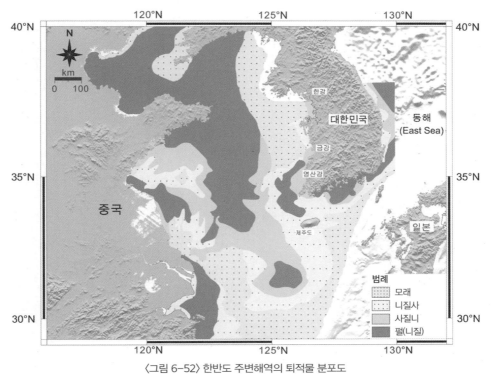

〈그림 6-52〉 한반도 주변해역의 퇴적물 분포도

출처: Chough et al. 2004

게 분포한다(그림 6-52).

남해 내대륙붕에서 제주 남부의 동중국해에 걸친 저질은 연근해의 펄(니질) 퇴적물과 달리 사질 내지는 니질사 퇴적물이 우세하다(그림 6-52). 이것은 홀로세에 해수면이 낮게 하강하여 이루어진 잔류퇴적물 기원으로 생각된다.

한편, 동해의 연근해 5km 내외는 사질 퇴적물이 우세하게 분포하며, 내대륙붕은 낙동강 하구 퇴적물이 연안류의 재분배 영향으로 펄(니질) 퇴적물이 해안선을 따라 띠를 이루며 발달해 있다(그림 6-52). 동해의 울릉분지는 대부분 실트, 펄(니질) 퇴적물이 지배적으로 산출되며, 대한해협과 남동해 대륙붕은 지역적으로 사질 및 역질 모래 퇴적물이 분포한다.

참고문헌

국립해양조사원, 2012, 『국가해양기본도를 통해 본 우리나라의 해양영토』.

문경덕·서정희·권병두, 1987, 『응용지구물리학』, 도서출판 우성.

조민희·이은일·유학렬·강년건·유동근, 2013, 「한국 황해 백령도 주변해역 후 제4기 퇴적작용」, 『지구물리와 물리탐사』, 16(3), pp.145-153.

현병구·서정희, 1997, 『신물리탐사의 기본원리』, 서울대학교 출판부.

John M.Reynolds, 김지수·송영수·윤왕중·조인기·김학수 옮김, 2003, 『물리탐사의 활용』, 시그마프레스.

Robert J. Lillie, 김기영·김영화 옮김, 2001, 『알기쉬운 지구물리학』, 시그마프레스.

Boggs, S., Jr., 2006, *Principles of Sedimentology and Stratigraphy*, Pearson.

Chough, S.K., Lee, H.J., Chun, S.S. and Shinn, Y.J., 2004, "Depositional processes of late Quaternary sediments in the Yellow Sea: a review", *Geosciences Journal*, 8(2), pp.211-264.

Chun, J.H., Ryu, B.J., Lee, C.S., Kim, Y.J, Choi, J.Y., Kang, N.K., Bahk, J.J., Kim, J.H., Kim, K.J., Yoo, D.G., 2012, "Factors determining the spatial distribution of free gas-charged sediments in the continental shelf off southeastern Korea", *Marine Geology*, pp.332-334.

Folk, R.L. and Ward, W.C., 1957, "Brazos river bar: a study in the significance of grain-size parameters", *Journal of Sedimentary Petrology*, 27, pp.3-26.

Folk, R.L., 1954, "The distinction between grain size and mineral composition in sedimentary rock nomenclature", *Journal of Geology*, 62, pp.344-359.

Folk, R.L., 1968, *Petrology of Sedimentary Rocks*, Hemphill Publishing Austin.

Friedman, G.M. and Sanders, J.E., 1978, *Principles of Sedimentology*, John Wiley & Sons Inc.

Friedman, G.M., 1979, "Differences in size distributions of populations of particles among sands of various origins", *Sedimentology*, 26, pp.3-32.

Gulunay, Necati, 1986, F-X decon and the complex Weiner prediction filter for random noise reduction on stacked data, Society of Exploration Geophysicists 56th annual international meeting, Houston, TX.

Hargreaves, N.D., 1992, "Air-gun signatures and the minimum phase assumption", *Geophysics*, 57, pp.263-271.

Heggland, R., 1997, "Detection of gas migration from a deep source by the use of exploration 3D seismic data", *Marine Geology*, 137, pp.41-47.

Henry, S. G., 1997a, Catch the (seismic) wavelet, Explorer(March).

Judd, A.G., Hovland, M., 1992, "The evidence of shallow gas in marine sediments", *Continental Shelf Research*, 12, pp.1081-1095.

Mitchum, R.M., Vail, P.R. and Sangree, J.B., 1977, "Seismic stratigraphy and global changes of sea level, Part 6: Stratigraphic interpretation of seismic reflection patterns in depositional sequences", AAPG Special

Volumes, 26, pp.117−133.

Rogers, J.N., Kelly, J.T., Belknap, D.F., Barnhardt, W.A., 2006, "Shallow−water pockmark formation in temperate estuaries: A consideration of origins in the western gulf of Maine with special focus on Belfast Bay", *Marine Geology*, 225(1), pp.45−62.

Seibold, E. and Berger, W.H., 1982, *The Sea Floor: An Introduction to Marine Geology*, Springer−Verlag.

Yoo, D.G. and Park, S.C., 2000, "High−resolution seismic study as a tool for sequence stratigraphic evidence of high−frequency sea−level changes: latest Pleistocene−Holocene example from the Korea Strait", *Journal of Sedimentary Research*, 70, pp.296−309.

인터넷

국립해양조사원 http://www.khoa.go.kr.

국토지리정보원 http://www.ngii.go.kr.

ZUM 학습백과 http://study.zum.com.

British Geological Survey(자기폭풍, 지구자기장 일변화) http://www.geomag.bgs.ac.uk/education/earthmag.html.

British Geological Survey(지구자기장 영년변화) http://geomag.org/info/mainfield.html.

Gravity data http://zond−geo.ru.

http://www.gbgoz.com.au/GEM.html.

MGPS LLC(자력계) http://www.mgps.mn/magnetometers/proton−magnetometers.

NOAA, http://www.star.nesdis.noaa.gov/sod/lsa/AltBathy.

onlinelibrary.wiley.com(자기이상) http://onlinelibrary.wiley.com/store/10.1029/2007EO250003/asset/supinfo/2007EO250003_suppl_0002.jpg?v=1&s=4f7ee0421de860465063592472bc7dd15da11162.

USGS(자력탐사) http://www.usgs.gov/newsroom/article.asp?ID=3770#.Vgtyn−ztlBc.

7장

해도

1. 해도 개요

1.1 해도의 개념

해도는 바다의 안내도로서 선박이 목적지에 안전하게 도달하도록 도와주는 중요한 역할을 한다. 따라서 해도에는 이에 필요한 수심, 암초와 여러 가지 위험물, 섬의 모양, 바다 밑의 생김새, 항만시설, 각종 등대 및 부표는 물론 항해 중에 자기위치를 알아내기 위한 해안의 여러 가지 목표물, 육지의 모양, 바다에서 일어나는 조석 및 유향, 유속을 표시한 조류 또는 해류 등이 기재되어 있다.

1) 해도의 정의

국제수로기구(IHO: International Hydrographic Organization)에서 발간한 수로사전에 "해도는 항해의 요구에 부응하여 특별하게 설계된 도면으로, 바다의 수심, 해저저질 형태, 높이, 해안의 특성과 구성형태, 항로표지와 위험물 등을 표시하고 있다."라고 되어 있다.

또한 일본 해양정보부에서 발간한 수로사전에는 해도의 정의를 "항해용 해도는 선박의 안전하고 경제적인 항해를 위해 수심, 저질, 암초 등 수로의 상황, 연안의 지형, 항로표지, 자연 및 인공목표물 등 기타 항해 및 정박에 필요한 사항을 보기 쉽게 표현한 도면이다."라고 설명하고 있다.

이를 종합하여 해도를 정의하면, 해도란 선박의 안전한 항해를 위하여 수심, 암초와 다양한 수중 장애물, 섬의 모양, 항만시설, 각종 등부표, 해안의 여러 가지 목표물, 바다에서 일어나는 조석, 조류, 해류 등이 표시되어 있는 바다의 안내도라고 할 수 있다.

선박이 바다를 항해할 때 해도가 없으면 수면 아래에 어떠한 위험이 있는지 알 수 없다. 따라서 선박에는 항상 해도를 비치하여 사용하도록 법적으로 규정하고 있으며, 항행통보에 의해 해도를 최신으로 유지하도록 하고 있다. 해도가 최신으로 유지되지 않는다면 해도로서의 가치가 없다고 할 것이다.

또한 해도는 국제연합해양법협약에 따라 영해, 배타적 경제수역, 대륙붕의 한계를 획선하는 데 사용되며, 영해의 폭을 측정하기 위한 통상기선은 연안국이 공인한 해도의 저조선으로 정하고 있다. 연안국은 국가 관할해역을 획선한 해도를 국제연합에 제출하여야 하므로 해도의 중요성이 더욱 강조되고 있다.

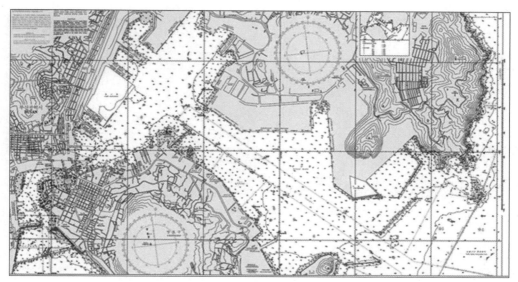

〈그림 7-1〉 부산항 해도

　그러나 해도는 어디까지나 항해의 목적을 달성하기 위한 하나의 항해 보조수단임에 유의하여야
한다.

2) 해도와 지도의 다른 점

　해도가 지도와 다른 점은 항해 목적으로 바다를 표현한다는 점 외에도 발간된 후 항행통보에 의
해 수심, 위험물, 해안선 등 변경사항을 지속적으로 수정(updating)해 나간다는 것이다. 따라서 항
해자는 자신의 항해구역에 대한 변경사항을 항행통보를 통해 항상 점검하여야 한다.
　해도는 축척과 구역이 일정하지 않고 연속된 해도라도 일정부분을 중첩하도록 하고 있다. 그것은
선박이 해도 구역을 벗어나 다른 해도 구역으로 들어가더라도 선박의 위치를 계속적으로 확인하기
위함이다. 해도는 국제수로기구(IHO)의 표준 해도제작규정과 도식(圖式)에 의해 국제적으로 통일
된 형식으로 제작되어 국제항해를 원활하게 도모하고 있다.
　또한 해도의 기본수준면(chart datum)은 약최저저조면(Approximately Lower Low Water)을 사
용하며, 해안선은 약최고고조면(Approximately Higher High Water)을 적용하여 지도의 평균해수
면(Mean Sea Level)을 사용하는 것과 다르다. 한편 지도는 시각적으로 보이는 것으로 직접 그 위치
를 확인할 수 있으나 해도는 바다에서 보이지 않는 곳에서도 선박의 위치를 결정해야 한다는 것이
다르다.

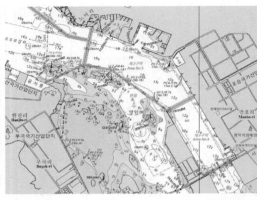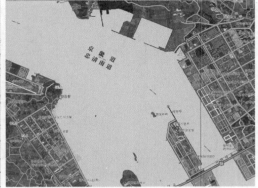

〈그림 7-2〉 평택항 부근 해도와 지도 일부

3) 해도의 역사

(1) 해도의 발달

해도는 기록상으로 13세기경 나침반의 방위를 방사선으로 표시한 포르톨라노(portolano) 해도가 처음으로 항해에 이용된 이후, 점차 선박에서 직접 관측된 섬이나 육지의 형상을 그려 넣으면서 종이해도(paper chart)를 기반으로 발전해 왔다. 해도를 차트(chart)라고 부르는 것은 그리스어의 'kartes'를 어원으로 독일어의 'karte', 프랑스어의 'chart' 및 영어의 'chart'로 전해져 온 데 있다.

중세 이후 지리상 발견시대를 맞이하여 미지지역에 대한 탐험과 교역의 증가로 해도 수요가 더욱 커지게 되었으며, 현재의 해도 도법은 1569년 메르카토르가 최초로 창안하였다. 그것은 선박 나침의 방위와 해도 상의 방위가 같은 각도로 이루어져 항해에 편리하도록 만들어진 것이다.

(2) 우리나라의 해도 역사

우리나라는 신라시대 장보고, 조선시대 이순신을 비롯한 많은 해양활동가들이 있었으나 해도로 된 기록은 아직까지 발견되지 않고 있다. 우리나라의 근대적인 수로측량과 해도발간은 조선시대 말 프랑스, 영국 등 구미제국과 일본제국에 의해 수행되었으며, 특히 일본은 1875년 '조선국 부산항' 해도 발간을 시작으로 한반도 전체에 대한 수로측량과 해도제작을 수행하였다.

한편 우리나라에서 최초로 발간된 해도는 해군 수로국에서 1952년 발간한 '마산항' 해도이며, 이후 최신 측량장비와 신조 측량선에 의해 우리나라 연안에 대한 수로측량을 기초로 해도제작을 추진해 오고 있다. 국립해양조사원에서는 2014년 12월 말 현재 종이해도 369종, 전자해도 692셀을 간행하였다.

1.2 해도의 종류

해도는 기본적으로 종이해도와 전자해도로 구분된다. 전통적으로 종이해도가 많이 사용되어 왔으나 최근 컴퓨터의 발달로 종이해도를 디지털 형태로 변환하여 컴퓨터 모니터 화면에 종이해도와 같은 항해정보를 표시하는 전자해도가 개발되어 사용되고 있다.

1) 종이해도

종이해도는 전지 규격으로 가로 및 세로 크기가 1,092×788mm 또는 그 절반 크기인 반지 규격을 사용하고 있다. 또한 정확도를 유지하기 위하여 용지의 신축이 적으며, 습도에 따른 내구성이 충분하여야 하므로 특수용지를 사용하고 있다. 한정된 한 장의 종이에 바다의 형상을 표현하는 것이므로 이를 위해서는 실제 지형을 축소한 축척(scale)을 사용할 수밖에 없다. 아무리 해도나 지도를 크게 하여도 지구와 똑같이 표현하는 것을 불가능하기 때문이다.

2) 전자해도

전자해도(ENC: Electronic Navigational Chart)란 전자해도 표시시스템(ECDIS: Electronic Chart Display and Information System)에서 사용하기 위해 종이해도 상에 나타나는 해안선, 등심선, 수심, 항로표지, 위험물, 항로 등 선박의 항해와 관련된 모든 해도정보를 국제수로기구(IHO)의 표준규격(S-57)에 따라 제작한 디지털 해도를 말한다.

전자해도 표시시스템(ECDIS)이란 전자해도를 전자적인 형태로 표현하는 장비로서, 국제수로기구에서 규정한 표준사양서(S-52)에 따라 제작하고 국제해사기구(IMO)에서 정한 성능 표준을 만족하는 시스템을 말한다.

일반적인 전자해도 표시시스템 기능은 크게 항로 계획, 항로 감시 그리고 항로 기록이다. 종이해도와 마찬가지로, 항해 및 경제적인 관점을 고려한 최적의 항로 선정, 자선 위치 수정, 항로 및 선박의 속도 수정을 통한 안전 항해 기능과 안전관련 계획, 감시 및 조절 기능을 갖고 있다.

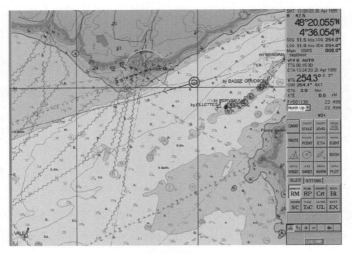

〈그림 7-3〉 전자해도(ENC) 화면

〈그림 7-4〉 전자해도 표시시스템(ECDIS)을 탑재한 선박

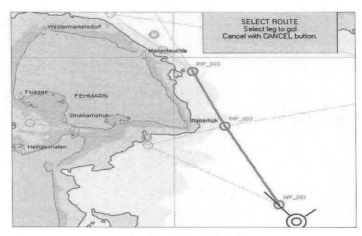

〈그림 7-5〉 항로계획 사례

1.3 해도의 사용상 분류

해도는 사용목적에 따라 크게 일반 항해용으로 사용하는 항해용 해도(Nautical charts)와 항해참고용, 학술, 생산, 자원 개발 등에 이용하는 수로특수도(Miscellaneous charts)로 대별한다. 해도는 간행 후에도 항상 최신정보를 제공하기 위하여 항행통보로 그 내용을 수정하지만, 수로특수도는 항행통보에 의해 수정하지 않는다.

1) 항해용 해도

(1) 총도

총도(general chart)는 먼 거리의 항해 또는 항해계획의 입안용으로 사용된다. 축척은 1/4,000,000보다 소축척이며, 등대는 항해상 꼭 필요한 주요등대에 한하여 기재되어 있다. (예: 해도 No.847 한국에서 오스트레일리아, 축척 1/8,800,000)

(2) 항양도

항양도(sailing chart)는 먼 거리의 항해에 사용하며 외해의 수심, 주요등대, 먼 거리에서 볼 수 있는 육지의 지형지물이 게재되어 있다. 축척은 1/1,000,000보다 소축척으로 되어 있다. (예: 해도 No. 836 한국에서 타이완, 축척 1/2,500,000)

(3) 항해도

항해도(general chart of coast)는 육지의 목표물을 시계 내로 유지하고 항해할 수 있으며, 축척은 1/300,000보다 소축척으로 되어 있다. (예: 해도 No.139 대한해협 및 부근, 축척 1/500,000)

(4) 해안도

해안도(coast chart)는 연안항해에 사용되는 것으로 연안의 지형이 상세히 표현되어 있으며, 축척은 1/50,000보다 소축척이다. (예: 해도 No. 3413 천수만 부근, 축척 1/75,000)

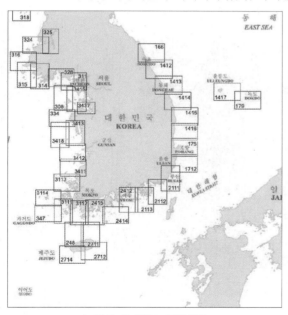

〈그림 7-6〉 해안도 구역 색인

(5) 항박도

항박도(harbour chart)는 항만, 묘박지, 어항, 해협과 같은 소구역을 대상으로 접안시설 등을 상세히 표시한 해도로서 축척은 1/50,000 이상의 대축척 해도이다. (예: 해도 No. 1752 포항항, 축척 1/15,000)

2) 수로특수도

(1) 해저지형도

해저지형도(bathymetric chart 또는 depth curve charts)는 해저지형 형태를 등심선과 여러 가지 색채로 제작한 해도이며, 해저자원의 조사, 개발, 학술 연구용 등에 이용된다. 국가해양기본도는 해저지형도, 중력이상도, 지자기이상도 및 천부지층분포도의 4개 도면으로 구성되어 있다.

(2) 어업용 해도

어업용 해도(fishery charts)는 일반 항해용 해도에 각종 어업에 필요한 여러 가지 자료를 기재하여 제작한 해도로서 해도번호 앞에 'F'자를 부기한 해도로 주로 어업에 이용된다. (예: No.F1600 죽변항에서 부산항, 축척 1/250,000)

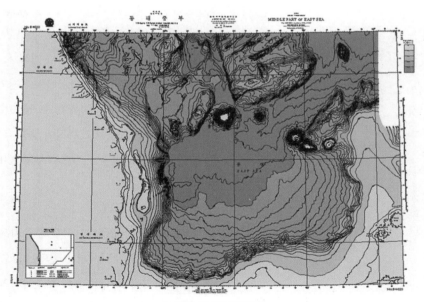

〈그림 7-7〉 해저지형도

(3) 기타 특수도

기타 특수도(special charts)는 항해, 학술 연구 및 기타 특수한 목적에 이용하기 위하여 제작한 해도로서 위치기입도, 영해도, 해류개황도, 세계항로도, 해도색인도, 해수욕장 정보도, 요트낚시 정보도, 소형선용 항만안내도 등이 있다.

3) 국제해도

국제해도(INT chart: International charts)는 국제수로기구(IHO)에서 정한 표준에 따라 국제적으로 통일된 해도로서 국제항해에 편리하도록 구성되어 있다. 1972년 제10차 국제수로회의에서 각각 분담국 별로 소축척 국제해도를 간행하기로 결의하고, 현재까지 1/1,000만 시리즈 19종, 1/350만 시리즈 60종이 간행되었다.

또한 국제수로회의에서 중·대축척 국제해도 시리즈도 간행하기로 결의함에 따라 K구역인 동부 아시아, 북서태평양의 국제해도 제작그룹에 속하고 있는 우리나라는 1991년부터 우리나라 연안의 중·대축척 국제해도를 간행하고 있다. 국제해도는 국제해도 도식 및 체제, 지정된 국제해도 번호와 국제수로기구의 문장을 표시하여 국내 항해용 해도와 구분하고 있다.

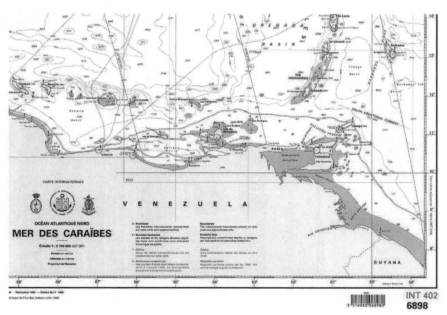

〈그림 7-8〉 소축척 국제해도

4) 잠정판 해도

임해공업단지 조성이나 새로운 산업도시의 발달 등으로 항만을 건설할 경우, 부두 건설이나 항로의 준설 등 여러 가지 공사가 펼쳐진다. 항만이 완공되기 이전에 선박의 입항이 불가피할 경우 긴급수로측량을 실시하여 임시 제작된 잠정판 해도(provisional chart)를 발간한다. 잠정판 해도는 흑색판 해도로 해도번호 앞에 'P'자를 부기하여 일반 항해용 해도와 구분하고 있으며, 항만개발이 완료되면 일반 항해용해도로 전환된다.

1.4 해도 발행

해도는 각국의 수로담당기관에서 국제수로기구(IHO)의 해도제작기준에 따라 국제적으로 표준화된 기호와 도식에 의해 통일된 양식으로 발행하며, 수로측량이나 신뢰성 있는 데이터를 기반으로 항상 새로운 데이터로 업데이트하도록 하고 있다.

우리나라에서는 해양수산부 국립해양조사원(부산시 영도구 해양로 351 소재)에서 해도를 발행하며, 매주 항행통보에 의해 해도를 수정해 나가고 있다. 국립해양조사원은 매년 해양조사계획을 수립하여 우리나라 항만, 항로 및 관할해역에 대한 수로측량과 해양관측 활동을 수행하며, 그 성과를 기초로 국제수로기구(IHO)의 해도제작기준에 따라 국제적으로 통일된 해도를 제작하고 있다.

2. 해도의 구성

해도는 국제수로기구(IHO)의 해도제작기준에 따라 선, 기호, 숫자 및 색깔의 4가지 표현요소를 가지고 바다의 형상을 나타내며, 해도도법, 축척, 크기, 경위도선 및 격자, 번호와 표제 등을 일정한 규격에 맞게 적용하며, 국제적으로 표준화된 해도도식의 기호를 사용하고 있다.

2.1 점장도법에 의한 해도

해도에 사용되는 도법은 주로 점장도법(메르카도르 도법)이다. 이 도법은 나침의를 사용하는 선박의 항해에 편리하므로 국제수로기구에서도 메르카도르 도법을 해도 도법의 표준으로 사용하도록 권장*하고 있다.

1) 점장도에 의한 해도 제작

점장도법(Mercator projection)은 네덜란드의 지도학자였던 헤라르뒤스 메르카토르(Gerardus Mercator)가 1569년 지구 표면을 원통에 투영하여 고안한 도법으로, 항정선이 각 자오선과 같은 각도로 표시되기 때문에 정각원통도법(conformal cylindrical projection)으로 분류한다. 점장도법은 모든 자오선이 등간격의 평행한 직선으로 표시되고, 위도권(거등권)은 자오선에 직교하는 직선으로 표현된다.

이 도법은 위도가 높아질수록 자오선의 확대비에 따른 위도 간의 길이가 점차 증가하므로 점장도법이라 부르며, 고위도(위도 60° 이상) 지방에서는 위도의 길이가 급격히 증가하므로 이 도법의 사용은 부적절하다.

---

* IHO 해도제작규정(B-203.2): 1/50,000보다 소축척 해도는 통상 메르카토르 도법으로 제작되어야 한다. 그러나 메르카토르 도법은 고위도지역에서는 큰 왜곡 때문에 부적당하므로 다른 도법이 필요하다. 예를 들면 방위등거도법이 사용되는데, 이것은 위도선은 원으로 표현되고, 자오선은 극에서 방사선으로 표현되며 고위도지방(위도 70° 이상)에서 적당하다.

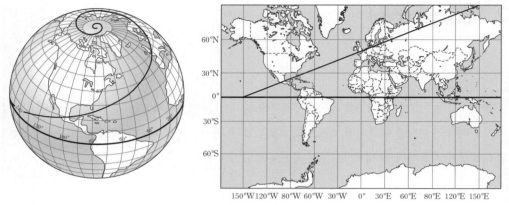

〈그림 7-9〉 항정선과 점장도법

2) 지구의 회전타원체 크기

지구 표면은 산과 계곡, 섬, 바다 등으로 매우 울퉁불퉁한 모양이지만 남·북극을 잇는 지축을 중심으로 회전하기 때문에 측지학이나 지도제작에서는 지구를 회전타원체로 간주하여 지구의 크기를 수학적으로 표현하게 된다. 즉, 적도반경을 장반경(Semi-major axis; a)이라 하고, 극반경을 단반경(Semi-minor axis; b)으로 정의하여, 편평률(flattening; f)과 이심률(eccentricity; e)을 계산하게 된다.

WGS-84에 의한 장반경(a)과 편평률(f)은 다음과 같다.

편평률(flattening; f) $f=\dfrac{a-b}{a}, f=1-(1-e^2)^{1/2}$

(a=6,378,137m, b=6,356,752.3142m, f=1/298.257223563)

1차 이심률 $e=\sqrt{(\dfrac{a^2-b^2}{a^2})}=0.081819191$

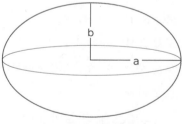

〈그림 7-10〉 장반경과 단반경

$e^2=\dfrac{(a^2-b^2)}{a^2}=2f-f^2=0.0066943799$

자오선 둘레: 40,007.86km

적도둘레: 40,075.02km

3) 위도와 경도 길이

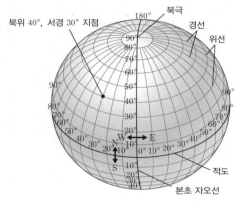

북위 40°, 서경 30° 지점

〈그림 7-11〉 위도와 경도

위도는 적도를 기준으로 남북 각각 90°까지 나누고, 경도는 영국 그리니치 자오선을 기준으로 동서로 각각 180°까지 분할하여 그린다. 각국에서 자국의 자오선을 본초자오선으로 주장함에 따라 1884년 만국자오선회의에서 영국 그리니치 자오선을 경도 0°인 본초자오선으로 정하였다.

(1) 위도 길이 계산

위도의 길이는 자오선 상 위도 간의 거리를 말하는데 자오선 곡률로 인해 위도가 높아질수록 위도 간 거리도 커지게 된다. 위도 길이계산은 아래 식으로 자오선 곡률반경(Rm)으로부터 구하여야 하며, 자오선 곡률반경이 구하여지면 위도 1°, 1′ 및 1″의 길이를 계산할 수 있다.

자오선 곡률반경(Rm) $= \dfrac{a(1-e^2)}{(1-e^2\sin^2\phi)^{3/2}}$

(a; 장반경, e; 이심률, ϕ; 기준위도)

위도 1°의 길이 $=Rm/(180/\pi)$

위도 1′의 길이 $=Rm/(180\times60/\pi)$

위도 1″의 길이 $=Rm/(180\times60\times60/\pi)$

(2) 경도의 길이 계산

경도의 길이는 극으로 갈수록 수렴되기 때문에 점점 짧아져 극에서는 0이 된다. 경도 길이 계산은 아래 식에 따라 먼저 횡곡률반경(Rn)을 구해야 한다. 그다음은 경도 1°, 1′ 및 1″의 길이를 계산할 수 있다.

횡곡률반경(Rn) $= \dfrac{a}{(1-e^2\sin^2\phi)^{1/2}}$

(a; 장반경, e; 이심률, ϕ; 기준위도)

경도 1°의 길이 $=(Rn\times\cos\phi)/(180/\pi)$

경도 1′의 길이 $=(Rn\times\cos\phi)/(180\times60/\pi)$

경도 1″의 길이 $=(Rn\times\cos\phi)/(180\times60\times60/\pi)$

4) 점장위도 계산

점장도법에서는 위도의 증가에 따라 위도의 길이가 경도의 길이에 비해 점점 증대되는데 회전타원체상의 점장위도 계산공식은 다음과 같다.

점장위도 $\quad Y=\ln\left[\tan(45+\dfrac{\phi}{2})(\dfrac{1-e\sin\phi}{1+e\sin\phi})^{e/2}\right]$

(a; 장반경, e; 이심률, ϕ; 기준위도)

ln: 자연로그($e^1=2.7182818\cdots$를 기저로 하는 자연대수)

위의 공식에서 위도 1분마다 점장위도를 계산하려면 다음 공식으로 변형하여 사용할 수 있다.

$Y'=a'\times\ln\left[\tan(45+\dfrac{\phi}{2})(\dfrac{1-e\sin\phi}{1+e\sin\phi})^{e/2}\right]$

$a'=(180\times60)\div\pi=3,437.74677\cdots$(1라디안을 분단위로 표시한 값)

5) 해도 규격 계산

점장도법에서 해도의 크기를 정할 때에는 해도의 구역좌표(4개의 모서리 좌표)와 중분위도(또는 기준위도) 및 축척분수를 알아야 한다. 또한 해도의 크기는 가로 및 세로의 길이를 계산하는데 일반적으로 해도의 좌측 하단 좌표와 우측 상단 좌표를 이용하여 다음 순서로 계산한다.

(1) 중분위도 또는 기준위도에서 경도 1분의 길이 계산

$\lambda'=[(a\cos\phi m\div(1-e^2\sin^2\phi m)^{1/2}\div(180\times60\div\pi)]\times S\times100$

(a; 장반경, e; 이심률, ϕm; 기준위도, S; 축척분수)

(2) 점장위도의 계산

$Y_1=\ln\left[\tan(45+\dfrac{\phi_1}{2})(\dfrac{1-e\sin\phi_1}{1+e\sin\phi_1})^{e/2}\right]$

$Y_2=\ln\left[\tan(45+\dfrac{\phi_2}{2})(\dfrac{1-e\sin\phi_2}{1+e\sin\phi_2})^{e/2}\right]$

Y_1: 해도의 하단위도, Y_2: 해도의 상단위도

WGS-84 좌표계의 점장위도는 다음과 같이 계산할 수 있다.

$$Y_n=(7{,}915.704468\times\log(\tan45^\circ+\frac{\phi_n}{2})-23.0133633\sin\phi_n-0.051353\sin\phi_n^3-0.000206\sin\phi_n^5)$$

(ϕ_n: 임의위도)

(3) 원점을 해도 좌측하단 좌표로 하여, 경·위도 길이 계산

원점을 해도의 좌측하단 좌표로 하면, 경도 길이 x, 위도 길이 y는 다음 식으로 계산할 수 있다.

경도 1′의 길이(λ', 단위 cm)

$$\lambda'=[(a\times\cos\phi m\div(1-e^2\sin^2\Phi m)^{1/2})\div(180\times60\div\pi)\times S\times100]$$

(a; 장반경, e; 이심률, ϕm; 기준위도, S; 축척분수)

상단 및 하단위도의 점장위도 차(Y_2-Y_1)는 다음과 같이 계산한다.

$$Y_1=\ln\left[\tan(45+\frac{\phi_1}{2})(\frac{1-e\sin\phi_1}{1+e\sin\phi_1})^{e/2}\right]$$

$$Y_2=\ln\left[\tan(45+\frac{\phi_2}{2})(\frac{1-e\sin\phi_2}{1+e\sin\phi_2})^{e/2}\right]$$

여기서 해도의 가로, 세로의 규격 x, y를 계산한다(단위 cm).

$x=\lambda'(\lambda_2-\lambda_1)\times60$

λ': 경도 1분의 도상 길이

($\lambda_2-\lambda_1$): 두 지점의 경도 차

$y=\lambda'(Y_2-Y_1)$

(Y_2-Y_1): 상단 및 하단의 점장위도 차

2.2 해도의 체계

해도의 기본체계는 국제수로기구(IHO) 해도제작규정에 따라 〈그림 7-12〉와 같다.

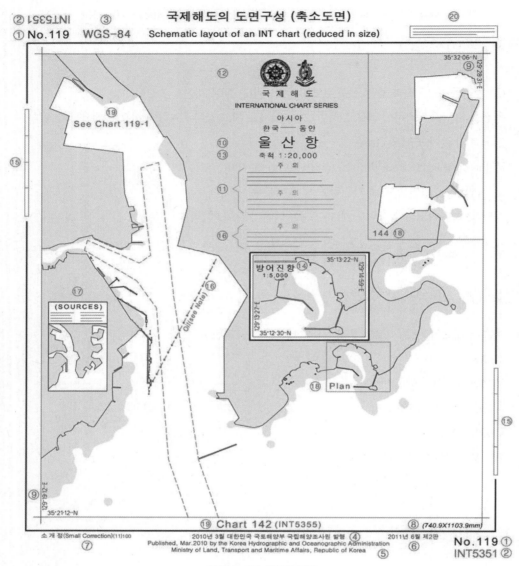

国際海図の図面構成 (縮小図面)
국제해도의 도면구성 (축소도면)
Schematic layout of an INT chart (reduced in size)

② INT5351
① No.119 ③ WGS-84

국 제 해 도
INTERNATIONAL CHART SERIES
아시아
한국 ── 동안
⑩ 울 산 항
⑬ 축척 1:20,000
주 의
⑪ 주 의
⑯ 주 의

⑲ See Chart 119-1

144 ⑱

⑰ (SOURCES)

방어진항 ⑭
1:5,000
35°13·22·N
129°14·59·E
129°13·27·E
35°12·30·N

⑯ Off(see Note)

⑱ Plan

⑨ 35°21·12·N
129°21·06·E

⑲ Chart 142 (INT5355)   ⑧ (740.9×1103.9mm)

소 개 정 (Small Correction)(11)100   2010년 3월 대한민국 국토해양부 국립해양조사원 발행 ④   2011년 6월 제2판
⑦   Published, Mar.2010 by the Korea Hydrographic and Oceanographic Administration   ⑥
Ministry of Land, Transport and Maritime Affairs, Republic of Korea ⑤

No.119 ①
INT5351 ②

〈그림 7-12〉 해도의 체계

① 해도 일련번호
② 국제해도 일련번호
③ 해도의 타원체: 세계측지계(WGS84)
④ 발행기관 및 간행연월
⑤ 저작권 표기
⑥ 판수기록: 2010년 3월 제1판 2011년 6월 제2판
⑦ 소개정 기록 예) 2011년 제100항: (11)100
⑧ 내 윤곽선
⑨ 해도구역 경위도

⑩ 해도 제목 및 표제

⑪ 해도구성 등에 대한 기사, 해도 사용 전에 읽어야 할 내용

⑫ 발행기관 심볼: 발행국 및 국제수로기구(IHO) 심볼이 표기된 해도는 그 해도가 발행국 및 국제해도임을 나타낸 것이며, 발행국만의 해도인 경우는 발행국 심볼만 표기함. 타국 해도를 복제한 경우에는 원판해도 간행국 심볼이 왼쪽, 발행국 심볼이 중앙, 국제수로기구 심볼이 오른쪽에 위치한다.

⑬ 지정된 위도에서의 축척, 이 축척은 지정한 위도 부근에서만 정확하다.

⑭ 대축척 해도 상에 표기하는 비례척

⑮ 대축척 연안도의 외곽에 표기하는 비례척

　소축척 해도에서는 외곽의 위도 눈금을 해리로 사용

⑯ 해도 사용 전에 읽어 두어야 할 특별 기호에 대한 주의기사

⑰ 출처자료 기사, 항해 주의, 미 측량구간 경고

⑱ 참고용 대축척 해도구역

⑲ 비슷한 축척의 인접해도

⑳ 참고 수로서지에 관한 설명

1) 해도의 크기

해도의 크기는 약 1,092×788mm의 전지와 반지(1/2)를 주로 사용하고 있다. 해도용지는 해도의 정확도를 유지하기 위하여 신축성이 작고 내구성이 강한 양질의 용지가 요구되므로 국립해양조사원에서 엄격한 시험을 거쳐 규격화된 특수지를 사용하고 있다. 한편, 해도 도면의 우측 하단에는 740.9×1,103.9mm(그림 7−12)와 같이 해도의 내윤곽선 크기를 표시하고 있으며, 이것은 도면의 축척상 구역과 범위를 결정하는 요소이다.

〈표 7−1〉 해도도적의 표준 규격(단위: cm)

	점장도	평면도
전지	96.0×63.0	97.0×64.0
1/2	63.0×45.0	64.0×47.0
1/4		47.0×32.0

〈표 7−2〉 해도도적의 최대 규격(단위: cm)

	점장도		평면도	
	횡도면	종도면	횡도면	종도면
	98.4×69.4	100.0×67.8	98.7×69.7	100.3×68.1
	68.3×48.2	69.6×46.9	68.5×48.4	69.8×47.1
			47.0×33.2	48.2×32.0

2) 난외기사

(1) 국립해양조사원 문장

국립해양조사원 문장은 국립해양조사원에서 발간하는 모든 간행물에 표시하게 규정되어 있으며, 보통 해도 상단 좌측 해도번호 옆이나 표제 위에 표시되어 있다.

(2) 해도번호

해도의 상측 좌단 및 우측 하단에 해도번호를 표시하고, 사용상 편리하게 하기 위하여 좌·우측 옆에 보조번호가 기재되어 있다.

(3) 발행년월 및 발행기관명

해도의 아래쪽 중앙에는 발행년월 및 대한민국 국립해양조사원 발행을 표시하고 있다.

(4) 소개정란

해도 사용자가 항행통보에 의해 수정된 항수를 해도의 아래쪽 좌측 소개정란에 기재하며, 개정한 항행통보의 항수를 연도별로 기록한다.

(5) 경위도 표시

해도의 윤곽선에는 경위도를 도(°), 분(′) 또는 도, 분 및 분의 1/10 눈금으로 분할 획선하여 표시하고 있으며, 해도제작기준에 따라 경위도 격자선은 약 20cm 간격으로 표시한다.

(6) 미터척

해도의 좌·우측 윤곽선 또는 해도 중앙에 미터 또는 킬로미터의 미터척을 표시하고 있다.

3) 해도 축척

(1) 축척

해도는 점장도나 평면도를 막론하고 그의 축척과 일치하는 기준위도가 있다. 기준위도를 표시하지 않고 있는 해도는 해도구역 내 중앙의 위도(중분위도)를 기준위도로 사용한 것으로 보면 된다.

예: 축척 scale } 1:15,000

그러나 우리나라의 축척 1/250,000 연속도와 그 이하의 소축척 해도(항해도까지)는 그 해도의 중분위도와 관계없이 위도 36°를 기준위도로 한다.

예: 축척 scale } 1:250,000(Lat 36°)

여기서 괄호 안의 'Lat 36°'가 기준위도를 표시한 것이다.

(2) 기준축척

신간 및 개정판 해도를 제작할 때 해도 품질관리의 용이함과 활용도 제고를 위해 가능한 다음 각 호의 기준축척을 고려하여 시리즈별로 해도를 제작하고 있다.

① 항양도는 1/1,500,000을 기준축척으로 한다.

② 항해도는 1/500,000을 기준축척으로 한다.

③ 해안도는 1/750,000, 1/250,000을 기준축척으로 한다.

④ 항박도는 1/5,000, 1/10,000, 1/25,000을 기준축척으로 한다.

4) 해도번호 및 표제

(1) 해도번호 부여의 기준

해도번호는 해도의 상측 좌단 및 우측 하단과 사용상 편리하게 하기 위하여 좌·우측 옆에 보조번호를 기재하고 있다. 2012년부터 점차 새 번호를 적용 중이지만 그동안 사용되어 온 해도번호 체계는 다음과 같다.

100단위: 한국 동해안, 200단위: 한국 남해안, 300단위: 한국 황해안,

400단위: 참고용도 및 특수도 번호, 700~800단위: 동남아 및 외국해도 번호

하지만 사회적 요구에 따른 대축척 해도의 증가로 3자리 번호체계로는 번호가 부족하여, 해도의 효율적인 관리 및 이용자 중심 번호체계로 개선하고자 2012년 간행되는 신간해도부터 4자리 번호를 부여하고 있다.

(2) 해도표제

해도표제는 해상부분은 가급적 피하고, 육지 또는 난외의 여백을 이용하여 표시하고 있다. 가급적 위쪽을 선택하며, 분도는 2도 합병일 때는 종합표제를 피하고 각 분도마다 표제명을 붙이고 있다. 3개 이상의 합병도는 한국동안제분도와 같이 총합표제를 난외에 게재하고, 각 분도는 도명과 축척 및 측량년도를 기재하고 있다. 기재 내용은 가급적 간명해야 하며 실제의 표제 예를 기재 순에 따라 설명하면 다음과 같다.

① 지역명: 아시아, 북태평양

② 지방명: 한국동안, 한국남안, 한국서안

③ 해도명(주 표제): 인천항, 진해만부근

〈표 7-3〉 해역별 해도번호 부여의 기준

해도번호		주요 기준	비고
1001		대한민국 전도	상징적 의미 부여
1000(동해) 두만강~ 고두말(부산)	1002~1090	동해해역 소축척(1/50만 이하) (1:100만) 1010 (1:50만) 1011~1019	-해역이 중복된 해도는 더 많이 포함된 해역으로 번호 부여 -시계방향으로 번호 부여
	1100	동해북부(38°00'N~)	
	1400	동해중부(36°00'~38°00'N)	
	1700	동해남부(35°00'~36°00'N)	
2000(남해) 고두말(부산) ~해남각	2001~2090	남해해역 소축척(1/50만 이하) (1:100만) 2010, 2020 (1:50만) 2011~2019	
	2100	남해동부(127°30'E~동측)	
	2400	남해서부(127°30'E~서측)	
	2700	제주도 부근	
3000(황해) 해남각~압록강	3001~3090	황해해역 소축척(1/50만 이하) (1:100만) 3010 (1:50만) 3011~3019	
	3100	황해남부(~36°00'N)	
	3400	황해중부(36°00'~38°00'N)	
	3700	황해북부(38°00'N~)	
4000(특수도)		특수해도 및 200만 이상 소축척 해도	
5000(도첩형)		해도도식 등	
6000		국가어항 백단위에 지자체별로번호부여(함경도 6101~6199, 강원도6201~6299 등)	

(3) 해도 명칭 부여 기준

해도명은 해당 해역의 대표성을 갖는 명칭으로 하며, 다음과 같이 결정한다.

① 큰 구역, 극히 소축척의 도면일 경우에는 총합적인 지역명을 부여한다. 즉, 총도 및 항양도는 일반국민이 알기 쉬운 명칭으로 한다. (예: 한국에서 타이완, 중국남해)

② 항해도 및 해안도는 해도에 포함되는 구역의 양쪽이 포함되는 지역·해역명칭으로 한다(중국 구역의 도면에는 그의 양단에 포함되는 저명한 장소를 채택한다). 이때 지명의 순서는 관련 항로지 의 지명 기술 순서로 한다. (예: 부산항에서 거문도)

③ 항박도 및 정박도는 항만명칭 및 지역 또는 해역명칭 등으로 한다. 작은 구역을 나타내는 항박 도와 같은 대축척의 도면은 항만 이름, 만 이름 등을 채택한다. (예: 인천항, 울산만)

④ 제분도는 1개의 도면에 3개 이상의 분도를 수록하는 해도를 말하며, 2개 항박도가 한 해도에

있을 때는 총합명을 붙이지 않고, 각각 항박도의 이름을 부여한다.

⑤ 영문 명칭은 국립국어원의 표기법에 의한 기준을 따른다.

5) 경·위도 격자선 및 미터척

(1) 경·위도 격자선

경·위도 격자선은 일정한 위도 및 경도 간격에 따라 다음 표와 같이 획선한다.

〈표 7-4〉 경·위도 격자 간격

축척	간격	축척	간격	축척	간격
1/5천	30″	1/15만	15′	1/200만~1/250만	3°
1/1만	1′	1/20만	20′	1/300만~1/400만	5°
1/2만	2′	1/25만	25′	1/500만	10°
1/3만	3′	1/30만	30′	1/800만	10°
1/5만	5′	1/40만	40′	1/1,000만~1/2,000만	10°
1/7.5만	5′	1/50만~1/75만	1°		
1/10만	10′	1/120만	2°		

(2) 미터척

미터척은 다음과 같이 배치한다.

① 횡 전지: 좌우 양측 중앙에 각 1개를 배치한다.

② 종 전지: 좌우 양측에 각 1개를 배치하되, 좌측 것은 상단으로부터 1/4 위치에, 우측 것은 상단으로부터 3/4 위치에 배치한다.

③ 반지: 좌우 양측 중앙에 1개를 배치한다.

④ 1/4지 또는 분도: 가로형 1개를 배치한다.

6) 해도의 단위

(1) 경·위도

해도의 좌표는 경도 및 위도를 사용하며, 도·분·초 또는 도·분·분의 1/10 등으로 사용하며, 우리나라 해도 경·위도는 동경(E) 및 북위(N)를 사용하고 있다.

(2) 미터법

해도의 수심, 표고, 교량 높이, 등대 높이, 간출암 높이 및 도적은 미터(meter, m)를 사용하고 있다. 외국 해도는 현재에도 피트(feet)나 패덤(fathom)을 사용하는 것도 있다.

(3) 해리

해도의 거리 단위는 해리(nautical mile, n mile)이며, 1n mile는 1,852m이다.

(4) 속력

해도에서 속력 단위는 노트(knot, kn)를 사용한다. 1kn는 1시간에 1n mile를 가는 속력을 말하며, 선박 속력이나 해류, 조류의 유속을 표시하는 데 사용한다.

7) 자침정보

나침도의 위치와 크기는 해도의 중요 표기정보와 중첩되지 않게 표시하며, 방위 눈금은 가급적 수심과 중복되거나 가리지 않도록 주의해야 한다. 그리고 나침도를 육상에 기입할 때는 나침도 권내에 중첩된 지형은 꼭 필요한 항해목표물 이외는 전부 삭제한다. 나침도의 위치 및 기준은 다음과 같다.
  ① 전지해도를 반으로 접었을 때 접히는 부분은 피한다.
  ② 해안선, 항로 및 항로표지, 중요한 수심은 피한다.
  ③ 사용에 편리하도록 위치를 산정하여야 한다.
  ④ 보통 전지는 2~4개, 반지는 1~2개, 1/4지는 1개로 한다.

2.3 해도도식

해도도식은 해도에 표현되는 지형지물의 기호, 약어, 색채와 그에 대한 설명서로 항해자와 해도 제작자 간의 해도 기호 표현에 대한 약속이다. 국제 해도도식(INT No.001)은 1982년 모나코에서 개최된 제12차 국제수로회의에서 의결한 국제수로기구(IHO)의 해도편수기준에 근거를 둔 것이다. 해도번호 제001호는 국제적으로 사용되는 해도도식의 번호로 표시하고 있다.

1) 해도도식 형태

해도도식의 형태는 아래 그림과 같으며, 각 번호는 해당 요소를 설명한 것이다.

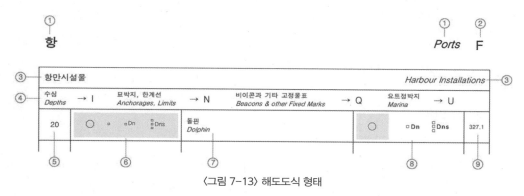

〈그림 7-13〉 해도도식 형태

① 분류
② 분류항
③ 소분류
④ 다른 분류항에서의 참조사항
⑤ 칼럼 1: "국제수로기구의 해도제작기준"에 따른 일련번호
⑥ 칼럼 2: "국제수로기구의 해도제작기준"에 따른 기호. 위 실례에서 첫 번째 기호는 실 축척으로 대축척 해도에 표기되며,
　 나머지 기호는 대부분의 항박도에 표기되는 것이다. 때때로 기호 옆에 약어 "Dn"을 기입하여 좀 더 명확하게 한다.
⑦ 칼럼 3: 한글과 영문용어
⑧ 칼럼 4: 칼럼 2와 다른 경우에 사용하는 국가별 표현
⑨ 칼럼 5: 항해용의 의미가 아니며, "국제수로기구의 해도제작기준"을 참조(IHO S-4 Part B)

2) 해도도식 내용

해도도식은 일반 분야(해도번호, 제목, 위치, 여백기사, 거리, 방위, 나침도 등), 육상 분야(자연지형, 인공구조물, 육상물표, 항, 지형명칭 등), 해상 분야(조석, 수심, 해저의 형상, 암초, 연근해 시설, 항로, 구역, 수로용어 등) 및 항로표지(등화, 부표, 무중신호, 레이더 등)로 나누어 편집되어 있다.

〈표 7-5〉해도도식 내용 분류표

해도도식 분류		
일반 분야	A. 해도번호, 제목, 여백기사	
	B. 위치, 거리, 방위, 나침도	
육상 분야	C. 자연지형	D. 인공구조물
	E. 육상물표	F. 항
	G. 지형명칭	
해상 분야	H. 조석, 조류	I. 수심
	J. 해저의 형상, 형태	K. 암초, 침선, 장애물
	L. 연근해 시설	M. 항로, 지정항로
	N. 구역, 한계	O. 수로용어
항로 표지	P. 등화	Q. 부표, 입표
	R. 무중신호	S. 레이더, 무선전파체계
	T. 서비스	U. 소형선용 시설

2.4 해도기준면

해도기준면(chart datum)은 해도에 표시된 모든 수심과 간출높이의 기준면을 말한다(IHO S-4, B-405). 그러나 해도에 사용하는 기준면은 해도기준면 외에도 등대나 지형높이를 표시하는 높이 기준면, 해안선을 정하는 기준면이 각각 다르다. 또한 해도의 기준면은 나라마다 다소 다르기 때문에 외국판 해도를 사용할 때에는 이 점에 대해서 주의하여야 한다.

1) 수심 기준면

우리나라의 경우 수심 기준면은 약최저저조면(Approximate lowest low water)을 사용하고 있다. 약최저저조면은 영국의 인도 대저조면(Indian spring low water)에 해당하며 해면이 대체로 그보다 아래로 내려가는 일이 거의 없는 수면을 뜻한다. 그런 의미에서 조위 측정의 기준이 되는 기본수준면으로도 사용한다. 그러나 장소와 시기에 따라서는 해면이 그보다 더 아래로 내려가는 일도 있을 수 있다. 기본수준면을 그 지점의 수심 기준면으로 정한 이유는 항해의 안전을 고려하여 조석 간만에 의한 수심의 변화량을 제거한 값을 해도에 나타내려는 의도이다. 따라서 해도에 기재된 수심은 실제로 측정한 수심 값보다 얕다.

그런데 수심의 기준면으로는 국제수로기구(IHO)에서 "이 이상 해면이 내려가지 않을 듯한 면을 기준으로 하여" 수심을 표시하도록 규정하고 있으나 국가에 따라 조석 등 해양현상이 달라 적용하는 기준면이 같지는 않다. 따라서 항해자는 해도에 표시된 기준면 정보에 유의해야 한다.

해도의 조석정보는 다음과 같이 표로 표현하고 있다.

〈표 7-6〉 조석정보

지명	평균고조간격(MHWI)		대조승(Sp.rise)	소조승(Np.rise)	평균해수면(MSL(Zo))
완도(Wando)	시간	분	m	m	m
	9	47	3.5	2.6	2.00

수심 표시는 0.1~20.9m는 소수점 이하 한 자리까지 표기하고, 21~30.9m까지는 소수점 첫째 자리가 4 이하이면 절사하고, 5 이상은 5로 기재한다. 31m 이상은 소수점 이하를 모두 절사하고 정수만 표기한다. 수심의 실제 위치는 수심을 나타내는 숫자열의 가로와 높이의 중앙이다.

간출암의 높이는 수심 기준면(기본수준면)으로부터 산출한다. 간출암이란 약최저저조면과 약최고고조면(Approximate Highest High Water) 사이에 있는 암석으로, 조석의 간만에 따라 수면 위로 나타났다 수면 아래로 감추어졌다 하는 것을 말한다. 해도 상에서 간출암의 높이는 0.1m 단위까지 표기하며 숫자에 밑줄을 긋는다.

가항수로의 교량, 전력선·통신케이블과 같은 가공선의 높이는 선박이 안전하게 통항할 수 있도록 약최고고조면을 기준으로 한 높이로 표시한다.

2) 높이 기준면

자연목표, 등대 등 육상 지형지물의 높이는 평균해수면을 기준으로 나타낸다. 평균해수면은 어느 기간 동안 관측한 해면의 평균높이이다. 평균해수면의 높이는 조석현상, 기상 지구온난화 등의 이유로 관측기간 및 시기에 따라 달라질 수 있으므로 가능한 한 장기적으로 관측한 자료로부터 평균해수면을 정한다. 높이 기준면 상부의 절벽과 섬 등의 높이는 5m 미만은 소수점 이하 한 자리까지 표시하고, 5m 이상은 반올림하여 정수로 표기하고 있다.

3) 해안선 기준면

해도의 해안선은 약최고고조면에서 수륙의 경계선으로 표시한다. 해안선은 해도도식에 따라 평탄해안, 모래해안, 자갈해안, 늪지해안, 급사해안 등으로 표현된다. 해도의 해안선과 달리 영해, 배

주의: 아래 기준면은 모든 국가의 해도에 정확히 적용된 것은 아니므로 해당 해도의 표제에 기술된 것을 참조

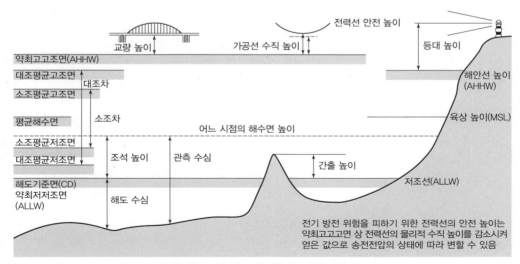

〈그림 7-14〉 해도에 사용하는 각종 기준면

타적 경제수역, 대륙붕의 한계를 표시하는 데 사용되는 기선(基線)은 약최저저조면을 기준으로 사용함에 유의해야 한다.

3. 해도의 사용

3.1 해도의 사용상 주의사항

1) 해도의 선택

해도는 축척이 대축척일수록 지형지물, 수심 등이 상세히 도재되어 있으므로 목적에 따라 가장 적합한 것을 사용해야 한다. 해도는 최근에 발행한 것을 사용하는 것이 좋으며, 과거에 발행한 해도는 측량방법이나 측량자료가 완전한 신뢰도를 갖지 못하는 것이 많다. 해도 제작기관에서 발행한 해도를 해도판매소에서 판매할 때는 반드시 최신정보로 개정하여 항행통보 제○○호까지 개정이 완료되었다는 인장이 있어야 하며, 새롭게 해도를 구입하는 경우 이를 확인하는 것이 중요하다.

우리나라의 해도는 전부 미터 방식을 채택하고 있지만 외국판 해도 중에는 피트나 패덤 방식인 것이 있어 해도 난외기사로 크게 "DEPTHS IN FEET" 혹은 "DEPTHS IN FATHOMS"라고 기재되어 있으므로 반드시 확인이 필요하다.

2) 해도정보의 출처

해도의 표제 중에는 편집자료의 신뢰성을 표시하는 정보가 기재되어 있으므로 어느 구역을 언제 측량했는지 알 수 있다. 일부 구 해도 자료 또는 소축척 해도의 자료를 인용한 기사가 있는 경우, 해도의 기재 내용과 실제로 차이가 있을 수 있음을 예상하여야 한다. 특히 대축척 항박도 등에서 주의할 필요가 있다. 최근의 해도에는 항해자가 해도의 출처 신뢰도를 평가할 수 있도록 자료표시도(source diagram)를 게재하고 있다. 자료표시도에는 측량기관, 축척, 측량년도 및 측량구역 등이 표시되어 있다.

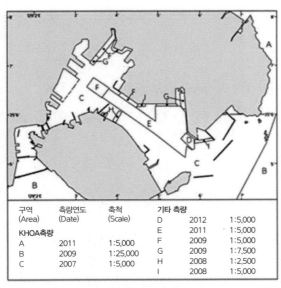

구역 (Area)	측량연도 (Date)	축척 (Scale)	기타 측량		
			D	2012	1:5,000
			E	2011	1:5,000
KHOA측량			F	2009	1:5,000
A	2011	1:5,000	G	2009	1:7,500
B	2009	1:25,000	H	2008	1:2,500
C	2007	1:5,000	I	2008	1:5,000

〈그림 7-15〉 출처 자료표시도

3) 해도 상 정확한 목표위치

해도 상에는 지형지물이 상세히 도재되어 있지만 그 정확도가 같지는 않다. 위치가 가장 정확한 것은 측량 때 측정목표로 사용한 측정지점이지만, 이들 측정지점 기호는 축척에 따라서 반드시 기재되는 것은 아니므로 연안항해에서 선위를 구하는 경우 다음과 같은 목표를 선택하는 게 좋다.

① 삼각점 △의 기호로 위치가 기입된 것

② 정점 ⊙의 기호로 위치가 기입된 것

③ 지상에 고정되어 있는 항로표지(등대, 등주, 등표, 입표)

④ 산·섬에 높이나 명칭이 기입되어 있는 것

⑤ 확실한 바위나 언덕

⑥ 탑, 굴뚝, 잘 보이는 나무나 바위, 확실히 구분되는 건축물 등 특히 현저한 해상목표로 최적인 것은 해도에 이러한 기호와 주기를 눈에 잘 보이도록 두껍게 표시하고 있다.

4) 수심 표기

해도에 표기된 수심은 음향측심기로 측정된 수심을 바로 사용하지 않고, 측정 당시의 조위값을 제거한 해도기준면에서의 수심을 표시한다. 수심은 수심 숫자의 중심이 그 위치의 수심과 일치하도록 표기하며, 수심 신뢰도에 따라 사체(斜體) 또는 정체(正體)로 구분하여 표시하고 있다.

(1) 수심숫자의 형태

수심은 기울어진 사체(sans serif, 이탤릭체)로 표시하고 있으며, dm(decimeter, 데시미터, 이하 dm)로 표현된 숫자는 m로 표시된 숫자보다 작게 그리고 그것보다 낮은 위치에 표시하고 있다. dm의 0은 표시하지 않는다.

$$12 \qquad 9_2$$

(2) 제 위치를 벗어난 수심

수심은 일반적으로 실제 위치에 기재하여야 하나, 제 위치를 벗어난 수심(out of position)을 표시하는 경우, 다른 정상적인 수심 표시방법과 구별하여 표기한다. 이것은 짧은 지시선을 그어 그 끝에 수심을 표시하거나 괄호 안에 수심을 넣어 표시한다. 예를 들면, 암초 위의 최소수심, 접안부두, 해안선을 끊지 않고 수심을 삽입하기가 너무 좁은 수로 등에 사용될 수 있다. 좁은 수로의 경우 육지에 수심을 괄호와 사체로 표시하여 정체인 육상높이와 구별하게 하고 있다.

(3) 신뢰할 수 없는 수심

어떤 해역에 대해 신뢰할 수 없는 수심(측량 공백구역, 소나 데이터 부족, 의문위치의 수심, 항로 이상 수심 등)이 사용되는 경우, 항해자에게 주의를 주기 위하여 수심형태를 가는정체수심(fine upright)으로 표시하고 그에 대한 설명기사를 붙인다.

$$12 \qquad 9_1$$

(4) 수심의 표현

수로측량 원도의 수많은 수심으로부터 해도 수심을 선택하는 것은 숙련된 경험과 지식을 요하는 작업이다. 해도의 수심은 그 주변 수심보다 얕은 수심을 표시하되 대표 수심이 되도록 아래 그림과 같이 채택한다.

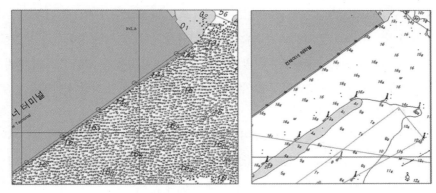

〈그림 7-16〉 측량원도 수심과 해도 수심의 비교

수심을 선택하는 원칙은 다음과 같다.

① 항해가 가능한 수로의 천소나 퇴의 가장 얕은 수심, 그리고 암반지역의 최소 수심은 반드시 표시한다. 기타 모든 위험한 구역, 예를 들면, 지도선(指導線), 항로의 통제수심, 돌제, 부두, 정박지, 항만입구에서는 충분하고도 또한 정확히 수심을 표현해야 한다. 좁은 수로에서는 항해자가 해도상 수심을 보고 선박의 통과 여부를 판단할 수 있도록 수로의 깊은 골을 따라 수심을 선택하여 표시할 수 있다.

② 수심과 등심선은 중요한 사면붕괴를 포함하여 해저지형을 합리적으로 사실에 가깝게 표현하

기 위하여 상호 보완하여 사용한다.

③ 수심의 밀도는 해저의 형태에 의해 결정된다. 평탄하거나 일률적으로 경사진 지역 또한 아직 굳지 않은 퇴적물로 이루어진 퇴에서는 일정한 간격으로 최소 수심을 표시하며, 수심이 깊어짐에 따라 점차 간격도 넓어진다. 불규칙한 해저지형에서는 수심 밀도가 높고, 불규칙한 형태로 수심을 배치한다. 급격히 경사진 곳은 수심이 왜곡되지 않게 좁은 등심선으로 표시하고 있다.

④ 해저지형이 변하는 구역이나 측량한 시기가 서로 달라서 등심선이 서로 일치하지 않은 경우, 항해자에게 이런 수심 불일치를 알려주기 위해 인위적으로 등심선과 색상을 보정하지 않고 차이가 있는 그대로 남겨 둔다.

⑤ 소축척 해도의 수심은 대축척 해도의 동일 위치 수심을 발췌하여 표시한다.

⑥ 고조 때만 항해할 수 있는 지역에서 간출 지형의 높이는 수심과 같은 원칙에 따라 기입한다.

⑦ 측량이 불충분한 곳에서는 표준등심선 중 몇 가지를 생략하여 항해자에게 자료부족을 암시할 수 있으며, 청색이 표현되는 등심선은 가능한 한 끊임이 없이 완전한 등심선으로 표현해야 한다.

(5) 안벽 측방 수심/접안부두 수심

항만 접안부두 수심(depths alongside berth)은 해저 또는 하저에 수직 벽으로 건축된 것을 가정하여 해도에 표현한다(종종 그 아래로 준설수심이 표기되기도 함). 그러나 항상 그렇지 못하며, 부두 벽을 지지하는 해저가 경사지거나 부두 벽 해저에 돌출지형이 있을 수 있다. 선박 선저가 V형은 크게 문제되지 않으나, 선저가 평탄한 U형 선박은 이러한 해저돌출부가 상당히 위험할 수 있다. 이를 표현하는 원칙은 다음과 같다.

① 해도의 축척이 충분히 큰 경우, 준설구역의 내측선을 단선으로 표기할 수 있다. 즉, 부두에 평행한 준설구역은 준설수심이 부두의 끝 직하수심이 아님을 알 수 있다. 이러한 좁은 구역의 수심은 제 위치를 벗어난 수심 또는 측방수심과 같이 표기할 수 있다.

② 그러한 수역은 청색 등 다른 색채로 표현할 수 있으며(준설구역은 백색인 반면), 청색을 사용한 것은 부두 측면 장애물 또는 천소수심에 대한 주의를 주기 위한 것이다.

③ 너무 소축척이어서 준설 한계를 정박 부두와 나란히 표기하기 어려운 경우, 준설구역 내에 또는 육지 인근에 괄호로 위치를 벗어난 수심으로 표기할 수 있다.

④ 위험계선은 정박 부두에 표시하지 않는다. 그것은 부두 접안을 목적으로 하는 구조물이 아님을 표시하기 때문이다.

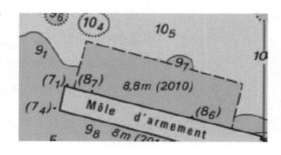

(6) 준설 수심

준설된 수로와 구역은 단선으로 한계를 표시하고, 그 준설된 깊이는 m와 dm로 표현하며, 항상 'm'나 'metres'를 표시한다. 준설선회장은 다른 준설구역과 동일한 방법으로 해도에 표시한다. 수심은 준설구역 내에 표시하며, 예외적으로 테이블을 사용할 수 있다.

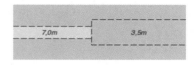

① 정기적으로 유지되지 않는 해역(Area not regularly maintained)

준설구역이 정기적으로 측량과 준설되지 않을 경우(또는 정기적인 유지되고 있지 않음이 확실한 경우), 최대축척 해도에는 수심과 범례로 가장 최근에 시행된 측량 연도를 표시한다.

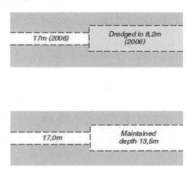

② 정기적으로 유지되는 해역(Area regularly maintained)

정기적으로 수심이 유지되고 있을 경우 날짜는 생략한다. 여백이 있으면 'Maintained depth ....m'라는 기사를 삽입한다. 그러한 구역이라도 준설기간 중에 침전이 되는 것을 알고 있으면, 주의기사를 추가할 수 있다.

5) 등심선과 얕은 수역 색상

해도에 표시된 표준등심선의 시리즈(standard series of depth contour lines)는 다음과 같다.

0m의 간출선(조석이 적용되는 곳), 2, 5, 10, 20, 30, 50, 100, 200, 300, 400, 500, 1,000m, 2,000m 등으로 표현한다. 2m 와 5m의 등심선은 그것이 유효하지 않을 경우에 생략된다. 예를 들면, 가파른 사면이나 고립된 예초 주위에서는 완전하게 연결된 등심선을 나타낼 필요는 없다.

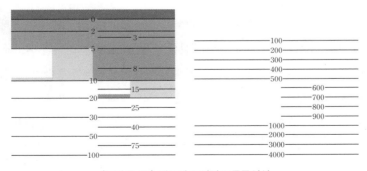

〈그림 7-17〉 해도에 표시된 표준등심선

3, 8, 15, 25, 40, 75m와 10m이나 100m의 배수의 보조등심선(supplementary contours)은 필요한 경우 표시할 수 있다. 2,500m 등심선은 대륙붕 한계를 측정하는 데 필요하다(UNCLOS 제76조 참조).

(1) 개략 등심선

측량자료가 불충분하여 항해자에게 주의시킬 필요가 있는 경우, 등심선을 길이 4mm, 간격 2mm로 끊어 개략 등심선 (Approximate contours)을 표시하고 있다.

(2) 등심선 값

등심선에는 그 깊이에 해당하는 등심선 값(Contour Labelling)을 표시하며, 수심 숫자보다 약간 작은 정체 숫자가 사용된다. 간출선은 0으로 표시한다.

(3) 해안선 등심선의 개괄적 묘사

해안선, 도서, 해저지형이 복잡하여 항해자에게 혼동을 줄 수 있는 곳은 의도적으로 지형을 단순화하여 표현하는 것을 해안선 등심선의 개괄적 묘사(Generalization of contours)라 한다. 실제지형을 축소한 경우, 굴곡이 심한 곡선을 완만하게 표현하는 평활화(smoothing)기법은 등심선 표현 시 얕은 등심선 안에 더 깊은 지형이 포함될 수 있다. 그러나 개괄적 묘사나 평활화 묘사는 어느 경우에도 선박 운항에 위험을 초래해서는 아니 되므로 지형을 편집할 때 세심히 주의해야 한다. 그러나 불규칙한 수심이 표기된 해역이나 등심선이 복잡하게 보이는 곳은 항해자에게 측량이 적절히 수행되었음을 알려주는 의미도 있다.

(4) 수심이 얕은 구역의 색상

청색 채움(solid blue)은 수심이 얕은 구역(Shallow water tints)을 강조하기 위해 해도에 표시한다. 최대축척 해도에서 청색 채움을 사용하는 등심선 한계는 5m이다. 소축척 해도에서 청색 채움의 한계는 해도의 축척과 그 지역의 전반적인 깊이에 따라 등심선 한계를 정할 수 있다.

해도의 청색띠(blue tint) 표현은 적절한 수심 내에서 침선, 장애물, 험악지 등을 표시하는 데 사용하며, 수심 100m보다 얕은 해역에서 수심을 알 수 없는 장애물에 대해서도 사용한다. 또한 항해와 관련이 없는 육지의 호수나 내륙수역에 대해서도 사용한다.

6) 위험물 정보

(1) 위험계선

위험계선(danger line)은 점선과 청색 채움으로 표시하는 위험계선은 물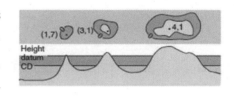
체에 대한 기호 표시만으로 충분히 눈에 띄지 않으므로 항해자에게 위험
에 대한 주의를 주기 위해 사용된다. 위험계선은 그곳을 통과하는 것이 안전하지 않음을 알려주는
것으로 다수의 위험물을 포함하는 구역을 표시하는 데도 사용된다. 그러나 위험계선은 암석해안의
제일 얕은 등심선을 대체하는 것이 아니며 특정위험을 강조하는 데 한정적으로 사용한다.

(2) 노출암

만조 시에도 보이는 노출암(Rocks or large boulders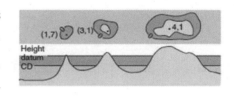
which do not cover)은 해안선 기호를 사용하여 작은
섬과 같이 표현하며 육지색이 사용된다. 높이를 알고
있으면 5m 이하는 높이 기준면(평균해수면)에서 dm까
지 표기하고, 육지 높이와 같은 숫자 형태로 표시한다. 높이를 표시할 공간이 없으면, 그 부근에 괄
호로 표시한다.

(3) 간출암

간출암(Rocks boulders and rocky areas which co-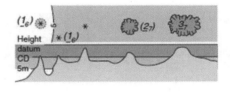
ver and uncover)은 저조시 노출되고 고조시 물에 잠기
는 바위로 간출바위 기호에 의해 윤곽선을 그리거나 고
립된 곳은 첨예한 바위를 뜻하는 예초 기호(＊)를 사용
하며, 조간대색인 녹색으로 표시한다. 간출암 높이는 해도기준면으로부터 표준으로 정한 방법에
의해 표시하며, 그 위치가 제 위치가 아니면 괄호로 표기한다.

(4) 세암

해도기준면에서 파도에 씻기는 바위인 세암(Rocks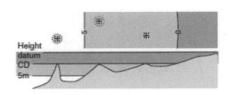
which are awash)은 세암 기호로 표기한다.

(5) 항상 수면 아래에 있는 암암

항상 수면 아래에 있는 바위인 암암(Rocks which are always underwater)은 그 깊이에 따라 다음과 같이 표시된다.

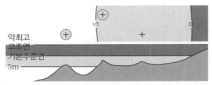

① 수심을 모르는 경우: 암암 기호(+)로 표기하며, 항해하는 선박에 위험한 경우, 암암 기호에 위험계선을 두르고, 청색으로 표현한다.

② 수심이 알려진 경우: 암암 기호(+) 옆에 괄호로 암암 수심을 미터 및 데시미터까지 표현하거나, 수심을 개재하고 그 바로 아래에 저질 약어 "R"을 표시한다.

수심이 알려진 암암은 수상항해에 위험한 것은 아니다. 암암의 깊이를 표시하는 수심 숫자는 일반 수심의 형태와 같아야 하며, 적절한 수심까지 청색으로 표현한다. 암암이 주변 수심보다 상당히 얕아 주변을 항해하는 선박에 위험이 되는 경우, 암암의 수심이나 기호(+)에 위험계선을 둘러 표현한다.

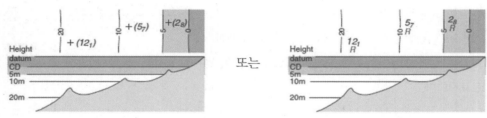

〈그림 7-18〉 수심이 알려진 암암 도식

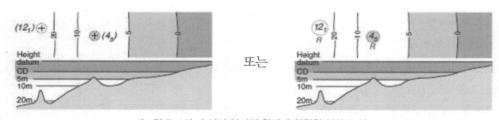

〈그림 7-19〉 수심이 알려진 항해에 위험한 암암 도식

(6) 수면하 산호초 및 예초

수면하 산호초 및 예초(submerged coral reefs and pinnacles)는 독립된 암초 기호와 산호초 약어를 절절히 사용하여 해도에 표시한다.

(7) 침선, 험악지, 장애물

침선, 험악지, 장애물(wrecks, foul ground, obstructions)의 경우 다음과 같이 표시한다.

① 해도에 기재된 침선 기호만으로 침선이 식별이 되지 않는 경우, 국제약어 'Wk'가 사용된다.

② 항해자에게 최대한 유용한 정보를 제공하기 위해, 해도 상에 표시된 침선 위의 최소수심을 표기한다. 해도 상 험악지로 된 곳의 침선표기는 예외적이다. 침선이 해도기준면 상에 보이거나 일부가 보이는 경우, 그 높이 또는 간출높이를 알고 있는 경우에 괄호로 표기한다.

③ 침선은 사용자, 즉 잠수함이나 어선에서 그 활동 수심까지 필요로 하므로 어떠한 수심에서도 표기되어야 한다. 그러나 일반적으로 수심 2,000m 이상 깊은 곳에서는 그렇지 않다(트롤어선은 수심 400m에서 조업하며, 때로는 2,000m까지 함).

④ 중축척 해도에서 연안지역의 어떤 침선들은 생략할 수 있다. 그런 경우, 침선이 생략된 곳에 간단한 주의사항을 'Wrecks' 또는 동의어와 같이 표시한다.

⑤ 약어 'Wks'는 반복적으로 중축척 해도 상의 침선이 많은 곳에 사용될 수 있으며, 대축척 해도 상 항해하는 데에도 필요하다.

⑥ 수심에 따라 침선기호 위에 청색을 표현한다.

⑦ 약어 'PA'(개위), 'PD'(의심스런 위치), 'ED'(추정위치) 등은 적절히 침선기호에 삽입될 수 있다.

⑧ 역사적 침선(historic wrecks)은 많은 국가에서 역사적 또는 문화적 중요성이 있는 특정 침선에 대해 권한이 없는 행위(다이빙, 구난, 투묘 등)로부터 보호하기 위하여 지정하고 있다. 그러한 침선은 필요한 경우, 침선기호 옆에 마젠타색으로 범례 'Historic Wk'를 부가할 수 있다.

(8) 대축척 해도 침선

축척이 허용하는 범위에서 침선의 윤곽은 항상 수면 상에 노출되어 있으면 실선, 간출된 것은 단선, 항상 수몰되어 있으면 위험계선으로 약어 'Wk'와 함께 표시한다. 침선 높이는 노출인 경우 높이기준면에서, 간출은 해도기준면에서 높이를 괄호로 표기하며, 침선수심은 위험계선 내에 표시할 수 있다. 육지색, 조간대색 및 청색은 적절한 색에 따라 윤곽 안에 표시한다.

(9) 좌초된 침선

좌초된 침선(stranded wreck)의 경우 침선의 구조물 또는 선체 일부가 해도기준면 위로 노출된 침선을 해도 축척(평면도)으로 그 형태를 그릴 수 없으면, 기호에 의해 표시한다.

높이 기준면상 또는 해도기준면상의 높이를 알고 있다면, 그 높이를 괄호로 표시할
수 있다. 이것은 항상 노출된 침선과 저조시에만 보이는 것을 구별하는 데 도움이 된
다. 해도기준면상 마스트만 보이는 침선은 기호(✳)와 범례 'Mast', 'Funnel' 또는 동의어로 표시한
다. 마스트의 높이 또는 간출높이도 괄호로 표시할 수 있다.

(10) 와이어 소해로 확인된 침선

와이어 소해 또는 다이버에 의해 확인된 최소수심(wreck which has been
wire swept)은 위험계선으로 둘러싸고, 그 옆에 약어 'Wk'와 소해된 수심을
표시하며, 소해수심 기호를 위험계선 아래에 표현한다.

(11) 단지 측심만으로 최소수심을 확인한 침선

오른쪽과 같이 표시하며, 소해기호는 붙이지 않는다.

(12) 안전통과 추정 수심의 침선

최소수심이 알려지지 않은 침선(200m보다 얕은 수심)이라도 가능하면 안전통과
수심(wreck with estimated safe clearance)을 추정하여 표기해야 한다.
기호(✳), (✳)의 해석상 혼동을 피하기 위하여, '안전 통과 바(safe clearance bar)'를
수심 위에 표기하여 항해자가 안전 통과를 고려할 수 있도록 한다.

(13) 안전통과를 추정할 수 없는 곳에서 수심을 알 수 없는 침선

안전통과를 추정할 수 없는 곳에서 수심을 알 수 없는 침선은 수면하 침선기호를 사용한다. 이 기
호(✳)는 200m 이상의 깊은 수심에 사용된다. 침선이 그곳을 지나는 선박에 잠재적 위험이 되는 경
우, 침선기호에 위험계선을 두르고 청색을 표현하여야 한다.

(14) 험악지(foul area)

해도에 표기되지 않은 항해 위험물이 많은 구역이다. 이러한 구역은 항해에 위험한   #
모든 위험물이 개별적으로 해도에 표기되지 않았다는 것과 그 구역을 통과할 때 위험   # (22)
이 있을 수 있음을 항해자에게 경고하는 것이다. 해저에서 상부가 잘려나간 플랫폼은 장해물로 표
기된다. 그 위로 수심을 알고 있다면, 기호 옆에 괄호로 표기할 수 있다.

험악지(foul area)가 넓은 구역은 작은 원 안에 '#' 기호를 표기하며, 구역을 알고 있고, 실제축척으로 해도에 표시하도록 충분히 큰 구역인 경우, 단선의 한계선으로 표시한다.

구역이 넓은 경우, 구역의 단선에 '#' 기호를 대략 40mm 간격으로 표기할 수 있다(50mm를 초과하지 않게).

(15) 수몰된 장애물

수몰된 장애물(submerged obstructions)은 침선과 유사하게 표현하며, 위험계선 옆에 국제약어 'obstn'을 침선 약어(Wk) 대신에 표기한다. 해도에 표시된 수역의 일반적 수심이 100m보다 얕은 지역에서 장애물의 수심을 알지 못하는 경우, 장애물 기호 위에 청색을 표시할 수 있다.

7) 지자기 정보

자침편차(magnetic variation)는 여러 가지 지자기 정보(Magnetic Data) 중에서 선박항해자에게 가장 중요한 요소이며, 표준 항해용 해도에 표시된다. 자침편차는 "IHO 수로사전(S-32)"에서 다음과 같이 정의한다.

"어떤 장소에서 자기자오선과 지리적 자오선과의 교각으로, 진북을 기준으로 자북이 동쪽에 있으면 동(east), 서쪽에 있으면 서(west)로 각도를 표현한다."

지자기 모델은 전통적으로 5년마다 교체되며(2005, 2010 등), 축척 1/75만 이하의 소축척 해도의 자침편차는 다음과 같이 표시한다.

① 자침편차선(Magnetic variation line, isogonals)은 1°, 2° 또는 5° 간격의 등편차 지점을 연결한 실선을 마젠타색으로 표시하며, 간격은 보통 150mm를 넘지 않도록 한다. 그러한 선에는 적절한 편차 및 연변화 값으로 라벨을 붙여야 한다.

② 자침편차는 도(°) 다음에 문자 E 또는 W를 적절히 붙여 표시한다. 등편차가 0°로 해도에 표시되는 경우에도 라벨을 붙여야 한다. 연변화도 분 다음에 문자 E 또는 W를 적절히 붙여 표시하되, 자침편차 바로 다음에 괄호로 표시한다.

③ 자침편차선의 5년마다 날짜를 지시하는 기사는 표제군 또는 부근에 표시한다.

MAGNETIC VARIATION LINES ARE FOR (YEAR)

The Magnetic Variation is shown in degrees, followed by the letter W or E, as appropriate, at certain positions on the lines. The annual change is expressed in minutes with the letter W or E and is given in brackets, immediately following the variation.

해당연도의 자침편차선

자침편차는 자침편차선 상의 특정위치에 E 또는 W의 부호와 함께 도의 값으로 표시하고 있다. 연 변화는 편차 값 다음의 괄호 속에 E 또는 W의 부호와 함께 분 단위로 표시하고 있다.

④ 등편차선을 표시할 때, 나침도는 진방위도(true circle)만으로 구성한다. 축척 1/75만보다 대축척 해도 상 자침편차 정보는 마젠타색으로 각 나침도 내의 범례로 표시한다. 각 범례는 나침도에 부기하거나 자북 화살표로 강조할 수 있다. 이것이 불가능한 경우 다음과 같이 표시한다.

– 등편차선도

– 그 위치에 박스형 주기로 표시

– 위치를 벗어난 주기로 표시

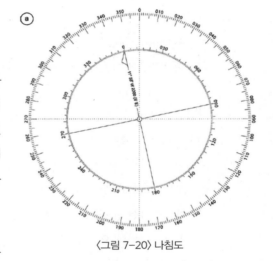

〈그림 7-20〉 나침도

나침도 내의 자침범례(magnetic legends)는 나침도와 동일한 색으로 표시한다. 자북 화살표는 적용한 연도의 편차값 라벨을 붙이며, 연변화값은 괄호로 표시한다. 편차값은 5′, 연변화값은 1′ 단위로 표시하며, 각각의 값에는 E 또는 W의 해당 부호를 붙인다. 연변화의 증가 또는 감소 값이 0.5′ 미만인 경우에는 0′으로 표시한다.

⑤ 이상 자기편차(Abnormal Magnetic Variation)

지구의 지각에 있는 자성물질의 집중이나 해저의 인공구조물 또는 침선 등에 의해 영구적 자기이상이 발생한다. 그러나 자기이상 값이 그 해역의 표준값보다 최소한 3° 이상 변하지 않으면 해도에 표시하지 않는다. 왜냐하면 지구자장의 일변화 및 계절변화는 1°까지 변화하기 때문이다. 또한 지구의 어떤 지역을 기초로 한 등편차선은 ±2°보다 더 정확한 값을 확신할 수 없다. 영구 지방자기 이상의 강도와 범위가 3°보다 큰 경우, 이상 편차의 값과 함께 불규칙한 마젠타 선으로 구획해야 한다. 둘러싸인 구역 내의 자침편차 값은 표시된 값 만큼 정상 값에서 벗어난 것이다.

±15°

상세히 조사되지 않은 지방자기 이상(Where local magnetic anomalies

Local Magnetic Anomaly
(see Note)

have not been investigated)이 있는 구역은 동반 기사에 더 많은 정보와 함께 적절한 범례기사를 마젠타색으로 표시한다.

8) 해류와 조류

(1) 해류

해류는 일반적으로 바다에서 일정한 방향으로 물의 운동을 묘사한다. 해류는 다음과 같은 경우 발생한다.
- 하천이나 하구에서 하천수의 흐름
- 보스포루스와 같이 제한된 수역 내의 항구적인 흐름
- 항구적 또는 계절적인 대양 해류
- 일시적인 바람에 기인한 흐름

해류는 표층의 해류만 해도에 표기된다. 해류의 세기는 소수 1위까지 노트(knot)로 표현하고, 가급적이면 약어 'kn'을 사용한다. 만약 흐름의 세기가 변화된다면 이상적으로는 최소와 최대의 세기를 '2.5~4.5kn'와 같이 표시한다. 또한 최강의 세기만을 알고 있으면 '최강 약 3kn(Max about 3kn)' 또는 동의어의 형태로 표시한다.

① 제한된 수역의 흐름(current in restricted water)

강의 흐름 때문에 낙조류가 강하게 나타나고 창조류가 약하게 나타나는 조수 수역에서는 합성된 효과를 해도에 표시한다. 즉, 이 합성 흐름을 조류도표와 조류기호에 숫자로 표시한다. 조석현상이 무시된 한정된 수역에서 흐름의 방향이 한 방향으로만 일정하면, 화살표의 양쪽 꼬리 모두에 깃털모양을 가진 화살표로 표시한다.

만약 방향이 변하거나, 정보가 불확실하면 구불구불한 선 앞에 화살촉을 붙여 표시한다.

② 대양해류(ocean currents)

대양해류는 일반적으로 넓은 범위에 걸쳐 그 유속과 유향에서는 약간의 변화가 있지만, 대체적으로 영구적이거나 계절적이다. 그와 같이 해류의 표현이 가능한 곳에는 구불구불한 화살표 기호가 사용된다. 해류기호에 유속의 크기(필요시 소수 1위까지)를 부기할 수 있으며, 해류는 계절에 따라 유속과 유향의 변화가 보이는 곳에는 해류기호에 계절적 표시를 할 수 있다.

2.5-4.5kn
Jan-Mar
(see Note)

③ 일시적인 바람에 의해 발생된 해류(temporary wind-induced current)

국지적인 기상조건으로 현저하게 일시적인 흐름이 발생할 때가 있으나 이것은 해도에 표시할 수 없다. 예를 들면, 특정한 방향으로부터 뜻하지 않게 바람이 선박을 천소 쪽으로 밀리어 위험하게 할 경우, 해도 상에 주의기사를 부가할 수 있다.

④ 기타 항해서지(other publication) 해류정보

해류를 해도에 표기하기가 곤란한 곳은 항해용해도 이외의 항해서지에 게재할 수 있다. 항해자가 참고로 해야 하는 항로지와 항로도(routeing charts)에는 항해용 해도에 표시할 수 없는 정보가 통상 수록되어 있을 것이다.

(2) 조류

조류는 천문적 기원에 의한 해면의 주기적 수평운동을 지칭하는 데 사용된다. 실제로 항해자는 바다에서 조류와 해류가 혼합된 것을 체험하게 된다. 조류는 흘러가는 방향으로 표시한다.

창조류(flood stream)는 조석현상으로 인하여 저조에서 고조로 해수면이 높아질 때 흐르는 조류로, 해안에서는 바다에서 육지 쪽으로 흐르며, 수로에서는 일정한 방향으로 흐른다. 창조류 중에서 가장 빠른 유속을 최강창조류라고 한다. 낙조류(ebb stream)는 조석현상으로 인하여 고조에서 저조로 해수면이 낮아질 때 흐르는 조류로, 해안에서는 육지에서 바다 쪽으로 흐르며, 수로에서는 일정한 방향으로 흐른다. 낙조류 중에서 가장 빠른 유속을 최강낙조류라고 한다.

인근 항만의 조석 예보지점을 기준으로 조류예보를 하는 곳에서는 조류예보를 그 기준항의 고조 및 저조시각과 연계하여 해도에 표시하여야 한다. 조류의 유속은 노트(knots, kn)로 1/10까지 표시해야 한다. 강의 흐름에 의해서 항상 일정한 방향으로 흐름이 있는 곳에서는 그 현상이 조류표에 반영되어야 한다.

조류가 관측되고, 그 자료가 해도에 표시되는 지점은 A, B, C … 등의 규칙인 순서의 참조 문자를 부여한다. 이들 문자는 다이아몬드형 안에 넣고 마젠타색으로 적절한 위치에 삽입한다. 그러나 어떤 해도라도 20개 이상 표기하지 않는다.

① 조류 기호(Tidal stream arrows)

조류표에 있는 정보로는 자료가 불충분하거나 또는 필요한 경우 조류를 해도에 표시하는 데 화살표 기호를 사용할 수 있다. 창조류는 화살표의 한쪽 끝부분에만 깃털 모양을 그린 화살표 기호를 흑색으로 표시한다. 만약 노트로 된 최대 속도가 알려지면, 화살표의 윗부분에 표시한다.

3.5kn

낙조류는 깃털 모양이 없는 화살표 기호를 표시한다.

3kn

② 조류 도표(Tidal stream diagrams)

예외적으로 조류가 특별히 중요한 곳에서는 고조 전후 시간마다 유속과 방향을 표시한 도표를 해도에 삽입할 수 있다.

9) 육상지물의 표기

해도에 표기된 지형형태와 육지의 모양은 해도의 축척, 지형 형태, 출처자료의 유용성, 규칙적인 항로표지의 적절성 등에 따라 변화한다. 항해자에게 중요한 것은 시각적 또는 레이더 항해 등 모두의 요구에 따라 판단된다. 소축척 해도에서는 많은 지형이 생략되거나 해안선의 세부내용은 대폭 일반화된다. 대축척 항박도에서 항만에 근접한 세부지형은 비록 항해에 필수적이지 않아도 항만을 이해하기 위해 표현한다. 병원, 주요 우체국과 같은 의미 있는 육상지물의 해도화는 항만부근으로부터 내륙 지형까지 연장되는 도로와 건물의 윤곽을 포함한다.

해도 상 육상지형의 일반적 표현은 다음의 원칙을 지키고 있다.

① 지형의 세부사항은 항해자가 해도상에서 기호와 공제선(sky line)까지의 일반적 묘사를 식별할 수 있도록 묘사해야 한다. 이것은 덜 중요한 세부사항으로부터 육상물표를 돋보이게 할 것이다.

② 세부사항의 취급은 내륙으로 갈수록 변하게 되며, 습지, 작은 호수, 개천 등과 같은 현저하지 않은 객체는 해안에서 1n mile 이내의 것만 표시한다.

(1) 해안선 표기

측량된 해안선은 육지 색을 경계로 하는 굵은 실선으로 표현한다. 해안선은 가능한 한 지명이나 다른 세부사항에 의해 끊어지지 않도록 한다.

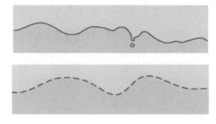

측량이 불충분한 해안선은 대축척 해도에서 육지 색을 경계로 하는 단선으로 표시된다.

대축척 해도에서 급경사 해안은 실제 위치에 급경사 깃털 모양의 기호로 표시된다. 중축척 해도에서는 기호가 명확히 그려지도록 육지부에 비스듬하게 배치한다. 종류가 다른 급경사 해안을 구별할 필요가 있는 경우, 깃털 모양의 기호는 암석 절벽을 표현하는 데 사용하고, 암석 기호가 적절하지 않는 곳은 선영기호를 사용한다.

평탄해안은 절벽기호(또는 지형 등고선) 없이 간단히 표현될 수 있으나

해안이 매우 낮다는 것을 항해자에게 주지시키기 위하여 대축척 해도에는 다음의 기호를 적절히 사용하는 것이 바람직하다.

모래해안은 해안선의 육지 쪽에 단순 점선으로 표현된다. 돌이나 자갈해안은 해안선의 육지 쪽에 서로 다른 크기의 작은 불규칙한 원의 띠(band)로 표현하거나 예외적으로 범례를 사용할 수 있다. 늪지해안은 다음 기호를 사용하거나 예외적으로 범례를 사용한다.

부두 또는 선창은 일반적으로 해안선에 평행하며, 화물의 선적 및 하역에 사용된다. 일반적인 측방 수심은 해도에 표시하며, 가능하면 부두를 사용하는 선박의 크기에 적절하도록 수심 간격을 선정한다.

잔교는 바다로 뻗어 있는 길고 가는 구조물로 바다 쪽 끝에 접안 장소를 가지고 있는 곳을 말한다.

몰(mole)은 방파제의 일종으로 한쪽에 선박이 접안할 수 있는 구조이다. 어떤 경우 선박이 양쪽에 접안할 수 있도록 인공 항만 내에 위치할 수 있다.

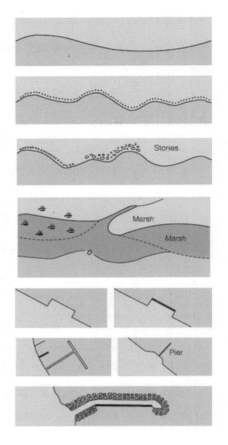

(2) 육상 등고선

등고선은 5개마다 하나의 굵은 선에 의해 강조하는 계곡선을 제외하고, 가급적 가는 실선을 사용한다.

개략적인 등고선은 가는 단선(fine dashed lines)으로 표시한다(이것과 지세선을 구별하도록 개략적인 높이의 라벨을 사용할 수 있다).

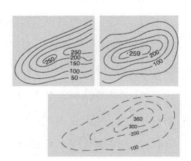

(3) 육상 구조물

돌핀(dolphin)은 다른 배나 구조물을 보호하거나 선박을 계류 또는 끌어당기기 위하여 사용되는 매우 견고한 기둥, 기둥군 또는 구조물을 말한다. 이것은 보통 해상에 위치한다.

(4) 교량 및 가공선

교량 및 가공선의 높이(약최고고조면상 수직간격)를 표시하는 숫자는 다음과 같이 장애물 옆에 기입하거나 또는 부근의 육지에 괄호로 표기한다. 수평 간격을 표시할 경우, 가장 가까운 미터 단위로 절사하여 수직간격 숫자 다음에 표시한다. 전력선은 가항수역을 가로지르거나 접근해 있을 때에는 흑색 단선에 흑점을 배치하고, 흑점 사이의 중간에 전기적 섬광기호를 부가하여 표현한다. 가항수로를 지나가는 전화선은 전력선과 동일한 기호이지만, 전기 섬광이 없는 기호로 표시한다. 약최고고조면과 전선 최하부 사이의 높이(물리적 간격)를 해도에 표기한다.

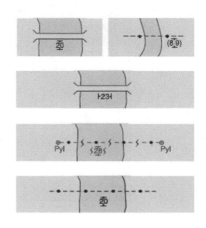

(5) 항로표지

IALA해상부표시스템을 따르는 입표(beacons)는 지주(supports)에 의해 표현되며, IALA 부표에 사용되는 것과 유사한 두표(top mark) 기호와 사체 대신 정체를 사용한다

대축척 해도에는 중요한 등표에 대해 등질에 부가하여 주간에 사용되는 모양과 색깔도 표시한다. 등표는 위치 원(position circle)에 등화 별표(light star)를 붙인다.

등대의 등화 위치(position of light) 기호는 통상적으로 다섯 개의 뾰족한 별 기호로 나타내며, 두 가지 종류이다.

등질 기재의 사례는 다음과 같다.

① Fl(3): 등 특성, 3번 섬광을 반복하는 군섬광

② WRG: 등색, 정해진 분호로 백색, 홍색, 녹색을 보여 줌

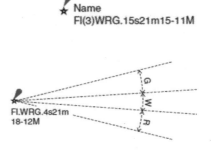

Name
Fl(3)WRG.15s21m15-11M

③ 15s: 주기, 3번 섬광과 모든 암간을 포함하여 일련의 위상을 보여 주는 데 걸리는 시간이 15초임을 나타냄

④ 21m: 높이 기준면상 등화 초점면의 높이가 21m임을 나타냄

Fl.WRG.4s21m 18-12M

– 15~11M: 명목적 광달거리, 백색등 15n mile, 홍색등 15~11n mile, 녹색등 11n mile

분호 한계와 분호는 항로상 분호 한계를 제외하고, 가는 단선으로 해도에 표기된다. 곡선 분호의

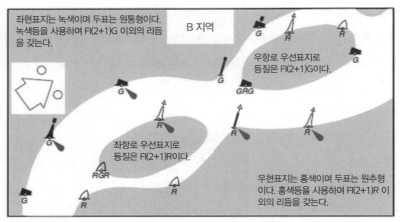

좌현표지는 녹색이며 두표는 원통형이다. 녹색등을 사용하며 Fl(2+1)G 이외의 리듬을 갖는다.

B 지역

우항로 우선표지로 등질은 Fl(2+1)G이다.

좌항로 우선표지로 등질은 Fl(2+1)R이다.

우현표지는 홍색이며 두표는 원추형이다. 홍색등을 사용하며 Fl(2+1)R 이외의 리듬을 갖는다.

〈그림 7-21〉 B 방식 부표식 표기방식

끝에는 작은 화살표 기호로 표시한다.

부표 및 등부표는 IALA의 부표식에 따라 다음과 같이 표기(한국 B 방식)하며, 통행로의 좌우측에 따라 표기방식이 다르므로 주의해야 한다.

3.2 해도 상의 오차

1) 측량오차

해도의 정밀도(Accuracy of the Chart)는 측량의 최신자료 및 구자료의 채택 여부와 측량의 정밀함에 따라 달라진다. 이는 해도의 표제기사 중 측량연월과 출처를 보면 대체적으로 알 수 있다. 측량연월이 오래되지 않은 것은 오래된 것보다 대부분 정밀도가 좋다고 볼 수 있고, 출처가 국립해양조사원인 경우는 정확한 것이라 볼 수 있지만 단순히 개략측량으로 기재된 것은 당연히 정밀도가 떨어진다.

또한 측량원도 측심의 밀도·축척·내용 등으로 정밀도를 판단할 수 있다. 일반적으로 해도의 축척은 특별한 경우를 제외하고 측량원도의 축척과 같거나 그것보다 소축척이기 때문에 해도의 축척에서 측량원도의 축척을 추정하는 것이 가능하다. 측량원도 축척의 대소로 측심의 정밀도도 대체적으로 비례하기 때문에 가능한 대축척 해도를 사용하는 것이 좋다.

오래된 측량의 해도는 연추측량(Hand Lead)에 의해 점의 측심을 수행하였기 때문에 측심점 이외의 곳은 수심을 알 수 없다. 최근에는 GPS와 다중빔 음향측심기에 의해 측량을 수행하므로 과거 측량과 비교가 안 될 정도로 정밀도가 좋아졌다.

국제수로기구(IHO)의 수로측량 최소기준을 보면, 측량등급을 특등급, 1a등급, 1등급 및 2등급으로 나누고 특등급의 위치오차는 2m 이내, 수심오차는 0.25m 이내로 규정하고 있으며, 최근 국립해양조사원에서 수행하는 대부분의 수로측량은 이 조건을 충족시키고 있다.

2) 축척오차

원래 해도는 그 용도에 따라 축척이 다른 것을 간행하고 있으며, 측량원도 축척에 따라 정밀도가 다르다. 예를 들면 항박도의 축척은 1/20,000 이상의 대축척도 있으며, 해안도는 1/50,000~1/300,000으로 되어 있어 측심 간격도 다르다. 최근에는 다중빔 음향측심기에 의해 해저 완전탐사를 수행하므로 완전한 해저정보에 의해 해도가 제작된다. 다만, 아직도 오래된 측량자료는 축척과 정확도가 낮은 것이 있으므로 항상 해도 표제 상의 출처를 확인하여야 한다.

3) 도법오차

점장도는 축척의 대소에 의해 점장구계가 달라지기 때문에 각 점장구계에 대해 다소 오차가 있다. 점장도의 중분위도(기준위도)에서 남북으로 멀어질수록 그 오차는 증가하며, 위도 60° 이상의 고위도 지방에서는 상당한 오차를 수반한다. 또한 점장구계의 양단의 위도는 올바른 치수를 나타내고 있으나 그 외에는 약간의 오차가 있을 수 있다. 실제 해도를 사용하는 데 있어서 그 차이는 매우 작아 거의 생각할 필요도 없을 정도이지만 고위도 지방에서는 어느 정도 고려해야만 한다. 현재는 점장위도를 해도의 위도 최소눈금까지 계산하고 있기 때문에 최근 간행되는 해도에서는 이런 문제가 없다.

4) 종이 신축오차

해도용지는 신축이 전반적으로 적고, 종단과 횡단의 신축률 차이가 작아야 하기 때문에 국립해양조사원에서는 특별 주문한 특수용지를 사용한다. 현재 사용하는 해도용지는 상대습도 65~80%의 변화에 대하여 신축률이 종 0.1% 이내 횡 0.3%를 넘지 않도록 규정하고 있다. 또한 해도는 매일 날씨, 온도, 습도에 따라 다소 신축이 있으나 해도 상에서 지장을 일으킬 정도는 아니다.

5) 해도편집상 오차

측량원도와 동일한 축척과 구역을 그대로 해도로 간행하는 경우에는 비교적 문제가 없지만 대부분의 해도는 여러 가지 측량원도를 편집하여 한 장의 해도를 제작한다. 측량의 신구, 조정, 축척의 일치 등을 위해 편집 때 사용 자료를 축소 또는 확대하여 동일 축척으로 만들기 때문에 이 과정에서 약간의 오차가 발생한다. 또한 도법과 도식이 다른 외국판 해도를 기초로 편집하는 경우 오차가 생길 수 있다.

4. 해도의 유지 및 관리

해도에 묘사된 것과 같은 해상 세계는 정지하고 있는 것은 아니다. 예를 들면, 점점 더 정교한 측량방법은 더욱 상세한 해저지형 정보를 제공하며, 어떤 해역에서는 운송 패턴과 선박 흘수의 변화, 항만 개발, 항로표지의 변경 및 이동, 새로운 항로지정과 항해 제한에 따른 안전과 환경적 관심, 천연자원의 개발 증가, 새로운 항해 장애물 발견 등으로 항상 변화하고 있다.

이 모든 항해정보는 국제해상안전인명협약(SOLAS)의 지원과 환경보호를 위하여 평가되어야 하고, 필요에 따라 항해자의 주의를 가져오도록 해야 한다. 이러한 목적을 달성하기 위하여 항해정보는 체계화되어야 하고, 다른 많은 출처, 예를 들면, 측량자, 해양연구소, 항만관리자, 등대관리 당국 등으로부터 지속적으로 수집되어 해도가 유지 및 관리되어야 한다.

4.1 해도의 개정

해도는 항상 최신의 상태를 유지하여야 하므로 발간 후에도 항행통보 등에 의해 최신의 현황에 맞추어 수정하여야 한다. 해도발행기관인 국립해양조사원에서는 매주 항행통보를 발행하여, 해도의 정정사항이나 항해에 관한 정보를 알려주고 있다. 따라서 항해자는 항행통보에 의해 해도를 수정할 의무가 있으며, 해도를 수정하는 것을 해도의 개정이라 한다.

1) 항행통보

항행통보(NM: Notice to Mariners)는 항해 안전과 관련되거나 그 밖에 항해자에게 긴급히 알려야 할 정보를 즉시적으로 배포하여 해도를 수정하는 데 사용된다. 그것은 대부분의 수로당국이 종이책 형태나 웹사이트 등을 통해 정기적(주간)으로 발행한다. 전자해도 업데이트는 CD와 같은 디지털 매체나 원격 업데이트 시스템에 의해 제공된다.

한편, 국제해상인명안전협약(SOLAS)에서 협약 당사국은 "항해용 해도와 서지는 가능한 한 조속히 최신화를 유지하도록 항행통보를 공표하여야 한다."라고 규정하고 있다.

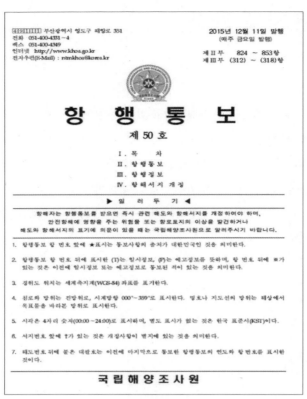

〈그림 7-22〉 항행통보 형태

2) 해도 소개정

매주 발행되는 항행통보에 의해 사용자가 직접 해도의 내용을 수정하거나 보정도에 의해 수정하는 것을 해도 소개정(small correction)이라 한다. 해도를 소개정하였을 때에는 해도의 난외기사로 좌측 하단의 "소개정"이라고 표시된 곳에 그 항행통보의 발행연도와 항수를 기재한다.

항행통보에 첨부된 보정도는 손으로 직접 수정하기가 곤란한 곳에 해안선이나 지형 또는 광범위하게 수심과 해저지형이 변화되었을 때, 수정사항이 좁은 구역에 밀집되어 있을 때, 해당구역의 해도를 대체할 수 있도록 해도의 한 부분을 도면으로 제공하여 수정하는 방법이다. 보정도를 사용할 때 주의사항은 다음과 같다.

① 보정도를 붙이기 전에 해도와 겹쳐서 대조하고 수정할 부분을 확인한 다음 정확하게 붙여야 한다.

② 수정할 부분만 정확하게 자르고, 불필요한 부분은 절단하여도 좋다.

★2015년50호832항   동해안 ~ 울산항 부근 ~ 등부표

기재   1. ⚓ Fl(4) Y 8s (No.A)   35-24-35.5N, 129-21-58.0E

       2. ⚓ Fl(4) Y 8s (No.B)   35-24-45.5N, 129-21-58.0E

해도   1756[15-803]

서지   †410호(등대표) 1436.13, 1436.14

출처   울산지방해양수산청

★2015년50호834항   남해안 ~ 거제도, 구조라항 부근 ~ 장애물

변경   ③⑤Obstn 를 ②③Obstn 로   34-49-49.0N,128-42-32.4E

해도   6324[13-207]

출처   국립해양조사원

〈그림 7-23〉 항행통보 내용 일부

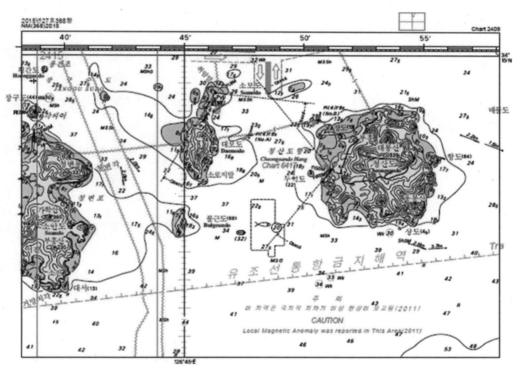

〈그림 7-24〉 보정도 형태

③ 신축으로 인하여 오차가 없도록 세심하게 해도에 붙여야 한다.

4.2 전자해도 유지관리

전자해도는 종이해도의 항행통보와 같은 수준의 정보가 포함된 업데이트 정보가 요구된다. 업데이트 정보는 해도정보 수정을 위한 항행통보와 임시정보에 해당하는 임시 및 예비 항행통보(T&P NM)로 구분한다. 전자해도 업데이트 정보는 가능한 한 신속히 공급해야 한다. 전자해도 업데이트 정보는 종이해도의 업데이트 주기 수준으로 제공하며, 매주, 격주, 월간으로 제공할 수 있다.

전자해도 제작기관은 종이해도의 개정판이 제작되면, 이와 동등한 전자해도 개정판을 제작하여 공급해야 한다. 전자해도 업데이트 파일(신규, 개정판, 업데이트)은 전자해도 지역공급센터(RENC)를 통해 공급되며, 공급매체는 CD-ROM, 인터넷, INMARSAT 위성통신, 육상의 네트워크를 통해 공급한다.

각국 수로국은 전자해도 공급을 위해 지역공급센터와 공급계약을 체결하며, 각 수로국의 전자해도 권한과 책임에 관한 사항을 계약서에 명시하도록 하고 있다. 국제수로기구(IHO)는 전자해도를 지역공급센터를 통해 공급하지 않는 국가에 대해 전자해도 정보보호, 신뢰도 증진, 불법 복제 방지를 위해 보안체계를 적용할 것을 권고하고 있다. 전자해도 보안 표준은 S-63 표준을 참고한다. S-57 표준과는 별도로, 전자해도 정보는 ECDIS 제조업체에서 규정한 시스템 전자해도 포맷으로 공급될 수 있다.

·7장·

참고문헌

국립해양조사원, 1999, 『해양조사50년사』.

국립해양조사원, 2005, 『해양조사업무편람』.

국립해양조사원, 2006, 『해도도식』.

국립해양조사원, 2012, 『수로기술자교육 교재』.

국립해양조사원, 2013, 『수로도서지목록』.

김영배, 1993, 『해도제작을 위한 도법의 계산공식』, 수로기술연보.

윤여정, 1969, 『지문항해학』, 한국해양대학해사도서출판부.

이해석, 1997, 『항해도서지의 일반지식』, (주)한국해양개발.

(재)한국해양조사협회, 2004, 『수로학』, (재)한국해양조사협회.

沓名景義·坂戶直輝, 1982, 『海圖の知識』, 成山堂書店.

IHO, 2014, Regulations of the IHO for International(INT) Charts and Chart Specifications of the IHO.

Nathaniel Bowditch, 2002, *The American Practical Navigator*, NIMA, USA.

NOAA Coast & Geodetic Survey, 1992, Nautical Charting Manual, US Department of Commerce.

Japan Maritime Safety Agency, 1989, Textbook for the Group Training Course in Nautical Charting, Japan International Cooperation Agency.

John P. Snyder, 1987, Map Projection A Working Manual, US Government Printing Office.

8장

항해용 서지

1. 서지의 정의와 구분

1.1 도지와 서지의 정의

「공간정보구축 및 관리 등에 관한 법률」 제2조에 따르면 "수로도서지(水路圖書誌)"란 해양에 관한 각종 정보와 그 밖에 이와 관련된 사항을 수록한 인쇄물과 수치제작물(해양에 관한 여러 정보를 수치화한 후 정보처리시스템에서 사용할 수 있도록 제작한 것을 말한다. 이하 같다)로서 수로도지와 수로서지를 말한다.

수로도서지는 도지(圖誌)와 서지(書誌)로 분류되며 해도처럼 낱장 또는 여러 장의 지도로 구성되는 것이 도지이며, 일부 그림과 지도를 포함하되 주로 글로써 바다항로 및 측량결과를 적은 것을 서지라고 한다. 좁은 의미에서는 항해를 위한 항해서지와 항행통보지 등을 포함하나 넓은 의미에서는 국립해양조사원에서 발간하는 도서로 된 문서 전체를 말한다.

한편, 국립국어원에서 발간한 『표준국어대사전』의 수로지에 관한 정의를 보면 "수로의 상태와 변화를 기록한 책. 항해와 보안에 필요한 예비지식을 주고 항해의 길잡이 구실을 할 목적으로 편찬된 수로 안내서로, 지리·국정(國情)·인문·연안 지형·기상·항로 표지·통신·무역 따위의 참고 자료가 덧붙어 있다."라고 정의하고 있다. 또한 『한국향토문화대전』에서는 "수로지는 각자의 나라에서 해상의 기상·조류 등의 여러 현상 및 항로의 상황, 자국 연안의 지형, 항만의 상황과 시설 등을 상세히 기재한 문헌이다."라고 정의되어 있어 문화적인 내용을 포함한 해석을 가미하고 있다.

1.2 서지의 구분

서지는 해도와의 관계 속에서 정확한 역할을 수행한다. 즉 해도에 많은 정보를 담는 데 한계가 있으므로 항해에 필요한 여러 정보를 담기 위해서 문서로 별도의 자료를 제공하는 것이다. 가장 대표적인 것은 항로지로 선박의 항해 및 정박 등에 필요한 해상과 항구에 관련된 사항을 수록한 것으로서, 우리나라 연안항로지와 외국 연안항로지가 있다. 이외에 항로지를 제외한 국립해양조사원의 특수 간행물로 조석표, 천측력, 등대표, 해상거리표 등이 있다. 이상의 서지는 국립해양조사원의 기본 자료를 기초로 해서 발행하는 것과 외국자료를 활용하여 번역한 것과 이 둘을 합하여 정리한 것이 있는데 이를 요약하면 아래 〈표 8-1〉과 같다. A유형은 국립해양조사원의 기본자료 및 국내 수집자료를 이용하여 발행하는 것이고, B유형은 외국자료를 이용하여 발행한 것이며, 마지막으로 C유형은 조사원의 자료와 외국자료를 결합하여 작성된 것이다.

〈표 8-1〉 서지의 유형

유형	자료	서지명
A	국립해양조사원 기본자료 국내 수집자료	– 한국연안항로지 – 천측력(정기적 발간) – 조석표(한국연안) – 수로도서지목록 – 거리표 – 수로기술연보 – 조류도
B	외국자료	– 천측계산표 – 조석표(태평양 및 인도양)(정기적 발간) – 태양방위각표 – 항로지정 – 등대표(정기적 발간)
C	국립해양조사원 기본자료 및 국내 수집자료와 외국자료 혼합	– 외국연안항로지 – 국제신호서 – 대양항로지 – 해양환경도 – 근해항로지

2. 각 서지의 특성과 목적

2.1 항로지

우리나라 항로지는 해군 수로관에서 1952년에 처음 작성되기 시작하였다. 초판 수로지는 2책으로 구성하여 제1권은 동해안과 남해안을 동시에 수록하면서 제1편에는 한반도의 지리적 설명과 해운관계 기사를 수록하였다. 제2편은 부산항에서 두만강까지 동해안의 연안과 항만에 관한 기사를, 제3편은 부산항에서 제주도 남쪽 마라도까지 남해안의 연안과 항만에 관한 기사를 각각 수록하였다. 제2권은 한국황해안의 남부, 마로해(진도 동부 해역)로부터 관장항수도(안흥항 서부 해역)까지와 관장항수도로부터 인천과 해주를 거쳐 압록강 하구까지의 연안과 항만에 관한 기사를 각각 제1편과 제2편으로 나누어 수록하였다.

이후 1961년부터 동해안, 남해안, 황해안의 세 개 해안으로 항로지를 내기로 결정하여, 한국연안수로지 제2권을 제3권(황해안편)으로 변경하여 간행하였고, 1962년 10월에는 제2권(남해안편)을 제1권에서 분리하여 간행하였으며, 1964년 3월에 제1권(동해안편)을 완성하였다.

초기에 편집에 사용한 원시자료는 1951년 한국전쟁 중에 작전국 수로과에서 내무부와 상공부, 수산시험장 및 국립관상대의 협조를 얻어 수집한 것과 초기의 한국연안항만조사에서 얻어진 자료, 각 관련기관의 보고와 일본이 간행한 수로지를 활용하였다. 남해안의 경우는 경계가 분명하나 동해안과 황해안은 북한지역을 포함하고 있는데 이는 분단되기 전의 자료를 기초로 갱신된 자료를 추가하여 간행되었다. 그 이외에 항로지의 대부분 자료는 직접적인 조사와 관측자료에 의한 것이다. 이러한 항로지는 우리나라의 대표적인 수로서지라고 할 수 있다.

2.2 우리나라 동·남·황해안항로지의 구성

항로지는 총기(總記), 연안항로기(沿岸航路記), 항만기(港灣記)로 구분하여 아래 내용을 담고 있다.

① 총기: 해당 해역의 기상, 해상, 자기(磁氣), 표준항로와 시각, 통신기관과 이용방법, 특별히 경계하여야 할 사항과 관련법규 등을 포함한다.

② 항로기사: 연안항해에 필요한 목표물, 위험한 지역, 닻밭, 정치어장(定置漁場) 및 양식장, 침선 등에 관하여 설명한다.

③ 항만기사: 개항질서법에서 정하는 개항(開港), 항만법에서 정하는 무역항과 연안항, 어항법에서 정하는 국가어항을 대상으로 항계, 항로, 도선 구간과 그 구역, 침로법*, 정박구역, 적용법규, 검역사항, 항만시설과 보급, 관광과 교통편 등에 관한 내용을 상세히 설명하고 있다.

〈그림 8-1〉 대표적 수로서지인 『동해안항로지』

2.3 이외의 항로지

1) 중국연안항로지

중국연안항로지는 국립해양조사원이 영국과 일본에서 간행된 수로지를 참고하여, 1989년 12월에 간행하였으며, 중국연안에 대한 일반기사, 항로기사 및 항만기사를 수록하고 있다.

① 총기: 해당 지역 내의 기상(기압계, 태풍, 안개, 시정), 해상(조석, 조류, 해류, 파랑, 해빙) 등을 설명하고 있다.

② 항로기사: 항로 상의 기상과 해상, 목표물, 장해물, 위험지역과 침로법 등에 관하여 설명한다.

③ 항만기사: 지역 내 각 항만의 기상과 해상, 출입항 시의 침로법, 묘박지**(錨泊地), 도선, 항만시설, 보급시설, 시가(市街) 현황, 해사기관(海事機關) 등에 관하여 서술되어 있다.

2) 말라카해협항로지

말라카 해협에서 싱가포르 해협까지 항만기사는 생략하고 해당지역 내 항로의 일반사항과 해협, 협수로(峽水路)의 기상과 해상, 목표물, 장해물, 위험지역, 침로법, 소해구역***(掃海區域), 정박지, 침선 등에 관하여 설명하고 있다.

---

* 침로법: 선박이 항해하려는 방향을 결정하는 방법이나 기술을 말한다.
** 묘박지: 선박이 해상에서 닻을 내리고 운항을 정지하는 곳으로 정박지라고도 한다.
*** 소해구역: 바다에 부설된 기뢰(機雷)나, 그 밖의 위험물과 장해물이 있는 구역을 말한다.

3) 근해항로지

　근해항로지는 우리나라와 일본을 포함하여 동남아시아, 남태평양 국가에 위치한 주요 19개 항의 항로안내서로 침로법과 항정 사항을 수록하고 있다.

　① 총기: 해당 지역의 기상(기압, 바람, 태풍, 안개 등)과 해상(해류, 파랑, 해빙 등)의 여러 현상에 대한 내용을 포함한다.

　② 항로기사: 대상지역 내에 있는 주요 19개 항에서 다른 주요항 또는 해협 등으로 항해할 때 해당항로에 대한 침로법과 항정 등을 상세히 설명하며, 일반적인 항로와 계절별 항로로 구별하여 서술되어 있다. 이에 포함된 19개 주요항은 다음과 같다. 부산, 인천, 다렌, 상하이, 지룽, 가오슝, 홍콩, 마닐라, 사이판, 호찌민, 방콕, 싱가포르, 자카르타, 수라바야, 마카사르, 토러스 해협, 오스트레일리아, 뉴질랜드/피지, 도쿄만, 오사카만, 간몬으로 구성된다.

4) 대양항로지

　대양항로지는 태평양, 인도양 및 대서양의 주요항로에 대해 침로법, 변침점, 항로 상 위험물을 비롯하여 특히, 대양을 항해하는 선박이 주의해야 할 사항 등을 수록하고 있다.

　① 총기: 항해계획, 항행지원 시설, 해난 방지를 위한 여러 가지 주의사항 등을 설명한다.

　② 항로기사: 5대양과 카리브 해, 멕시코 만, 지중해의 모든 항로에 대하여 기상과 해상, 항해 시의 주의사항 등을 설명하고 각 항로를 쉽게 확인할 수 있도록 관련된 해도와 도면을 수록하고 있다.

　③ 지명찾기: 본문에서 설명한 지명의 경도와 위도의 좌표를 분(′) 단위까지 알파벳 순서로 수록하여 해당 지명을 쉽게 검색할 수 있다.

5) 항로지정

　세계 주요 항만의 입구, 협수로 또는 선박 통행량이 밀집되어 선박의 조선이 제한되는 지역에서 항행의 안전을 증진할 목적으로 국제해사기구(IMO)가 통항분리방식을 적용하기로 하여, 이에 관한 지정된 항로규칙을 설명한 문서이다.

　8가지 항목에 대하여 상세한 규칙을 정리하고 있으며, 다음과 같이 구분된다.

〈그림 8-2〉 항로지정

A: 서론 및 일반적인 규칙, B: 통항분리방식 지역, C: 깊은 수심항로, D: 회피수역, E: 추천항로, 양방형 흐름지역, F: 기타 해협 및 특이 지역의 경우에 준수해야 할 규칙, G: 투묘금지구역의 선박 통보 시스템 및 선박항로시스템, H: 군도항로대에 대한 내용

2.4 국제신호서

국제신호서는 항해 중 긴급 돌발사태(배에서 전원이 단절된 상태, 화재, 폭발, 충돌, 좌초 침수 손상 등)의 발생으로 인명의 안전을 위협하는 상황에 빠졌을 때 국제적으로 공통되게 약속된 부호에 의해 도움을 요청하는 방법과 그 부호의 의미를 해설한 서지로서 일반부문과 의료부문으로 나누어 설명하고 있다. 이 부호는 손으로 하는 수신호(手信號) 또는 깃발로 하는 기신호(旗信號)로서 문자 또는 숫자 등으로 나타내게 된다.

2.5 해상거리표

우리나라와 세계의 주요 162개 항으로부터 다른 주요 항까지의 항로 상 거리를 해리(nautical mile, n mile)로 나타내어 표로서 선박의 크기, 계절 등의 요인에 따라 여러 항로를 선택할 수 있을 경우 그 경유지도 함께 표기하였다.

1958년 12월에 처음으로 간행하였으며, 우리나라 연안의 주요 항으로부터 국내외 주요 항과 주요 섬 및 갑(岬), 곶(串), 각(角) 등에 이르는 거리를 수록한 서지이다. 이후 1960년 12월에는 초판자료에 미국 해군 해양국이 간행한 "Table of Distances Between Ports"의 자료를 추가하여 "항구 간 거리표"라는 명칭으로 제2판을 간행하였다.

이후 자료를 보강하여 우리나라와 세계 주요 162개 항으로부터 다른 주요항까지 항로상 거리를 수록하였으며, 해군수로국 때는 "항구 간 거리표"로 간행했다가 1965년부터 "거리표"라는 명칭으로 변경하여 간행하였으며, 1996년에 다시 "해상거리표"로 변경하였다.

2.6 천측력

천측력(天測曆)은 선박이 대양을 항해할 때 천체의 고도와 방위를 관측하여 자기의 배(自船) 위치를 구하기 위한 다음의 천측자료를 수록한 것이다.

① 1년간 매일, 매시각의 4개 행성(금성, 수성, 목성, 토성)에 대한 그리니치 시각(時角)과 적위(赤緯)

② 57개 항성의 항성시각과 적위.

③ 1년간 매일, 매시각, 태양과 달의 그리니치시각과 적위 및 달의 수평시차(水平時差).

④ 1년간 매일의 일출·일몰시각과 월출·월몰 시각 및 박명시각 등*

천측력은 1952년 12월에 그리니치천문대(Royal Greenwich Observatory)와 미국 해군천문대(US Naval Observatory)에서 공동으로 편집하여 간행한 것 중 미국 출판물을 근거로 1953년 발간분을 복제하여 간행한 것이 우리나라 최초의 천측력이다.

2.7 태양방위각표

태양방위각표(Azimuths of the sun)는 선박에 탑재되어 있는 자기 나침반의 자차(自差) 또는 컴퍼스의 오차를 산출하는 데 사용하는 서지로 태양의 적위(赤緯) 매 1°에 대하여 연중 2~3일 간격으로 매일 지방시시(地方視時), 10분마다 태양의 진방위와 일출·일몰시각을 게재하고 있다. 태양방위각표의 초판은 1958년 8월, 미국해군 해양국이 간행한 "Azimuth of the Sun and Other Celestial Bodies of Declination 0~23°"를 원본으로 하여 최초로 간행하였다. 최근에는 소프트웨어로 개발하여 필요한 정보를 입력하면 자동으로 계산해 주는 사이트도 개발되어 활용되고 있다.

---

* 이 서지는 1년간의 자료를 수록하게 되므로 일반인이 사용하는 달력처럼 매년 발행하며, 그 자료는 한국천문연구원의 천문상수를 기초로 산출한 것을 활용하고 있다.

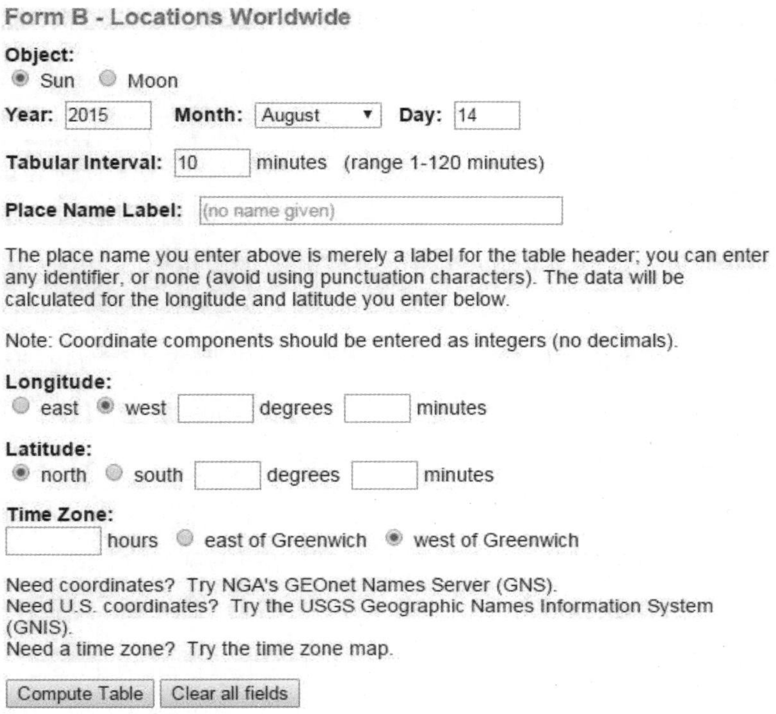

Form B - Locations Worldwide

Object:
◉ Sun ○ Moon

Year: 2015   **Month:** August ▼   **Day:** 14

Tabular Interval: 10   minutes (range 1-120 minutes)

Place Name Label: (no name given)

The place name you enter above is merely a label for the table header; you can enter any identifier, or none (avoid using punctuation characters). The data will be calculated for the longitude and latitude you enter below.

Note: Coordinate components should be entered as integers (no decimals).

Longitude:
○ east ◉ west [   ] degrees [   ] minutes

Latitude:
◉ north ○ south [   ] degrees [   ] minutes

Time Zone:
[   ] hours ○ east of Greenwich ◉ west of Greenwich

Need coordinates? Try NGA's GEOnet Names Server (GNS).
Need U.S. coordinates? Try the USGS Geographic Names Information System (GNIS).
Need a time zone? Try the time zone map.

[Compute Table] [Clear all fields]

〈그림 8-3〉 태양방위각 환산 프로그램

2.8 천측계산표

천측계산표(天測計算表, Sight Reduction Tables for Marine Navigation)는 대양항해 시 천체의 고도와 방위각을 측정하여 자선의 위치와 더불어, 기정 침로(起程針路)와 대권 거리, 대권침로 상의 변침점(變針點) 등을 알아내기 위하여 남·북위도 0~90° 사이의 적위 매 1°에 대한 계산고도와 연속한 계산고도의 차, 방위각을 수록한 서지이다. 위도 15°씩의 자료를 1권에 담아 모두 6권으로 구성되며, 각 권에 포함되는 위도 범위는 다음과 같으며, 괄호 속의 숫자는 서지번호이다.

① 위도 00°~15°(331)

② 위도 15°~30°(332)

③ 위도 30°~45°(333)

④ 위도 45°~60°(334)

⑤ 위도 60°~75°(335)

⑥ 위도 75°~90°(336)

2.9 등대표

등대표(燈臺表, List of Lights)는 우리나라 연안의 모든 항로표지를 동해안~남해안~황해안을 따라 시계방향으로 일련번호를 부여하여 수록한 서지로서 항로표지의 명칭과 위치, 등대의 재질, 등대의 높이, 광달거리, 색깔과 구조에 관한 자료와 함께 항로표지에 대한 해설, 항로표지에 관한 법규 등을 게재하고 있다.

항로표지 중 특히 등부표(燈浮標)는 그 내용이 변경되는 경우가 많으므로 국립해양조사원이 매주 발행하는 항행통보를 참조하여 항상 갱신해야 한다. 1952년 12월에 우리나라에서 처음으로 한국연안등대표(제1권)를 간행하였으며, 이 등대표는 우리나라 전 연안에 설치되어 있는 항로표지를 주간표지, 야간표지, 무선방위신호서로 구분하여 편집하고 간행하였다.

한국전쟁 동안 파괴된 등대를 복구하고 관리하는 과정에 지속적인 개정판이 나왔으며, 초기 등대표의 항로표지 배열순서는 항로고시의 항수 배열순서와 같이 북위 38° 이남의 동해안, 남해안, 황해안과 38° 이북의 동해안, 황해안 순으로 배열하였고 다음에 입표, 부표, 무선방위 신호소가 포함되어 있다. 표지번호는 3자리 숫자 단위로 표시하였으나 현재는 아래와 같이 사용하고 있다.

〈표 8-2〉 항로표지 번호

종별	항로표지 번호	해안 구분과 무선국의 종류
등광·형상·색채·음향에 의한 항로표지 (비행장등대, 항공등대 포함)	1201~1999 2001~2999 3001~3899	동해안 남해안 황해안
전파에 의한 항로표지	4001~4199 4201~4299 4301~4399 4401~4499 4501~4599	라디오비콘/레이더비콘 항공무선표지국 LORAN국 DECCA국 DGPS국
북한연안의 항로표지	1001~1199 3901~3999	동해안 황해안

2.10 해도도식

국립해양조사원이 간행하는 해도에 표기하는 모든 기호와 약어에 대한 해설집이다. 해도도식 (Chart Symbols and Abbreviations)은 국제수로기구(IHO)가 해도의 국제적 사용을 위해 발간한 "INT 1 Symbols, Abbreviations, Terms used on Charts"를 준용하여 제작된 것으로 종이해도 및 전자해도에 사용되는 모든 기호화 약어를 수록하였다.

2.11 조석표

1) 한국연안

조석표는 일반인들에게 '물때표'라는 이름으로 알려져 있는 서지로서 우리나라 연안 41개 지역의 연간 매일 고조와 저조의 시각과 높이, 주요 9개 협수로 등에 대하여 연간 매일의 전류시와 최강류시 및 유속을 추산하여 그 예보 값을 수록하고 있으며, 특히 개항 중 조차가 큰 인천, 군산, 목포 등 3개 지역은 연간 매일, 매시의 조고까지 게재하고 있다. 조석 해설과 개정판 번호, 비조화상수도 함께 수록하여 필요한 곳의 조석현황을 산출할 수 있도록 하였으며, 우리나라 각 해안의 조석과 조류

2015年 8月	월령	물때/물흐름	만조시각	간조시각	일출/일몰시각	월출/월몰시각	날씨
금 14 7.1	그믐	8 물	08:18 (119) ▲+91 20:33 (132) ▲+106	01:54 (28) ▼-100 14:09 (26) ▼-93	05:43/19:15	05:12/18:48	
토 15 7.2	☽	9 물 MAX	08:49 (122) ▲+98 21:03 (134) ▲+110	02:26 (24) ▼-108 14:41 (24) ▼-98	05:43/19:13	06:07/19:23	
일 16 7.3	☽	10 물 MAX	09:18 (123) ▲+100 21:30 (134) ▲+110	02:56 (23) ▼-111 15:13 (24) ▼-99	05:44/19:12	07:01/19:56	
월 17 7.4	☽	11 물	09:45 (123) ▲+99 21:56 (133) ▲+106	03:24 (24) ▼-110 15:42 (27) ▼-96	05:45/19:11	07:55/20:27	
화 18 7.5	☽	12 물	10:12 (122) ▲+95 22:23 (130) ▲+98	03:51 (27) ▼-106 16:11 (32) ▼-90	05:46/19:10	08:48/20:59	
수 19 7.6	☽	13 물	10:39 (119) ▲+88 22:51 (125) ▲+87	04:18 (31) ▼-99 16:41 (38) ▼-81	05:46/19:09	09:42/21:31	
목 20 7.7	☽	14 물	11:08 (116) ▲+80 23:22 (118) ▲+73	04:47 (36) ▼-89 17:13 (45) ▼-71	05:47/19:07	10:35/22:04	
금 21 7.8	☽	조금	11:42 (111) ▲+68 23:59 (110) ▲+57	05:19 (43) ▼-75 17:51 (53) ▼-58	05:48/19:06	11:29/22:39	

〈그림 8-4〉 부산의 조석표 사례

출처: badatime.com

의 개황, 각종 해상구조물공사에 요긴하게 사용할 수 있는 기본수준점 성과표도 함께 수록하였다. 최근에는 본 서지를 전산화하여 인터넷에서 접근이 용이하도록 서비스하고 있다.

2) 태평양 및 인도양

한국연안 조석표와 같은 내용을 담고 있으나 그 대상지역을 태평양 및 인도양 연안 주요 55개항 또는 지역으로 하고 있다. 이 자료는 미국, 영국, 일본, 필리핀 등 국제수로기구(IHO) 회원국과의 상호 자료교환을 통해 확보되었다.

1952년 12월에 처음으로 1953년도용 조석표 제1권을 간행하였다. 초기의 조석표는 우리나라 연안과 태평양, 인도양의 주요 항에 대한 조시와 조고, 비조화상수 등을 게재하여 발행하였으나, 1961년부터 조석표를 제1권 및 제2권으로 분리하여 제1권에는 우리나라와 태평양연안 주요 항만에 대한 조시와 조고, 우리나라와 일본연안의 주요 수로에 대한 조류의 전류시 및 최강유속 등을 수록하여 매년 간행하였으며, 제2권에는 우리나라와 태평양연안 주요항의 조석개정수, 비조화상수 등을 수록하여 매년 간행하고 있다.

최초로 간행한 조석표에는 인천, 부산, 포항, 군산 등 4개항을 표준항으로 하여 북한지역을 포함하는 25개 주요 항 즉, 울릉도, 장전, 원산, 성진, 청진, 웅기, 진해, 지세포, 통영, 남해도, 여수, 완도, 제주, 어란진, 진도, 목포, 대흑산도, 덕적도, 해주, 대연평도, 용호도, 대청도, 몽금포, 대화도, 용암포와 일본연안의 도쿄 등 11개 항, 중국의 다롄 등 27개 항의 조석 예보치를 게재하였다.

그 후 1960년부터는 조석표의 예보항도 점차 증가하였고 부산항에서 인천항까지의 조류도표를 게재함으로써 부산항에서 인천항 또는 인천항에서 부산항으로 향하는 모든 선박이 항해계획의 작성과 경제적 운항에 도움을 받고 있다.

2.12 조류도

조류도(Tidal Current Charts)는 우리나라 주요지역의 조류 현황을 설명과 함께 그림으로 나타낸 서지로서 경제 항로 선정 시 중요한 정보자원이 되고 있다.

1) 수록 내용

① 해당지역의 조류 개황

② 해당지역의 조석과 조류와의 관계를 나타낸 곡선도

③ 달이 동경 135°를 통과한 시각부터 12시간 후까지 매 1시간 간격의 조류 개황도

④ 해당지역의 항류도

2) 대상지역

조류도와 서지는 넓은 범위가 아닌 항구와 주요 섬을 중심으로 국지적으로 간행이 되고 있으며, 실제 번호는 〈표 8-3〉을 보면 알 수 있다.

〈표 8-3〉 각 지역의 조류도와 서지번호

부산에서 여수(620)	제주도 동부(622)	군산항 부근(632)
마산·진해항(620-1)	마산·진해항(620-1)	격렬비열도 부근(633)
부산항 부근(620-2)	목포항및 부근(630)	인천항및 부근(634)
여수에서 완도(621)	목포항 부근(630-1)	평택항 부근(634-1)
광양항 부근(621-1)	명량수도(630-2)	인천항 부근(634-2)
여수항 및 여수해만(621-1)	흑산제도 부근(631)	대산항 부근(634-3)

* 괄호 안의 숫자는 서지번호를 표시함

2.13 한국해양환경도

우리나라를 중심으로 동해와 황해 및 남해(일부는 일본 남부까지 포함)를 대상지역으로 하여 해양환경의 여러 가지 상황을 그림으로 표시한 서지로서 수록된 내용은 다음과 같다.

① 해저지형

② 월별 0, 50, 100m 층의 수온과 염분분포

③ 월별 0, 100m 층의 용존산소량

④ 4계절 해수 투명도의 평균값

⑤ 인간생존 가능 상태와 해류, 표면파고의 월별 평균값

⑥ 5~9월의 평균 태풍빈도

⑦ 남해안의 연간 최강창·낙조류 현황

⑧ 우리나라 부근 M2조의 등조시도

⑨ 동해안 부근의 3~5월, 6~8월, 9~11월 중 표층해류의 평균값

⑩ 우리나라 연안 주요 50개소의 20~30년간 수온과 해수비중의 누년 월평균값

2.14 수로도서지 목록

국립해양조사원이 간행하는 해도와 서지를 색인도와 함께 번호별로 나타낸 목록으로서 해도의 명칭과 축척, 간행 년, 월, 도적(圖積) 등으로 구분하였으며 전국의 판매소와 가격 정보 등도 수록하고 있다.

2.15 해양조사기술연보

국립해양조사원이 매년 시행하는 수로조사의 성과와 연구논문, 서지 간행내역과 국제수로기술 협력 등의 내용을 수록한 연보로서 매년 전년도의 성과를 게재하고 있다. 최초의 수로기술연보는 수로측량과 해양관측의 분석, 연구와 이에 관한 선진국의 문헌을 소개하고 수로, 해양과학기술의 발전을 도모할 목적으로 연구·조사한 자료, 시보(時報), 잡록(雜錄) 등으로 구분하여 1953년 4월에 국배판으로 제1호를 간행한 이후 1962년 7월 제5호까지 부정기적으로 간행하여 오다가 1963년부터 수로연보로, 1972년부터 수로기술연보로 그 명칭을 바꾸어 매년 조사원이 조사·측량한 자료와 연구논문, 수로행정에 관한 사항을 수록하여 간행하고 있다.

3. 항행통보

3.1 항행통보의 목적

해도 간행 후 수로, 연안, 항만 등의 상황은 자연적 또는 인위적으로 변화가 생긴다. 즉 수심의 변화·항로장애물의 발생, 항로표지의 신설·개폐·유실 및 항해 금지 구역의 설정 등 모두가 직접 또는 간접적으로 항해 안전에 영향이 있으므로 이들 사항은 신속하게 선박에 주지시킴과 동시에 해도나 수로서지를 정정하여야 한다. 이 목적을 위하여 관계당국(해양수산부, 국립해양조사원)에서는 항행경보(Navigational Warning)를 방송하고 다시 해도를 개정, 정정하기 위한 항행통보(Notice to Mariners)를 주 1회 발행하고 있다.

3.2 항행통보의 내용

항행통보에 게재하는 사항은 선박의 안전항해와 해양안전사고 예방 및 해양조사 등과 관련된 사항으로 그 주요 내용은 다음과 같다.
① 수심, 안선 등의 변화
② 섬, 암초, 천소, 천주의 존재
③ 수중 장애물, 침선 등
④ 항로표지 및 현저한 물표의 신설, 폐지, 변경, 이변 등
⑤ 항만 및 외해에서의 공사 등
⑥ 해상 훈련, 연습, 실험 등
⑦ 해저선, 가공선에 관한 것
⑧ 항만시설, 이동, 항박의 제한 또는 금지사항
⑨ 항로의 신설, 폐지, 개정, 경로의 지정 등 해사 법규
⑩ 해조류에 관한 사항
⑪ 수로도서지의 신·개·폐간 및 내용 개정과 정정
⑫ 운전 부자유선의 존재 및 해난 구조 요청 등

⑬ 어업용 시설 존재 및 조업 상황

⑭ 표류물 및 표류 위험물

⑮ 화산활동(해저) 및 자연 이상 현상

⑮ 기타 항해자에게 주지시켜야 할 필요한 사항

3.3 항행경보제도의 이해

항행통보 중 긴급을 요하는 사항은 일반 항행통보로서는 시각을 다투는 긴급한 사항을 알릴 수 없으므로 통보 자료 입수 즉시 무선 전신, 라디오 또는 공동통신의 팩스 등으로 방송·통보하고 있는데 이를 항행경보라 한다. 무선 전신은 주로 대형선박을 대상으로 하고 라디오 방송은 무선시설이 장치되어 있지 않거나 인원 등 무선 전신을 수신할 수 없는 선박 즉 소형선박이나 개인 위탁용 선박 및 항내 군도항로대 등을 대상으로 하고 있다.

1) 무선 전신 방송
무선 전신에 의한 항행 경보는 정해진 시간에 해양수산부 산하 어업 무선국에서 방송하고 있다.

2) 라디오에 의한 방송
라디오에 의한 방송은 매일 정해진 시간에 한국방송공사(KBS)와 문화방송국(MBC) 등을 통하여 방송하고 있으며 필요시 각 지방방송국을 통하여 중계방송하고 있다.

3) 세계 무선 항행 경보 제도
국제수로기구(IHO)와 국제해사기구(IMO)의 공동작업으로 정해진 세계항행 경보업무 시스템에 기초한 세계 전 해역(남극·북극해역은 제외)을 16개 구역으로 분할하고 있으며, 우리나라는 제11구역(NAVAREAXI)에 속하고 있고 지역 조정국은 일본으로서 각 구역에 설치된 구역 조정국에 의해서 장거리 무선 전신으로 방송하고 있다.

4. 타국의 서지 관리 기관과 해양안전 관련 서지

4.1 각국의 서지 발간기관

〈표 8-4〉는 각국의 서지 발간 기관을 요약한 것으로 보다 상세한 정보를 알고자 할 때 사용하면 된다.

〈표 8-4〉 해외의 수로서지 간행 기관

대륙	국가	기관명	사이트
아메리카	캐나다	캐나다수로국	http://www.charts.gc.ca
	미국	미국해양기상청	http://www.nauticalcharts.noaa.gov
아시아	한국	국립해양조사원	http://khoa.go.kr
	일본	수로해양국	http://www1.kaiho.mlit.go.jp
	인도네시아	해양수로센터	http://dishidros.go.id
	인도	국립수로국	http://www.hydrobharat.nic.in
	타일랜드	왕립타이해군	http://www.hydro.navy.mi.th
	중국	중국수로국	hydro.ngd.gov.cn(현재 공사중)
유럽	영국	영국왕립수로국	http://www.gov.uk/UKHO
	프랑스	프랑스수로국	http://www.shom.fr/les-produits/produits-nautiques
	독일	독일해양수로국	http://www.bsh.de
	노르웨이	노르웨이수로서비스	http://www.kartverket.no
	아이슬란드	해양경비수로국	http://www.lhg.is
오세아니아	오스트레일리아	오스트레일리아수로국	http://www.hydro.gov.au/prodserv/publications/publications.htm
UN	국제연합	해양아틀라스	http://www.oceansatlas.org

4.2 해양안전정보 매뉴얼

2009년 국제해사기구(IMO)의 해양안전정보위원회에서는 국제해사기구(IMO)·국제수로기구(IHO)·세계기상기구(WMO)가 공동으로 작업한 해양안전정보매뉴얼(MSI: MANUAL ON MARITIME SAFETY INFORMATION)을 공표하였으며, 해양 탐사 및 구조관련 기술위원회에서 동의를 받아 널리 공유되고 있는 문서이다. 2011년에 일부 개정되었으나 안전에 관한 매뉴얼 중 가장 우위에 있는 서지라고 할 수 있다.

1) 일반사항

본 매뉴얼은 항해경보에 관심 있는 사람과 기상예보 및 경보를 올리고자 하는 기관에서 사용할 수 있으며, 전 세계적으로 공통으로 사용되는 매뉴얼이다. 적정시간에 올바른 정보를 제공하기 위해서 국제해사기구에서 통신에 관한 규정까지 적용하였으며, 전 세계의 행해경보서비스에서 일부 수정하였다. 국제 내비텍스(NAVTEX)시스템이나 안전정보망(SafetyNET) 서비스도 이 표준을 준수하고 있다.

2) 해양안전 서비스의 배포체계 구성도

아래의 그림은 해양안전 매뉴얼이 작동하고 배포되는 체계를 정리한 것이다. 네 종류의 다른 정보가 국제기구와 각국의 협조를 통해 표준화된 양식으로 생산되어 협력 방송서비스를 통해서 내비텍스 서버와 안전 정보망의 서버를 통해서 각 선박의 수신기로 전달되도록 되어 있다.

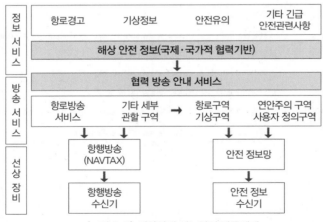

〈그림 8-5〉 해양안전 매뉴얼의 작동체계

· 8장 ·

참고문헌

공길영·김영두·정창현, 2010, 「항해위험도 평가기술을 이용한 VDR 성능 개선에 관한 연구」, 『한국항해항만학회지』, 34(5), pp.319-324.

금종수·윤명오·장윤재, 2001, 「연안해역의 항행 안전성 평가에 관한연구」, 『한국해양환경안전학회지』, 7(2), pp.39-48.

김세원·정우리, 2014, 「예부선 야간항해 시 예인삭 식별 향상방안에 관한 연구」, 『한국항해항만학회지』, 34(5), pp.305-311.

민병언·정명선, 1984, 「동계북태평양을 항행하는 대형선박의 황천피항조선에 관한 연구」, 『한국항해항만학회지』, 8(2), pp.51-70.

박태근, 1985, 「파라다호의 수로지(水路誌)」, 『영토문제연구』, 2, pp.237-267.

백원선·김옥석·정재용, 2008, 「서남해 연안해역의 항행 위해요소에 관한 분석」, 『한국해양환경안전학회지』, 14(3), pp.219-225.

오세웅·박종민, 2014, "A Study on Development of Digital Nautical Publication", *Journal of Korean Navigation and Port Research*, 34(1), pp.1-8.

이정민·이경호·김대석, 「증강현실 기반의 항행정보 가시화를 위한 영상해석 모듈」, 『한국해양공학회지』, 27(3), pp.22-28.

이한석·송석기·김나영·뤼훙웨이, 2010, 「항구도시 칭다오의 식민시대 도시변천과 근대건축형성에 관한 연구」, 『한국항해항만학회지』, 34(5), pp.355-365.

이형기·정창현·공길영·박영수, "A Proposal on the Navigation Supporting System for improving the Marine Traffic Safety", *Journal of Korean Navigation and Port Research*, 33(7), pp.463-467.

정재용·김철승·박영수·정기남, 2008, 「울산항의 항행환경 조사분석」, 『한국해양안전학회지』, 14(2), pp.211-217.

최경식, 2006, 「빙해항행 선박 주요목의 변화 경향에 대한 조사연구」, 『한국해양공학회지』, 20(3), pp.77-81.

최성두·우양호·안미정, 2013, 『해양문화와 해양 거버넌스』, 도서출판선인.

해양수산부, 2010, 『무인도서종합관리계획』.

인터넷

미국 공간정보국 연안통보 http://www.nauticalcharts.noaa.gov/staff/nga.html.

미국 연안경비대 www.uscg.mil.

미국 해양대기국 www.noaa.gov.

미국해양대기국 디지털 코스트 http://csc.noaa.gov/digitalcoast.

미국해양대기국 항해센터 http://www.navcen.uscg.gov/?pageName=pubsMain.

수산정보보털 http://www.fips.go.kr/index.jsp.

영국수로국의 디지털 코스트 http://www.digitalcoast.co.uk.

오스트레일리아 수로국 www.hydro.gov.au.

유럽 연합 해양 아틀라스 http://ec.europa.eu/maritimeaffairs/atlas/index_en.htm.

일본 수로연맹 www.jha.or.jp/en/jha.

일본 해상보안청 www.kaiho.mlit.go.jp.

http://www.auslig.gov.au/products/digidat/dem.htm.

http://www.environment.gov.au/coasts/mbp/publications/general/nat-a tlas-nonfish.html.

http://www.ihaesa.com/News/list_view.html?Pass=GA-7-9466.

Marine Irish Digital Atlas(MIDA) http://www.cmrc.ie/projects/mida-the-marine-irish-digital-atlas.html.

9장

해양공간정보와
전자해도

1. 해양공간정보

1.1 공간정보

1) 공간정보 정의

　인간은 수천 년 전부터 경계를 지어 자신의 영역을 확보했으며, 말을 타고 이동을 하며 주변 지형을 관찰하다가 현대에 이르러는 항공기와 인공위성으로 더 높이 올라가 관측하기 시작했다. 이와 같이 공간을 이해하기 위해 지구 상에 있는 물체의 위치나 현상을 정보화한 것이 공간정보 (Geospatial Information)이다. 공간정보는 공간 상에 있는 객체나 현상의 공간적인 위치를 나타내는 도형자료(Graphic data)와 이와 관련된 속성자료(Attribute data)로 구분할 수 있다.

　공간정보는 도형자료와 속성자료가 상호 연계되어 있는 특성을 가지는데, 공간정보에 대해 도형자료를 이용하여 속성자료를 검색할 수 있는가 하면, 반대로 속성자료를 이용하여 도형자료를 검색할 수도 있다. 공간정보는 공간적 위상 관계를 설정할 수 있는데, 공간적 위상 관계는 도형자료에서 지리적 객체 간에 존재하는 공간적 상호 관계로, 객체 간의 상호 인접성, 연결성, 근접성 등의 특성을 바탕으로 일정 조건을 만족하는 지역이나 조건을 검색, 분석이 가능하다. 또한 공간정보가 가지는 시계열성을 이용하여 일정 기간 수집된 시간을 파악하여 시간과 관련된 지형 공간을 분석할 수 있다.

2) 공간정보시스템

　공간정보시스템(Geographic Information System)은 인간의 의사결정 능력을 지원하기 위해 공간 상 위치를 나타내는 도형자료와 이에 관련된 속성자료를 연결하여 처리하는 정보시스템으로서, 다양한 형태의 지리정보를 효율적으로 수집, 저장, 갱신, 처리, 분석, 출력하기 위해 이용되는 하드웨어, 소프트웨어, 공간정보, 인적 자원의 통합적 시스템이다. 공간정보시스템의 각 구성요소에 대한 설명은 다음과 같다.

　　– 하드웨어: 공간정보시스템을 운용하는 데 필요한 각종 입·출력, 연산, 저장 등을 위한 컴퓨터 시스템을 총칭

- 소프트웨어: 각종 정보의 분석, 출력, 저장을 지원하는 컴퓨터 프로그램을 말하며, 정보의 입력(Input) 및 중첩(Overlap), 데이터베이스 관리, 질의 분석(Query & Analysis), 시각화(Visualization) 등의 기능을 담당
- 공간정보: 지도에서 추출한 지형 등의 도형자료와 각종 문서, 대장, 통계자료 등에서 추출한 속성자료를 모두 포함하며, 최근에는 평면 상의 지도가 아닌 항공사진이나 인공위성 사진과 같은 자료도 포함
- 인적자원: 공간정보시스템을 구성하는 가장 중요한 요소로서 공간정보를 구축하고 실제 업무에 활용하는 사람을 말하며, 시스템을 설계하고 관리하는 전문 인력과 일상 업무에 공간정보시스템을 활용하는 사용자를 모두 포함

공간정보시스템은 언급한 것과 같이 공간정보를 처리하고 분석하는 시스템으로서, 공간정보에 관련된 다양한 분석과 활용 업무를 수행할 수 있는데, 특히 공간정보에 관련된 업무를 수행하기 위해서는 공간정보의 획득, 전송, 검수와 편집, 저장과 구조화, 재구조화, 일반화, 변환, 질의, 분석, 제시 등의 기능이 빈번히 사용되고 있다.

- 획득: 공간 정보의 수집
- 전송: 이미 획득된 자료를 공간정보시스템의 자료형태로 변환
- 검수와 편집: 공간정보의 오류 제거와 정보의 통일성 확보
- 저장과 구조화: 공간정보를 구조화하여 효율적인 자료 저장과 분석 작업을 쉽게 수행
- 재구조화: 공간정보 자료 구조를 변환하는 것이며, 사례로서 벡터 구조에서 래스터 구조로의 변환이 있음
- 일반화: 공간정보의 유연화(Smoothing), 통합 또는 분할을 말함
- 변환: 지리정보의 축척, 회전, 반전 등의 변환 등을 의미
- 질의 및 분석: 도형자료와 속성자료의 상호 연계에 의한 자료 검색과 다양한 분석 기능
- 제시: 지리정보를 지도, 그래프, 통계 요약, 표, 리스트 등으로 표현

3) 공간정보시스템의 활용 분야

공간정보시스템의 활용 분야는 환경자원 관리 및 분석, 토지이용 계획, 입지 분석, 시장 분석, 시설물 관리, 교통계획 및 관리, 부동산 분석 등 매우 광범위하다. 공간정보시스템을 활용하는 기관은 정부 및 공공기관, 민간기업과 영리 단체, 학교와 연구기관 등 매우 다양한데, 우리나라의 경우 도시관리와 계획, 도로, 전력, 가스, 수도 등의 시설물 관리와 같은 공공 부문에서 공간정보시스템이

활용되고 있다. 공간정보시스템의 활용사례는 다음과 같이 정리할 수 있다.

- 토지정보시스템(LIS: Land Information System)
- 도시정보시스템(UIS: Urban Information System)
- 도면 자동화 및 시설물 관리시스템(AM/FM: Automated Mapping and Facility Management)
- 교통정보시스템(TIS: Transportation Information System)
- 환경정보시스템(EIS: Environment Information System)
- 국방정보시스템(NDIS: National Defense Information System)
- 재해정보시스템(DIS: Disaster Information System)
- 지하정보시스템(UGIS: Under Ground Information System)
- 측량정보시스템(SIS: Serveying Information System)
- 자원정보시스템(RIS: Resources Information System)

1.2 해양공간정보

1) 해양공간정보 특징

공간정보는 공간을 이해하기 위해 지구 상에 있는 물체의 위치나 현상을 정보화한 것으로, 지형지물, 지명, 경계 등의 위치 및 속성에 관한 정보로 정의하고 있는 것이며, 해양공간정보는 공간의 영역을 해양으로 옮겼을 뿐, 기본적인 정의는 공간정보와 동일하다고 할 수 있다.

해양공간정보는 육상 공간정보와 구별되는 특징을 가진다. 해양공간정보는 육상 데이터에 비해 동적이고 시계열성을 가지며, 데이터를 수집하기 어려우며, 대용량의 특성을 가지고 있다. 또한 자연환경에 의존적이며 공공성이 강하여 주로 관리 및 정책 응용시스템으로 활용되고 있다. 해양공간정보 특성은 다음 표와 같이 정리할 수 있다.

〈표 9-1〉 해양공간정보의 특성

특징	내용
이질적 매질	- 3차원 이상, 비정수차원 데이터 모델 - 다양한 데이터 속성 - 시공간 데이터 모델링 - 주기적 갱신 중요
접근의 어려움	- 데이터 획득비용 비중이 큼 - 참조점 설정의 어려움
개방성 및 연속성	- VLDB 기술의 개발 - Seamless 데이터베이스
자연환경에 의존적	- 대부분 공간데이터와 관련
공공성이 큼	- 관리 및 정책 응용시스템 위주
연안의 복합성	- 복잡한 공간이용 모델 필요 - 다양한 데이터 통합필요

2) 해양공간정보시스템 사례

해양공간정보시스템은 해양 및 연안의 공간적 위치와 결합되어 있는 다양한 정보를 수집, 처리, 저장, 관리, 갱신, 분석 및 표현하는 데 이용되는 하드웨어, 소프트웨어, 데이터, 인적자원이 유기적으로 결합되는 총체적 체계로 정의한다.

해양공간정보는 연안과 해양에서 수집되는 자료로서, 〈그림 9-1〉과 같이 해양수산 관련 법령에서 정의하고 있는 해역 범위에 따라 해양 GIS의 수평적 공간의 범위를 파악할 수 있다. 수평적 범위로는 연안육역과 연안해역으로 구분할 수 있으며, 수직적 범위로는 해면, 해중, 해저, 해저하 등으로 구분할 수 있다.

해양공간정보시스템은 해양수산 분야의 다양한 업무로 활용되고 있는데, 해양안전 분야에는 ECDIS, AIS, VTS 등이 있으며, 해양환경 분야에는 해양오염 모니터링, 해양오염 방제체계 등이 있다. 해양자원 분야에는 해양심해자원관리, 해저지형분석, 어업수산 분야에는 공간기반 어장관리, 어장이동 모니터링 등이 있다. 해운물류 분야로는 물류네트워크 분석, 물류추적 시스템으로 활용되고 있으며, 해양외교 분야로는 EEZ 관리, 한일·한중 공동수역 관리 분야로 적용되고 있다. 이외의 분야로는 해양정책, 항만건설, 연안관리 등의 다양한 분야에서 해양공간정보시스템과 관련 기법 등을 활용하고 있다.

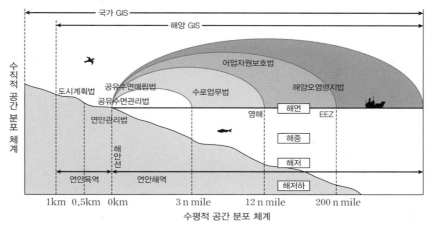

〈그림 9-1〉 해양 GIS의 공간적 범위

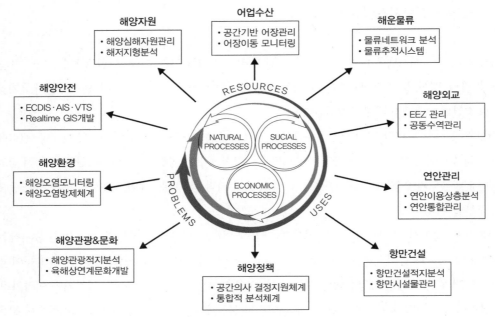

해양자원
• 해양심해자원관리
• 해저지형분석

어업수산
• 공간기반 어장관리
• 어장이동 모니터링

해운물류
• 물류네트워크 분석
• 물류추적시스템

해양안전
• ECDIS·AIS·VTS
• Realtime GIS개발

해양외교
• EEZ 관리
• 공동수역관리

해양환경
• 해양오염모니터링
• 해양오염방제체계

연안관리
• 연안이용상층분석
• 연안통합관리

해양관광&문화
• 해양관광적지분석
• 육해상연계문화개발

해양정책
•공간의사 결정지원체계
•통합적 분석체계

항만건설
• 항만건설적지분석
• 항만시설물관리

RESOURCES

PROBLEMS

USES

NATURAL PROCESSES

SUCIAL PROCESSES

ECONOMIC PROCESSES

〈그림 9-2〉 해양공간정보시스템의 활용 사례

2. 전자해도

2.1 국가 수로서비스

1912년 4월 10일에 약 2,200명을 태우고 첫 출항한 타이태닉호는 프랑스의 셰르부르와 아일랜드의 퀸스타운(현 코브)을 거쳐 미국의 뉴욕으로 향하다 4월 14일 23시 40분, 북대서양의 뉴펀들랜드로부터 남서쪽으로 640km 떨어진 바다에서 빙산에 충돌하여 침몰하였다. 배의 규모는 46,328t, 길이는 268.8m, 폭은 27.7m, 최대 속도는 23kn(42.6km/h)로 달리는 최신형 선박이었으나, 배에는 16척의 구명보트와 4척의 접는 보트만이 준비되어 있었고 승객의 절반밖에 탈 수 없었다. 사고 당시 10마일쯤 떨어진 곳에 다른 선박이 운항하고 있었으나 무선 통신을 꺼 놓고 있었기 때문에 타이태닉호에서 보낸 구조 신호를 듣지 못했다. 이 사고로 영국 런던에서 최초의 국제해상안전인명협약(SOLAS, International Convention for the Safety of Life at Sea)이 발효되어 현재에 이르고 있으며, 국제해사기구(IMO)가 수립한 MARPOL(International Convention for the Prevention of Pollution from Ships), STCW(Standards of Training for Certified Watchkeepers)와 더불어 해사분야에서 적용되고 있는 가장 강력한 협약 중의 하나로 적용되고 있다.

국제해상 인명안전 협약에서는 SOLAS 협약 국가는 수로 데이터의 수집과 간행물의 편집, 안전한 항해를 위해 필요로 하는 모든 항해 정보를 공급하고 최신화하는 역할을 수행해야 한다고 정의하고 있다. 특히 SOLAS 협약 국가는 항해를 지원하기 위한 최적의 방법으로 항해 및 수로 서비스를 수행하는 데 협력해야 할 것을 강조하였다. 협약의 5장에 따르면 다음과 같다.

- 안전항해를 위해 충분하도록 수로 측량이 이루어져야 함
- 안전항해를 위한 요구사항을 충족할 수 있도록 해도, 항로지, 등대표, 조석표, 기타 서지를 준비하거나 간행
- 수로도서지가 최신성을 유지하도록 항행통보를 발행
- 수로 서비스를 위해 데이터 관리 체계를 구축

이와 같이 국가는 안전한 항해를 위해 요구되는 수로측량, 수로도서지 간행, 간행정보의 최신화를 위한 업데이트 활동 등을 수행하는 등 국가 차원의 수로서비스가 필요함을 강조하고 있다. 국가 수로서비스의 핵심 정보는 해도로서 전통적으로 종이해도가 널리 사용되고 있으나, 전 세계의 국가수로국이 전자해도 간행체계를 구축하고 종이해도 간행 영역 수준으로 전자해도 간행 영역을 확

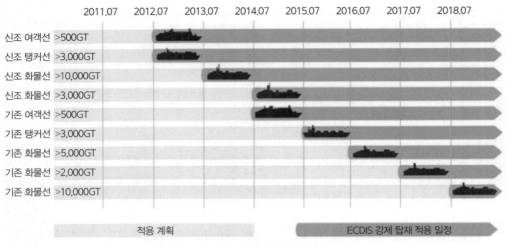

〈그림 9-3〉 ECDIS의 탑재요구사항 적용 계획

보함에 따라 전자해도 사용이 확대되고 있는 추세이다. 전자해도는 항해 안전을 위해 국가가 제공하는 수로서비스의 핵심 정보로서, 그 중요성이 확대되고 있으며, 국제해사기구(IMO)가 전자해도표시시스템(ECDIS: Electronic Chart Display & Information System, 이하 ECDIS)을 SOLAS 협약 선박의 필수 장비로 지정함에 따라 전자해도는 해양안전 분야의 필수적인 정보 인프라가 되었다. 〈그림 9-3〉은 국제해사기구가 SOLAS 협약 선박에 적용하기 위해 수립한 ECDIS 탑재 추진 적용 일정에 관한 그림으로, 2012년 7월 1일을 기점으로 건화물(Dry cargo), 탱커(Tankers), 국제여객선(Passengers vessels)의 각 톤수 별로 운항 중인 선박과 신조선에 ECDIS 의무 탑재 일정을 지정하였다. 단 3,000t 이하의 건화물선과 탱커선, 5,000t 이하의 국제여객선은 예외로 하였다.

2.2 전자해도 정의

전자해도란 ECDIS에서 사용하기 위해 종이해도 상에 나타나는 해안선, 등심선, 수심, 항로표지(등대, 등부표), 위험물, 항로 등 선박의 항해와 관련된 모든 해도정보를 국제수로기구(IHO)의 표준규격(S-57)에 따라 제작된 디지털해도를 말한다. 전 세계 각국에서는 안전한 항해 지원을 위해 전자해도를 간행하고 있으며, 간행구역 확대 노력에 따라 종이해도 수준의 간행 구역을 확보하게 되었다.

안전항해에 필수 정보인 전자해도에 참조하는 표준과 제작 기관에 따라 공인 전자해도(Official

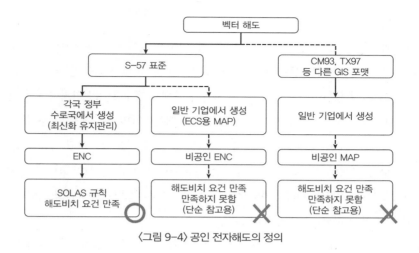

<그림 9-4> 공인 전자해도의 정의

ENC)인지 아닌지 여부를 판별할 수 있는데, 먼저 국제수로기구(IHO) S-57 표준에 따라 국가 수로국에서 간행한 해도는 SOLAS 규칙의 해도비치 요건을 만족하는 반면, 일반 기업에서 ECS(Electronic Chart System) 탑재를 목적으로 만든 전자해도는 비공인 전자해도로서 SOLAS 해도비치 요건을 만족하지 못한다. 한편, 국제수로기구(IHO)의 S-57 표준이 아니라 CM93, TX97이나 다른 GIS 포맷으로 제작된 전자적 해도는 비공인 지도로서 일반기업에서 제작한 전자해도와 동일하게 SOLAS의 해도비치 요건을 만족하지 못한다.

2.3 전자해도 활용 사례

항해사가 종이해도를 이용하여 항해업무를 수행하는 것과 동일하게, 전자해도는 ECDIS에 탑재되어 항해계획, 항해 모니터링, 항적 기록 등 다양한 항해지원 업무에 활용되고 있다. 여기에서 ECDIS는 전자해도를 표시하는 항해시스템으로서, 국제해사기구(IMO)와 국제수로기구(IHO)에 의해 개발된 표준사양서(S-52)에 따라 제작된 장비만을 말한다.

ECDIS 역시 전자해도와 같이 명확한 정의가 필요한데, 공인 전자해도를 탑재하는 항해지원 시스템을 기본적으로 ECS라 하며, 선급기관에서 ECDIS 검사 표준인 IEC 61174, 60945, 국제해사기구(IMO)의 ECDIS 성능 표준 등에 따라 검사하여, 모든 검사 과정을 통과한 것은 ECDIS라 정의하는 반면, 선급기관의 형식 승인을 받지 않은 시스템을 ECS 혹은 GPS 플로터라고 한다. ECDIS 장비는 SOLAS 5장의 해도비치 요건을 만족하는 반면, 형식 승인을 받지 못한 ECS 장비는 해도비치 요건을 만족하지 못한다.

ECDIS의 외형은 정보 표출 장치, 정보 입력 장치, 데이터 처리 및 저장 장치, 외부 센서 연결부로 구성된다. 정보 표출 장치는 전자해도와 항해 관련 정보를 항해사에게 전달하는 부분으로 표준에서 정의하는 모니터 화면이다. 정보 입력 장치는 전자해도 정보를 입력하거나 사용자 입력정보(User Settings) 값을 입력하는 것으로 마우스와 같은 트랙볼이나 키패드 등이 이용되고 있다. 데이터 저장 장치는 전자해도와 항해 관련 정보가 저장되는 곳으로 저장 디스크가 사용된다. 외부 센서 연결부는 ECDIS를 선박에 연결하여 실제 항해를 지원하기 위한 센서 정보로서, 선내에서 연결 가능한 센서 정보로는 측위정보(GPS), 자이로(Gyro), 로그(Log), 선박자동식별정보(AIS), 레이더 이미지(Radar), 오토파일럿(Auto Pilot) 등이 있다.

ECDIS는 〈그림 9-7〉과 같이 전자해도를 포함한 입력정보를 통해 항해계획, 항해 모니터링, 레이더 이미지와 같은 정보를 처리하고, 이를 통해 전자해도 표현, 항해 지원, 좌초 방지, 메시지 및 알

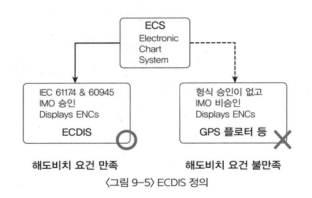

〈그림 9-5〉 ECDIS 정의

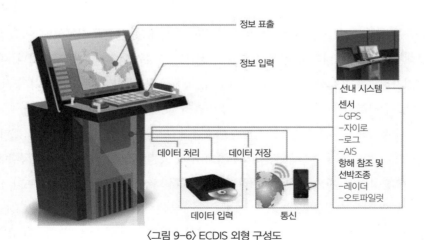

〈그림 9-6〉 ECDIS 외형 구성도

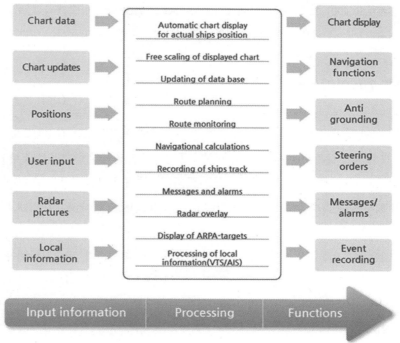

〈그림 9-7〉 ECDIS의 기능 구성도

람, 주요 이벤트 저장과 같은 기능이 수행된다.

2.4 전자해도의 장점

1) 개요

전자해도는 종이해도에 포함되어 있는 내용을 전자화하고 이를 국제수로기구의 S-57 표준에 따라 공간정보 데이터로 제작한 것으로서, 항해 환경에서 종이해도와 동일하게 항해 지원을 목적으로 활용되고 있다. 국제해사기구(IMO)가 제정한 SOLAS에서는 전자해도를 탑재한 ECDIS를 종이해도와 동등하게 인정하기로 결정한 바 있으며, 이후에는 종이해도와 동등하게 인정한 것을 넘어서, 최신의 전자해도를 탑재한 ECDIS를 항해에 의무적으로 사용하도록 규정하고 있다.

전자해도는 종이해도의 다양한 정보에 대한 공간좌표 정보뿐만 아니라 다양한 속성정보를 내부에 포함하고 있기 때문에, 속성 혹은 좌표를 이용한 정보 검색과 다양한 공간분석이 가능하며, 전자해도를 구동하는 ECDIS 소프트웨어를 이용하여 전자해도 업데이트, 항로계획, 항로검사, 항적기록 등의 항해지원 기능을 이용할 수 있어서 항해관련 업무에 큰 편의를 제공하고 있다.

2) 전자해도 업데이트 측면

항로, 연안, 항만 등의 상황이 끊임없이 변하며, 이러한 변화는 직접 또는 간접적으로 안전항해에 영향을 미치므로 이와 같은 변동 사항을 신속·정확히 선박에 알려 안전 항해와 해난 사고를 예방할 수 있도록 정보를 제공하여야 한다. 국립해양조사원은 수로도서지 변경 사항을 제작하여 수로도서지 사용자가 최신 상태로 사용할 수 있도록 항행통보를 정기적으로 간행하고 인터넷 등 다양한 방법으로 제공하고 있다.

항해자는 사용하고 있는 해도와 수로서지를 최신의 상태로 유지하기 위해 국립해양조사원에서 간행하는 항행통보 정보를 이용하여 업데이트를 하여야 한다. 그런데 종이해도 사용자의 경우 수기로 업데이트를 하여야 하기 때문에 많은 시간과 노력이 소요되며, 경우에 따라서는 인적 오류가 발생될 수도 있다.

전자해도를 탑재하는 ECDIS를 사용할 경우 전자해도 업데이트 파일을 CD나 USB와 같은 휴대용 저장매체로 제공받아 자동으로 업데이트 할 수 있으며, 전자해도의 업데이트 절차와 시간을 종이해도 사례와 비교해 볼 때 매우 효율적인 것을 알 수 있다. 선박이 정박 중이 아니라 항해 중일 경우에는 위성통신을 통한 이메일로 업데이트 파일을 제공받을 수 있는데, 이는 전자해도 업데이트 파일이 전자해도 원본 파일에 비해 매우 적은 용량을 가지고 있기 때문에 가능하다.

3) 항해업무 지원 측면

선박 항해 시 항로계획을 수립하게 되는데, 설계된 항로계획에는 계획항로 명칭, 변침점, 선속 등의 다양한 정보로 구성되며, 계획한 항로가 선박의 안전 항해에 적합한 항로인지를 검사하는 과정이 필수적으로 요구된다.

전자해도에는 수심과 등심선, 수심 구역 등의 해저지형에 관한 정보가 포함되어 있으며, 전자해도를 구동하는 ECDIS 소프트웨어에는 항해자가 항로계획을 할 수 있도록 항로계획 모듈을 기본적으로 제공하고 있다.

ECDIS를 이용한 항로계획 시에는 이전 항로계획 결과를 로딩하여 수정하거나 신규 항로 설계를 위해 마우스를 이용하여 변침점을 클릭하여 손쉽게 항로를 설계할 수 있다. 선박의 흘수와 여유 수심을 고려하여 설계한 항로선이 안전한지 여부를 항로 검사 기능을 이용하여 검사할 수 있다.

한편 실제 항해 중에서는 설계한 항로에 따라 선박이 제대로 항해하고 있는지를 확인하는 항해 모니터링 기능과 실제 항해한 항로 정보를 기록하는 항적 기록 등의 편리한 기능을 활용할 수 있다.

4) 속성정보 검색기능 지원 측면

전자해도는 S-57 표준에 따라 제작되는데, S-57 표준은 공간정보시스템의 기본 사항인 지형지물 개념에 대해 객체 유형과 속성 유형을 표준으로 정의하고 있으며, 본 표준 규격에 따라 전자해도 데이터가 구축되고 있다.

전자해도 객체 유형은 다양한 속성 유형을 포함하고 있는데, 전자해도 화면에서 마우스 클릭만으로 전자해도의 세부 속성을 검색할 수 있는 'Pick report' 기능을 이용하여 전자해도에 포함된 상세 내용을 확인할 수 있다. 즉, 지면에 표시된 심볼과 간략한 텍스트 표시 정보만으로 구성된 종이해도와 달리 전자해도는 화면에 표시되는 심볼뿐만 아니라 상세 속성정보를 포함하고 있기 때문에, 전자해도 사용자는 상세 내용을 이용하여 안전한 항해 혹은 해양공간정보를 활용할 수 있다.

다음은 영도 하단에 위치한 영도등대의 객체 유형 사례와 포함되는 속성에 관한 사례로서, 영도등대에는 등대의 구조물에 해당하는 지형지물, 등화, 안개 시 안전항해를 지원하는 무중신호, 전파표지 정보를 제공하는 무선국으로 구성되어 있고, 각 객체 유형에는 다양한 속성정보를 포함하고 있다. 전자해도를 탑재한 ECDIS 소프트웨어는 Pick report 기능을 통해 전자해도에 심볼로 표시되는 각 객체의 상세 정보를 검색하고 확인할 수 있는 기능을 제공하고 있다.

객체명: 지형지물(Land mark)	
속성 유형	속성 값
육표의 종류	탑
색상	흰색
견시 상의 중요여부	시각적으로 눈에 잘 띄지 않음
사용목적별 용도	등대유지
구조물의 재질	콘크리트조
영문객체명	Yeongdo
최소축척	17,999
수직길이	34
한글객체명칭	영도

〈그림 9-8〉 전자해도 객체 유형 사례(지형지물)

객체명: 등화(Light)	
속성 유형	속성 값
색상	흰색
높이	87
영문기타정보	M4356
등질	점멸
최소축척	17,999
제1섹터경계	205
제2섹터경계	45
신호그룹	(3)
신호 간격	18
명목 범위값	24
한글기타정보	2004

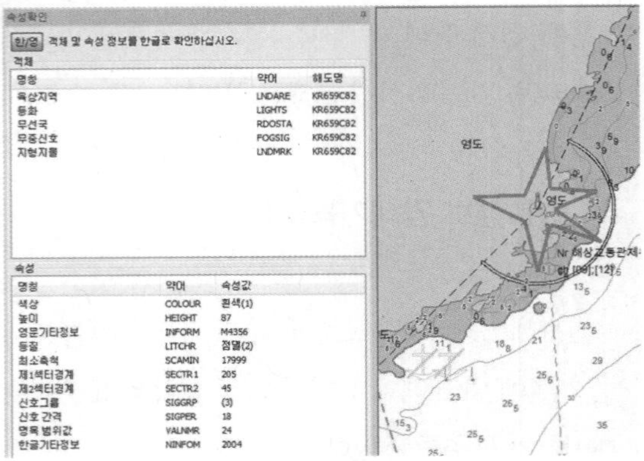

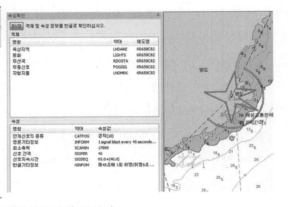

〈그림 9-9〉 전자해도 객체 유형 사례(등화)

객체명: 무중신호(Fog Signal)	
속성 유형	속성 값
안개신호의 종류	경적
영문기타정보	1 signal blast every 45 seconds(5 seconds on, 40 seconds off)
최소축척	17,999
신호간격	45
신호지속시간	05.0+(40.0)
한글기타정보	매45초에 1회 취명(취명5호 정명40초)

〈그림 9-10〉 전자해도 객체 유형 사례(무중신호)

객체명: 무선국(Radio station)	
속성 유형	속성 값
무선국 종류	DGPS
최소축척	17,999

〈그림 9-11〉 전자해도 객체 유형 사례(무선국)

5) 해상교통정보 결합을 통한 상황인지 지원 측면

전자해도를 탑재한 ECDIS는 주로 SOLAS 급의 대형 선박에 설치되며, 선박의 안전 항해를 위해서는 ECDIS뿐만 아니라 레이더, AIS, NAVTEX 등 다양한 항해지원 시스템을 병행하여 사용하고 있다. ECDIS는 전자해도 기반 시스템으로서 운항 중인 선박을 중심으로 주위의 지형지물과 항해환경을 파악할 수 있으며, 외부의 동적인 교통상황을 인지하기 위해 레이더와 AIS 등을 연계하여 활용하고 있다.

레이더는 무선탐지와 거리측정(Radio Detecting And Ranging)의 약어로 마이크로파(극초단파, 10~100cm 파장) 정도의 전자기파를 물체에 발사시켜 그 물체에서 반사되는 전자기파를 수신하여 물체와의 거리, 방향, 고도 등을 알아내는 무선감시장치로서, 선박 주위의 지형지물과 통항 선박을 파악하기 위해 사용되고 있다. AIS(Automatic Identification System)는 선박자동식별장치로서, 일정 범위의 설비를 장착한 선박의 선명, 침로, 선속, 위치 등의 항행정보를 자동으로 표시해 준다. 레이더와 함께 항해환경에서 필수적으로 사용되는 시스템이다.

ECDIS는 레이더 이미지와 AIS 정보를 전자해도 상에 표시하여, 항해자는 전자해도 지형정보와 레이더 이미지, AIS 정보를 활용하여 정확하고 효율적인 의사결정을 수행할 수 있다.

3. 전자해도 표준

3.1 전자해도 제작에서 공급까지

국가 수로국에서 전자해도 데이터를 제작하고, 이를 공급하여 전자해도의 최종 사용자인 항해사가 전자해도를 이용하는 데에는 국제수로기구의 다양한 표준이 사용되고 있다. 국가 수로국이 전자해도를 제작하기 위해서는 전자해도의 내용, 구조, 포맷에 대한 S-57, 전자해도 품질 관리를 위한 S-58, 전자해도 제작 지침에 관한 S-65 표준을 참조할 수 있다. 제작 완료된 전자해도는 정보의 변조 및 불법 복제를 방지하기 위해 암호화에 관한 S-63 표준이 사용되고, 전자해도의 공급에 관한 WEND 원칙을 참조할 수 있다. 한편, 바다 내비게이션 시스템인 ECDIS를 개발하기 위해서는 S-52 표준을 활용하여야 한다.

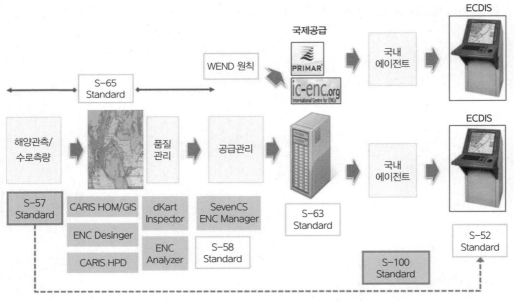

〈그림 9-12〉 전자해도 제작에서부터 공급까지 사용되는 전자해도 관련 표준

3.2 전자해도 제작 관련 표준

전자해도 제작 업무에는 S-57, S-58, S-65 표준이 관련되는데, 먼저 S-57 표준은 전자적 수로 데이터 전송 표준으로, 수로국 간 혹은 수로정보를 필요로 하는 이해관계자 간 수로정보 교환을 위해 공통으로 참조할 수 있는 표준으로, 수로정보를 위한 데이터 모델, 데이터 구조, 수로데이터 포맷 등이 정의 되어 있다. S-57 표준은 본문과 부록으로 구성되어 있는데, S-57 표준의 부록 내용으로 객체 카탈로그, 속성 카탈로그, 데이터 간행기관 코드, 전자해도 제품 표준, 전자해도 객체 입력 지침 등이 포함되어 있다. S-57 표준의 부록으로 포함되어 있는 전자해도 제품 표준이 ECDIS 탑재되어 사용되는 전자해도 간행 표준이라 할 수 있다. 다음으로 전자해도 유효성 검사에 사용되는 S-58 표준은 2014년 6월에 개정되어 현재 버전이 5.0이며, 전자해도 유효성 검사에 관해 다음과 같이 5개의 장으로 구성되어 있다.

- S-57 데이터 구조에 관한 검사 항목
- 전자해도 표준에 관한 검사 항목
- 교환 세트 수준의 검사 항목
- 전자해도 객체 입력 지침에 관한 검사 항목
- 특정 객체에 대해 허용되는 속성값에 관한 검사 항목

세 번째 표준은 전자해도 제작, 유지관리, 공급에 관한 지침 문서인 S-65 표준으로 현재 버전은 2012년 4월에 작성되었다. 본 표준은 전자해도 제작 체계가 없는 연안국을 대상으로 전자해도를 제작하기 위해 필요한 환경과 절차를 기술한 문서로서 다음의 주요 내용을 포함하고 있다.

- 전자해도 정의와 전자해도 간행에서 국가 수로국의 역할
- 전자해도 제작 체계 설계 및 요구사항 정의
- 전자해도 제작 체계 설치와 제작 관련 담당자의 교육 방법
- 전자해도 제작에 참조하는 표준
- 전자해도 제작 방법과 품질검사 방법, 유지관리 방법
- 전자해도 공급에 관한 이슈 사항

3.3 전자해도 공급 및 활용 관련 표준

전자해도 공급과 활용에 사용되는 표준으로는 ECDIS 심볼과 소프트웨어 개발에 관련된 문서로

구성된 S-52, 전자해도 암호화 방법에 관한 S-63, 전자해도 검사 시 사용되는 시험데이터세트인 S-64 등이 있다.

S-52 표준은 최근 많은 개정 작업을 거쳐, 2015년 6월 6.1 버전이 간행되었으며, 특히 S-52 표준에 부록으로 포함되어 있으면서 ECDIS에서의 전자해도 화면 표현 및 심볼에 관한 규격이 정의된 PL(Presentation Library) 4.0 표준이 2014년 10월에 개정된 바 있다.

전자해도 정보의 불법 복제와 변조를 방지하기 위해 개발된 S-63 전자해도 보안 표준은 개정 작업을 거쳐 2015년 1월의 1.2 버전이 최신 버전이며, 전자해도 보안 메커니즘을 설명하는 동시에, 전자해도 보안 체계 관리자, Data Server, ECDIS OEM 등이 보안 체계 도입을 위해 참조하여야 하는 내용을 수록하고 있다.

S-63 표준의 부록 내용으로 데이터 서버 인증 요청 절차, ECDIS 제조업체의 정보 요청 절차가 포함되어 있으며, 전자해도 보안체계 처리를 위한 소프트웨어 개발 과정에서 참조할 수 있는 테스트데이터 세트도 포함되어 있다.

3.4 S-57 표준의 개요 및 역사

1) 개요

S-57 표준은 국제수로기구에서 규정한 전자적 수로 데이터에 대한 교환 표준으로, 현재 사용되고 있는 버전의 표준은 2000년 11월에 간행된 3.1 버전이다. 본 표준은 국가 수로국 간 혹은 수로정보 사용자에게 공급하기 위해 전자적 수로데이터 교환을 위해 참조하는 표준으로 GIS 데이터 중 벡터파일 형식의 자료 교환을 위한 메커니즘이 수록되어 있다.

S-57 표준은 데이터 모델과 구조에 대한 본문 부분과 객체 사전과 제품 표준에 대한 부록 부분으로 구성되며, 상세 내용은 다음과 같다.

① Part 1: 일반 소개

② Part 2: 이론적 데이터 모델

③ Part 3: 데이터 구조

④ 부록 A. 국제수로기구 객체 카탈로그

　- 1장: 객체 클래스 / 2장: 속성 클래스

⑤ 부록 B.1 전자해도 제품 표준

– 부속서 A: 전자해도 객체 입력 지침(Use Of Catalogue)

2) S-57 표준의 발전과정

국제수로기구에서 수로정보 교환 표준을 개발하기 시작하였고 다음의 표준개발 내역을 가지고 있다.

- 1987년: DX-87
- 1990년: S-57/DX-90
- 1994년: S-57 Edition 2
- 1996년: S-57 Edition 3.0
- 2000년: S-57 Editon 3.1

2000년에는 S-57 3.1 버전을 개발하였는데, 3.1 버전은 3.0 버전과 유사하나, 40개의 신규 속성 유형이 추가되었다. 국제수로기구는 ECDIS 산업계의 혼란을 방지하기 위해 2001년 11월에 S-57 3.1 버전에 대한 수정금지(Frozen) 조치를 내렸으며, 이후, 다음과 같이 보완문서를 간행하였다.

- Edition 3.1 Supplement No.1-January 2007(added IMO-requested features for PSSA and ASL)
- Edition 3.1 Supplement No.2-June 2009(amended ZOC criteria, corrected navaid master-slave relationship)
- Edition 3.1 Supplement No.3-June 2014(incorporates the former Supplement No.2)

3) S-57 표준의 활용 사례

S-57 표준은 "수로데이터 전송 표준"이라는 제목에서 알 수 있듯이, 전자해도만의 표준이 아니라 수로정보의 교환을 위해 적용할 수 있는 공통 표준이다. 따라서 항해용 전자해도 분야뿐만 아니라 내수면 전자해도(Inland ENC), 해양부가정보(MIO), 작전용 전자해도(AML) 등의 분야에서 S-57 표준을 활용하고 있다.

먼저, 내수면 전자해도는 강, 하천, 호수 그리고 기타 항해가 가능한 내수면에서 항해를 위한 전자적 형태의 항해 지도로서, IEHG(International Inland ENC Harmonization Group)에서 내수면 전자해도에 관한 기술협력 및 표준개발을 수행하고 있다. IEHG는 내수면 전자해도 국제 표준개발을 위해 유럽과 북미 간에 협력하여 2003년에 조직되었으며, 이후 러시아, 브라질, 중국, 한국, 베네수

엘라, 페루가 가입하였다. 2009년에는 IEHG가 국제수로기구의 비정부 간 기구로 승인받았다.

IEHG는 정부, 산업계, 학계 대표단으로 구성되며, 1년 1회 회의를 개최하나, 대부분의 업무가 통신 작업반으로 추진되고 있다. IEHG의 목표는 유럽, 아메리카 대륙, 러시아, 아시아의 내륙 수로에서 안전하고 효율적인 항해를 위한 내수면 전자해도에 대한 요구사항에 부합하는 내수면 전자해도 표준을 개발하고 협력하는 데 있다. 내수면 전자해도 표준은 S−57 전자해도 표준과 유사하게 개발되었으며, 내수면 전자해도 심볼과 관련해서는 내수면 ECDIS라는 표준으로 개발되어 있다.

해양환경에 대한 대용량의 데이터는 주로 예측이나 분석 작업을 위해 수집되거나 사용되고 있다. 해양환경 데이터는 주로 연구 업무를 수행하는 사람에게 사용되거나 웹 매핑 시스템을 통해 일반 사용자가 사용할 수 있는데, 특히 항해사는 해양환경 정보에 소외되어 있다. 해양부가정보(MIO)는 ECDIS나 다른 해도표시시스템에서 전자해도와 함께 표현되는 부가정보 레이어로서, 항해사, 연구자, 기타 관계자에게 전자해도와 동일한 포맷으로 비항해정보로 제공되고 있다. 해양부가정보를 담당하는 HGMIO(Harmonisation Group on MIOs)는 IHO와 IEC 협력을 위해 2001년에 조직되었다.

HGMIO는 IHO와 IEC 표준에 적용할 수 있는 추가 데이터나 심볼 표준 개발 역할을 맡고 있는데, 해양부가정보 제작을 위한 지침 문서를 개발하였고, 국제수로기구는 2007년에 HGMIO에서 개발한 "해양부가정보 개발을 위한 권고 절차"와 "해양부가정보에 대한 일반 내용 표준" 문서를 승인한 바 있다. HGMIO가 개발한 문서는 해양부가정보 표준과 데이터 세트를 개발하는 데 다양한 조직에서 활용되었다. HGMIO 차원에서 개발된 해양부가정보로는 빙하 정보 표준, 해양생물 서식처 표준, 해양보호구역 표준 등이 있다.

해군 작전용 전자해도(AML)는 해군 작전 과정에서 운영 효율성을 증진시키기 위해 개발되었으며, 다른 전자해도와 제품과는 달리 포함되는 세부 정보를 수작업으로 선택하여 표현할 수 있다. 해군 작전용 전자해도에 포함되는 벡터데이터 종류는 다음과 같다.

- 해저지형과 등심선(CLB)
- 해양환경, 저질 및 해안 정보(ESB)
- 해양지형에 관한 객체 정보(LBO)
- 해상 시설에 관련된 정보(MFF)
- 항로, 해양 영역 및 경계에 관한 정보(RAL)

위의 사례 이외에도 해수면 정보를 적용하여 복잡한 항만에서 특수 업무를 지원하는 고해상도 전자해도(High density ENC)와 도선, 예산, 항만 관제 등의 업무에 사용될 수 있는 항만용 전자해도(Port ENC) 등이 S−57 표준을 활용한 사례라고 할 수 있다.

3.5 S-100 개념 및 계획

1) S-100 표준 개요

S-100(범용수로데이터 모델)은 차세대 전자해도뿐만 아니라 수로 분야, 해사 분야, GIS 커뮤니티에서 필요로 하는 전자적 제품 개발을 위한 데이터 프레임워크를 제공하는 표준으로, 〈그림 9-13〉과 같이 ISO의 지리공간 표준인 19100 시리즈 표준을 수로 분야로 확장한 표준이다. 국제수로기구의 HSSC 산하 TSMAD 실무그룹에서 표준 개발을 시작하여 2010년 1월에 S-100 1.0 표준을 공식적으로 발표하였다. S-100 1.0 표준에서는 묘화 부분과 데이터 포맷 중 GML 부분이 누락되었는데, 2010년 이후로 이러한 부분을 추가로 연구하고, 다양한 요구사항을 반영하여 2015년 6월에 S-200 2.0 버전을 발표하였다.

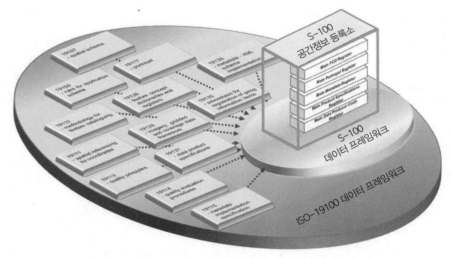

〈그림 9-13〉 ISO 19100 시리즈 표준을 수로 분야로 확장한 S-100 표준 개념

2) S-100 표준개발 배경 및 효과

S-100 표준은 S-57 표준이 가지고 있는 제약을 극복하는 데에서부터 시작되었다. 즉, S-57 표준은 원래 전자적 수로데이터의 교환 표준을 목적으로 개발되었으나, 주로 전자해도라는 하나의 제품표준 개발에 초점이 맞춰져 있었으며, S-57 3.1 표준 수정이 금지된 것과 같이 표준의 유지관리 방법이 유연하지 못하였다. 또한 최신의 공간정보시스템에 관한 요구사항을 반영하기 어려웠으

며, 벡터 이외의 격자데이터와 시계열 데이터에 관한 표준 개발이 어려웠다. 또한 데이터 교환 메커니즘이 제한적이며, 데이터 포맷 역시 전자해도 포맷만이 정의되어 있다. S-100 표준 개발을 통해 해양 분야에서 단독으로 표준 개발을 추진하지 않고, 공간정보 분야의 공통된 표준을 따를 수 있게 되었고, 수로 분야 데이터에 대해 공간정보 분야 상용소프트웨어를 이용하여 접근할 수 있게 되었다. 또한 ISO 19100 표준을 수로 분야로 프로파일하여 상호 운용성이 향상되었으며, 수로정보를 국가 수로국이나 ECDIS 사용자를 넘어서, 연안 관리, 해양 GIS 등 수로정보의 활용이 보다 용이해졌다. 이에 따라 S-100 표준은 다음의 공간정보 분야 요구사항을 지원할 수 있을 것으로 예상되고 있다.

- 이미지 및 격자 데이터
- 고해상도 해저지형 데이터
- 해저면 정보 식별 및 교환
- 3차원 및 시계열 데이터
- 동적 ECDIS
- 해양부가정보
- 해양 GIS
- 웹기반 서비스
- 기타 해사 분야 데이터 응용 시스템

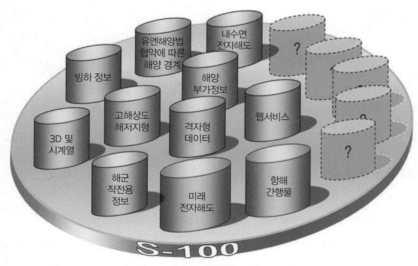

〈그림 9-14〉 S-100 제품 표준 개발 개념

3) S-100 표준 현황

S-100 1.0 표준은 2010년 1월에 발표된 이후로, 1.0 버전에 부족하였던 묘화 부분과 GML 포맷 부분과 함께 S-100 기반 제품 표준 개발 과정에서 제기된 다양한 요구사항을 반영하여 전반적으로 개정되었다. 이에 따라 2015년 6월 S-100 표준 2.0 버전이 공식적으로 발표된 바 있다.

한편, S-100 표준 기반의 차세대 전자해도 표준인 S-101 표준이 개발되고 있으며, 2015년 기준으로 80%의 표준개발이 진행되고 있다. 수로 분야 국제기준은 검증단계를 거쳐야 한다는 내부 기준에 따라, 국제수로기구는 S-100과 S-101 표준에 대한 테스트 베드 프로젝터를 설계하고, 각 단계별 계획을 추진 중에 있다.

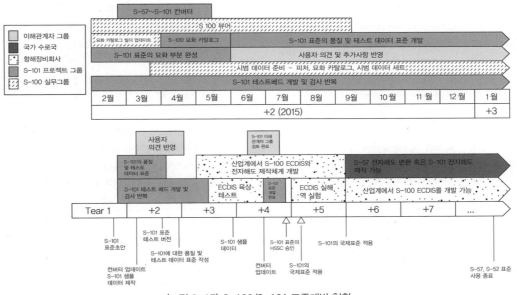

〈그림 9-15〉 S-100/S-101 표준개발 현황

4) S-100 표준을 이용한 제품 표준

국제수로기구는 S-100 2.0 표준을 기반으로 S-101 차세대 전자해도 표준을 포함하여 다양한 수로 분야 제품 표준개발을 진행 중에 있다. 또한 S-100 표준이 가지고 있는 해양정보 전송에 관한 우수한 특징을 높이 평가하여 국제항로표지협회, 세계기상기구 등의 국제기구에서 S-100 표준 기반의 제품 표준을 개발 중에 있다. 다음 〈표 9-2〉에서는 국제수로기구를 포함한 해양정보 분야의 국제기구에서 개발 중인 S-100 기반 제품 표준 목록을 확인할 수 있다.

S-100 표준이 해양정보의 상호운용성 및 활용을 위해 개발되었고, S-100 표준에 따라 S-XXX 제품 표준이 개발되고, 각 제품 표준에 따라 담당 기관에서 해양정보를 생산할 경우 각기 다른 기관에서 생산한 해양 데이터의 상호 통합, 분석, 표현이 가능해질 것으로 예상되고 있다. 〈그림 9-16〉은 S-100 기반 제품 표준에 따라 생산된 데이터가 S-100 ECDIS에 적용되어, 전자해도를 기반으

〈표 9-2〉 국제수로기구에서 개발 중인 S-100 기반 제품 표준 목록

번호	표준명	설명
S-101	Electronic Navigational Chart(ENC)	차세대 전자해도 표준
S-102	Bathymetric Surface	해저지형에 대한 격자데이터 표준
S-10x	Tidal product for surface navigation	항해를 위한 조석 정보 데이터 표준
S-111	Surface currents	해수유동 자료에 관한 격자데이터 표준
S-112	Dynamic Water Level Data Product Specification	동적인 해수면 정보의 실시간 전송에 관한 표준
S-121	Maritime limits and boundaries	해사 분야의 경계 및 영역에 관한 표준
S-122	Marine Protected Areas	해양 보호구역에 관한 표준
S-123	Radio Services	전파 서비스에 관한 전자 서지 표준
S-124	Navigational warnings	항해 경보에 관한 표준
S-125	Navigational services	항해 서비스에 관한 전자서지 표준
S-126	Physical Environment	물리적 해양환경에 관한 전자서지 표준
S-127	Traffic Management	교통 관리에 관한 전자서지 표준
S-1xx	Marine Services	해양 서비스에 관한 전자서지 표준
S-1xx	Digital Mariner Routeing Guide	전자 항로지정에 관한 전자서지 표준
S-1xx	Harbour Infrastructure	항만 시설에 관한 전자서지 표준

〈표 9-3〉 국제항로표지협회에서 개발 중인 S-100 기반 제품 표준 목록

번호	표준명	설명
S-201	Aids to Navigation Information	항로표지 관리정보 교환 표준
S-210	Inter VTS Exchange Format	VTS 관제정보 교환 표준
S-230	Application Specific Messages	AIS 응용 메시지 교환 표준
S-240	DGNSS Station Almanac	DGNSS 기준국 목록 교환 표준
S-245	eLoran ASF Data	eLoran 메시지 교환 표준
S-246	eLoran Station Almanac	eLoran 기준국 목록 교환 표준

〈표 9-4〉 해양 분야 국제기구에서 개발 중인 S-100 기반 제품 표준 목록

번호	표준명	설명
S-401	Inland ENC	내수면 전자해도 표준
S-411	Sea ICE	빙하정보 교환 표준
S-412	Met-ocean forecasts	해양기상정보 표준

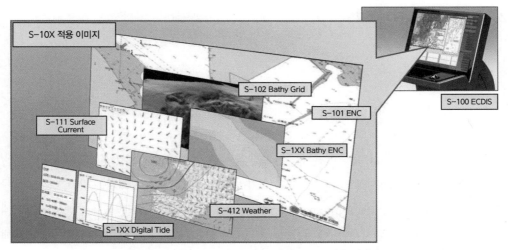

〈그림 9-16〉 S-100 기반 제품 표준의 ECDIS 적용 이미지

로 다양한 정보의 통합 표현 및 분석이 가능하다는 개념을 이미지화한 것이다. S-100 기반 제품 표준에 따라 생상된 데이터가 ECDIS에서 사용되면, 현재보다 더욱 향상된 항해정보 제공 및 의사결정 지원이 실현될 것으로 예상된다.

4. e-내비게이션

4.1 e-내비게이션 개념

선박의 대형화, 고속화와 경제 발전에 따른 해상 운송량 증가로 대형 해양사고의 위험성이 상존하고 있으며, 이러한 해양사고의 영향은 국가적 차원을 넘어 세계적으로 피해를 미치고 있는 상황이다. 이에 국제해사기구(IMO: International Maritime Organization) 회원국들은 해사안전과 해양환경 보호를 위해 e-내비게이션(Navigation) 전략이 필요하다는 의제를 제출하였으며, 국제해사기구의 담당 기술위원회는 제출 의제를 검토하고 e-내비게이션 전략을 추진하기로 결정하였다.

국제해사기구는 e-내비게이션 개념을 해상에서의 안전과 보안, 해양환경 보호를 위해 항해와 관련 서비스를 증진시킬 목적으로 육상과 해상에서의 정보를 전자적인 방법으로 수집, 통합, 교환, 표현, 분석하는 것이라고 정의하였다.

e-내비게이션은 항해환경에서 새로운 장비와 시스템을 도입하는 것이 아니라, 기존에 사용하고는 있었으나 분산되어 있거나 통합되지 않는 정보를 표준화하고 서비스화하여 해사안전과 해양환경 보호에 활용한다는 개념으로 해석할 수 있다.

국제해사기구는 e-내비게이션 추진을 위한 세부 전략과 계획을 수립한 문서인 이행전략계획(SIP: Strategy Implementation Plan)을 작성하였는데, 〈그림 9-17〉과 같이 e-내비게이션에 대한 전반적인 구조와 개념을 설명하는 아키텍처를 포함하고 있다. e-내비게이션 체계는 선박 부분의 선상 사용자와 육상 부분의 육상 사용자로 구분할 수 있으며, 육상에서 선박으로 제공하는 서비스는 해사 서비스 포트폴리오(Maritime Service Portfolio)로 정의하며, 육상과 해상 간에 교환되는 정보는 공통 해사 데이터 구조(Common Maritime Data Structure)에 따라 표준화되어야 한다고 정의하였다.

4.2 e-내비게이션 추진 경과

2005년 영국 등 7개국이 최초로 국제해사기구에 e-내비게이션 도입을 제안하였으며, 2006년에 국제해사기구의 담당 기술 위원회에서는 선박운항자의 과실에 의한 해양사고(전체사고 82%) 저감 및 해운 효율화 증진을 위해 선박운항기술에 정보통신기술 (ICT)을 융합한 e-내비게이션 도입을 결정하였다.

2008년에 국제해사기구의 e-내비게이션 전략(Strategy for the development and implemen-

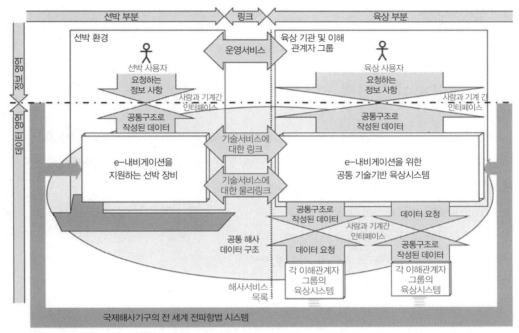

〈그림 9-17〉 e-내비게이션 아키텍처

〈표 9-5〉 국제해사기구(IMO)의 e-내비게이션 도입 경과 및 계획

시기	내용	비고
2005. 12.	e-내비게이션 도입 필요성 제기	영국, 미국, 일본, 마셜제도, 네덜란드, 노르웨이, 싱가포르
2006. 5.	국제해사기구(IMO) 의제로 확정 및 추진일정 수립	MSC 81
2008. 11.	e-내비게이션 대응전략(Strategy Plan) 채택	MSC 85
2009.~2012.	전략이행계획(SIP) 수립을 위한 기초분석 실시(이용자 요국사항 분석), 격차분석(Gap analysis), 비용편익 및 위험분석	국제해사기구(IMO)
2012. 5.	기초분석 결과 검토 및 전략이행계획 작업기한을 2014년으로 연장	MSC 90
2014. 7.	전략이행계획(SIP) 초안 완성	NCSR 1
2014. 11.	전략이행계획(SIP) 채택	MSC 94
2014.~2020.	e-내비게이션 시행을 위한 국제 기술 기준 제정 등 관련 검토 수행	국제해사기구(IMO)

※ MSC: 해사안전위원회(Maritime Safety Committee)
※ NCSR: 항해, 통신 및 수색구조 전문위원회(Sub-Committee on Navigation, Communication, Search and Rescue)

tation)이 승인되고 2014년 11월 국제해사기구(IMO) 제94차 해사안전위원회(MSC)에서 e-내비게이션 전략이행계획(SIP: Strategy Implementation Plan)이 최종 승인되었다. 향후 전략이행계획에 따른 기술개발(2016~2017년), 국제표준화(2018~2019년) 절차를 거쳐 2019년부터 국제적으로 e-내비게이션을 시행할 예정이다. 국제해사기구의 e-내비게이션 도입 경과 및 계획은 〈표 9-5〉와 같이 정리할 수 있다.

4.3 e-내비게이션 이행전략계획

e-내비게이션 이행전략계획(SIP) 문서는 2015~2019년간 e-내비게이션 실현을 위해 우선시되는 5가지 해결책을 제시하고, 18개 세부과제와 추진일정을 수립한 문서이다. e-내비게이션 전략이행계획 문서에 수록된 5가지의 우선 해결책은 다음과 같다.
  - S1: 조화롭게 개선된 사용자 친화적 선교 설계
  - S2: 표준화되고 자동화된 보고수단
  - S3: 선교장비와 항해정보의 향상된 안정성, 탄력성, 무결성
  - S4: 통신장비를 통해 수신한 정보의 통합 및 전시
  - S5: VTS 서비스 포트폴리오의 향상된 의사전달

e-내비게이션 전략이행계획에는 위의 5가지 우선순위 해결책을 달성하기 위해 18개의 과제와 각 과제에 대해 국제해사기구 차원에서 고려할 수 있는 예상 성과물을 〈표 9-6〉과 같이 제시하였고, e-내비게이션을 통해 구현되어 육상에서 선박으로 제공하는 서비스를 〈표 9-7〉과 같이 16가지의 해양필수서비스(MSP: Maritime Service Portfolio)로 식별하였다.

또한 국제해사기구(IMO)는 e-내비게이션 제59차 회의(2013)에서 아래의 4가지 가이드라인을 개발하는 것을 승인하고, SIP의 과업으로 반영하였다.
  - 항해 장비 및 시스템을 위한 인간중심설계(HCD: Human Centered Design)에 관한 가이드라인
  - 항해 장비의 유용성(Usability) 평가에 관한 가이드라인
  - 소프트웨어 품질 보증(SQA: Software Quality Assurance)에 관한 가이드라인
  - 실해역 시험(Test-Bed) 결과보고서 작성에 관한 표준 가이드라인

<표 9-6> e-내비게이션 추진을 위한 18대 과제 목록과 예상 성과물

번호	과제	예상 성과물
T1	e-내비게이션 시스템을 위한 인간중심설계(HCD) 가이드라인 초안 개발	e-내비게이션 시스템을 위한 인간 중심 설계(HCD) 가이드라인
T2	e-내비게이션 시스템 유용성 시험, 평가, 측정(UTEA)에 관한 가이드라인 초안 개발	e-내비게이션 시스템 유용성 시험, 평가, 측정(UTEA) 가이드라인
T3	전자매뉴얼 개념 개발, 선원에게 손쉬운 장비 친숙화 방안을 제공하기 위한 구성배치 조화	전자 장비 매뉴얼 가이드라인
T4	연관 장비에 대한 S 모드 기능뿐만 아니라 저장, 불러오기를 포함한 다양한 상황에 대한 표준화된 운영모드의 전체 개념 구상	S 모드 가이드라인
T5	기존 BAM(선교경보관리) 성능기준(PS)의 확장 필요성 조사 BAM 관련 다른 모든 경보 성능기준 채택	BAM 이행 가이드라인 BAM에 대한 개정된 성능기준
T6	항해장비의 정확도 및 신뢰도 표시 방안 개발	항해장비의 정확도, 신뢰도 표시 가이드라인
T7	결의서 MSC282(83)에 정의한 INS가 e-내비게이션을 위한 올바른 통합 기기이며, 항해정보 디스플레이인지 조사하고, 통신 포트 및 측위시스템(PNT) 모듈을 포함한 변경 필요사항을 식별하고, 필요시 변경된 성능표준 준비. MSC191(79), SN/Circ.243 참조	INS 적합성 보고 INS 성능표준을 위한 신규 또는 추가 모듈
T8	회원국은 싱글윈도우를 전 세계적으로 활성화하기 위한 선박보고 표준화 양식 가이드라인에 동의할 것	싱글윈도우 보고에 관한 최신화된 가이드라인
T9	정적/동적 정보를 포함한 선박 내부 데이터를 자동으로 취합할 수 있는 최선책 조사	자동화된 선박 내부 데이터 보고를 위한 기술 보고서
T10	BIIT를 어떻게 수용할지 알아보기 위해 결의서 A.694(17), IEC 60945의 일반 요건사항 조사	BIIT를 포함한 일반요건에 관한 변경된 결의서 BIIT를 포함한 일반요건에 관한 변경된 IEC 표준
T11	SQA 가이드라인 개발. 소프트웨어 생애 보증(소프트웨어 업데이트)이 주요 재승인 및 부차적 비용 발생 없이 이루어질 수 있는지 확인하기 위해 형식승인 절차 조사를 포함. SN/Circ.266/Rev.1, MSC.1/Circ.1389 참조	e-내비게이션 내 소프트웨어 품질보증(SQA) 가이드라인
T12	외부 시스템 통합을 통해 선내 측위시스템(PNT)의 신뢰성, 탄력성을 어떻게 향상시킬지에 대한 가이드라인을 개발하고 관련 육지기반 시스템이 사용 가능할 것인지 행정당국과 연락	선내 측위시스템(PNT)의 신뢰성, 탄력성 향상 가이드라인
T13	통신장비를 통해 수신한 항해정보를 어떻게 조화로운 방식으로 디스플레이할 수 있는지 그리고 어떤 장비 기능이 필요한지를 보여 주는 가이드라인 개발	통신장비를 통해 수신한 항해 정보의 조화로운 디스플레이를 위한 가이드라인
T14	표준 해사정보 제공체계(CMDS)를 개발하고, IHO S-100 데이터 모델에 근거한 정보의 우선순위, 출처, 소유권에 관한 기준을 포함. 육상, 해상 사용 모두에서 조화와 상호 결합 필요(두 가지 도메인). 적절한 방화벽(IEC 61162-450, 460)을 포함하여 통신장비에서 INS로 정보이송을 지원하기 위한 표준화된 데이터 교환 인터페이스(IEC 61162 시리즈)를 추가 개발	CMDS에 관한 가이드라인 방화벽을 포함한 선박에서 사용될 데이터 교환관련 IEC 표준 추가 개발
T15	모든 현존 통신 인프라의 끊김없는 통합 및 그것들을 어떻게 사용할 지(예: 거리, 대역폭 등) 그리고 어떤 시스템을 개발할지(예: 해사클라우드), e-내비게이션에 사용할 수 있는지 식별하고, 그에 관한 가이드라인 작성 MSP에 정의한 6가지 구역을 참고하여 과업은 초단파(VHF), 4G, 5G와 같은 단거리 시스템뿐만 아니라 단파(HF), 위성 시스템도 고려	모든 현존 통신 인프라의 끊김없는 통합 및 그것을 어떻게 사용할 지 그리고 변경된 GMDS와 연계하여 어떤 미래 시스템이 개발되어야 하는지에 관한 가이드라인
T16	항해·통신 장비관련 협약, 규정의 조화를 어떻게 최상으로 수행할지 조사할 것. 30여 개 기존 성능기준을 변경하기보다는 모든 변경필요 사항을 포함한 통합 e-내비게이션 성능기준에 대한 고려 필요	항해, 통신 장비관련 협약 및 규정조화를 최상으로 수행한다는 보고

T17	이행준비에 앞서 서비스 사항 및 책임을 제고하기 위한 MSP를 추가 개발	MSP 관련 결의서
T18	실해역 시험(Test-Bed) 보고 조화에 관한 가이드라인 개발	실해역 시험(Test-Bed) 보고 조화에 관한 가이드라인

〈표 9-7〉 국제해사기구(IMO)의 e-내비게이션 해양필수서비스(MSP)

번호	식별 서비스	설명
MSP1	VTS Information Service(INS)	선박 입·출항 모니터링 등의 전통적인 VTS 서비스
MSP2	Navigation Assistance Service(NAS)	항로 이탈이나 장비 고장 등 비상 상황에서의 지원 서비스
MSP3	Traffic Organization Service(TOS)	원활한 해상교통 확보를 위한 교통 정보 서비스
MSP4	Local Port Service(LPS)	항구 접·이안 등 해상교통 환경과 무관한 좁은 범위의 서비스
MSP5	Maritime Safety Information(MSI) service	해사 안전 관련 정보 서비스
MSP6	Pilotage service	도선(Pilotage) 관련서비스
MSP7	Tugs service	예선(Tug) 관련서비스
MSP8	Vessel shore reporting	선박 정보 자동 보고/수신/공유 서비스(Single-Window)
MSP9	Tele-medical Assistance Service(TMAS)	원격 의료 지원 서비스
MSP10	Maritime Assistance Service(MAS)	해난 사고 24시간 지원 서비스
MSP11	Nautical Chart Service	해도 갱신 서비스
MSP12	Nautical publications service	해양 관련 정보 제공 서비스
MSP13	Ice navigation service	빙하 관련 정보 제공 서비스
MSP14	Meteorological information service	기상 정보 제공 서비스
MSP15	Real-time hydrographic and environmental information services	실시간 해상 정보 제공 서비스
MSP16	Search and Rescue(SAR) Service	수색/구난 서비스

· 9장 ·

참고문헌

이희연, 2003, 『GIS 지리정보학』, 법문사.

해양수산부, 2015, 『차세대 해양안전종합관리체계 전략이행계획』.

Andy Norris, 2010, *ECDIS and Positioning*, Nautical Institute.

Harry Gale, 2009, *From paper charts to ECDIS: A Practical Voyage Plan*(2nd), Nautical Institute.

Horst Hecht·Bernhard Berking·Mathias Jonas, Lee Alexander, 2011, *The Electronic Chart*(3rd), Geomares Publishing.

IHO, 2012, Bathymetric Surface Product Specification.

IHO, 2012, ENCs: Production, Maintenance and Distribution Guidance.

IHO, 2014, ENC Validation Checks.

IHO, 2015, IHO Transfer Standard for Digital Hydrographic Data.

IHO, 2015, IHO Universal Hydrographic Data Model.

IHO, 2015, Specifications for Chart Content and Display Aspects of ECDIS Ed. 6.1(.1).

10장

수로조사 관련법규

1. 국제법규

1.1 국제연합해양법협약

1) 해양법의 의의 및 역사

해양법(Law of the Sea)은 바다와 관련된 국제법으로서, 각종 해양수역의 법적 지위를 확정하고 국제공동체 구성원들이 바다를 질서 있고 합리적으로 이용하도록 하며, 이용상의 국제분쟁을 평화적으로 해결하기 위한 것이다. 해양법의 법전화를 위한 노력은 1930년 네덜란드 헤이그에서 개최되었던 국제법편찬회의에서부터 시작되었다. 이 회의에서 영해의 법적 지위와 만, 항, 해협 등에 관해서도 합의가 이루어졌으나 영해문제에서 가장 중요한 영해의 폭에 관해서는 합의에 이르지 못하였다. 그러나 국제조직인 국제연맹이 그 회의를 주도하였다는 점에서 해양법의 법전화에서 매우 중요한 의의를 갖는다.

국제연합국제법위원회의 건의에 따라 국제연합총회는 제1차 국제연합해양법회의를 1958년에 제네바에서 개최할 것을 결정하였다. 이 회의는 국제법위원회가 제출한 초안에 의거해서 9주간 (1958. 2. 24~4. 27) 4개 협약을 채택하였다.* 계속되어 채택된 협약은 다음과 같다.

① 영해 및 접속수역에 관한 협약(The Convention on the Territorial Sea and the Contiguous Zone)

② 공해에 관한 협약(The Convention on the High Seas)

③ 공해의 어업 및 생물자원보호에 관한 협약(The Convention on the Fishing and Conservation of the Living Resources of the High Seas)

④ 대륙붕에 관한 협약(The Convention on the Continental Shelf)

이러한 4개 협약은 그때까지의 해양법에 관한 관습규칙을 전반적으로 성문화한 것으로, 해양국제법의 법전화에 신기원이 되었다. 그러나 이 협약에서 영해의 폭에 관한 규칙을 채택하지 못했다는 큰 결점을 남기게 되었다.

1958년 제네바에서 4개의 해양법 협약이 채택되었지만 그 후 급격히 변천하는 국제관계 속에서

---

* 동 협약 내용에 관하여는 I.Brownlie(ed.), Basic Documents in International Law, Oxford: Oxford University Press, 1983, pp.85–121 참조.

해양법 분야의 새로운 요구 충족과 영해의 폭을 결정하기 위하여 해양국제법의 재정립이 시급해졌다. 이에 1982년 제3차 국제연합해양법회의가 개최되어 새로운 해양법협약이 채택되었고 미국의 뉴욕에서 1982년 9월 22일에는 최종회의가, 자메이카의 몬테고베이에서 1982년 12월 10일에는 역사적인 서명식이 있었다(119개국 서명). 총 320개 조문과 9개의 부속서 및 4개의 결의로 구성되어 있는 동 협약은* 60개국이 비준한 날로부터 12개월이 지나면 효력을 발생하며, 비준서는 국제연합 사무총장에게 기탁하도록 되어 있다(국제연합해양법협약 제308조).

본 협약은 12년간의 조정기간을 거쳐 1994년부터 효력이 발생하기** 시작하여 명실상부한 바다의 헌법으로 그 자리를 잡아가고 있다. 대한민국도 1983년에 서명하였으며, 이후 국회의 비준동의 절차를 거쳐 1996년 1월 29일부로 본격적인 협약의 적용을 받게 되었다.***

2) 내수

국제연합해양법협약에 따르면 내수는 영해기선의 육지 쪽 수역으로 항만, 만, 하천, 운하, 호수 등이 해당된다. 내수는 국제법상 국가영토의 일부로 간주되기 때문에 연안국의 영토주권이 작용하는 주권영역이다. 따라서 이 수역 내에서는 외국선박의 무해통항이 인정되지 않는다. 그러므로 조난의 경우가 아닌 한, 외국 선박이나 항공기는 연안국 허가 없이 내수로 진입하거나 내수 상공을 비행할 수 없다. 그러나 예외적으로 연안국이 새로이 직선기선을 획정함으로써 종전에는 내수가 아니었던 수역이 새로이 내수로 편입된 경우에는 그 수역에 대하여 무해통항권이 인정된다.

연안국의 항만이나 내수에 입항한 외국 선박은 연안국의 절대적 주권하에 놓이게 된다. 따라서 모든 외국 선박은 연안국과의 명시적 합의가 없었다면, 연안국의 국내법 규정 즉, 항해, 안전, 위생 및 항만행정에 관한 제반법규를 준수하여야 한다. 그러나 선박은 그 자체로서 특수한 법적 지위를 향유하므로 외국의 항구 내에 위치하고 있을 시 자국, 즉 기국의 국내법 적용에서도 벗어날 수 없다. 따라서 연안국은 자국의 국익관련 사항만을 외국선박에 적용하고 그 선박의 내부적 사항에 관한 것은 기국의 법체계에 일임하기도 한다.

---

* 상세한 협약 내용에 관하여는, United Nations, The Law of the Sea, United Nations Convention on the Law of the Sea, New York: United Nations, 1983 참조.
** 동 협약의 효력발생규정인 제308조에 의거 1993년 11월 16일 가나가 60번째로 비준서를 기탁함에 따라 1년 후인 1994년 11월 16일부터 발효되었다.
*** 한국은 1983년 세계 122번째로 동 협약에 서명하였고, 1995년 12월 1일 국회의 비준동의를 거쳐 1996년 1월 29일 세계 85번째로 비준서를 유엔에 기탁함으로서 국내에서는 1996년 2월 28일부터 동 협약이 발효하게 되었다.

3) 영해

영해란 국가의 영토에 접속하고 있는 일정범위의 수역으로서 연안국이 주권이 미치는 국가영역의 일부를 말한다. 영해는 원래 해양의 일부로서 어느 국가도 이를 영유한다는 것이 있을 수 없었고 그 결과 해양자유의 원칙이 지배했으나 연안국의 보호법익(예를 들면, 해적 등 해상범죄자 진압, 군사상 필요, 어업권 확보 등)을 위해 점차 오늘날과 같이 육지영토와 동일한 주권이 미치는 영해제도가 확립된 것이다.*

영해의 폭은 연안국의 주권이 미치는 범위이므로 연안국에게 매우 중요한 것이다. 따라서 해양강대국들은 영해의 폭을 될 수 있으면 좁게 결정하고자 했고, 반면 해양약소국들은 영해의 폭을 넓게 하여 자국의 이익을 도모하려고 하여 이에 관한 많은 논쟁이 있어 왔다.

영해기선은 영해의 폭을 측정하는 기준선으로, 실제로는 모든 해양수역의 경계선이 출발하는 기준선이다. 따라서 이러한 기준선을 어떻게 긋느냐는 국가의 해양 이해관계 특히 해양수역 확보에 중대한 영향을 미친다. 영해기선에는 해안의 형태나 특성에 따라 달리 적용되는 두 가지 방식, 즉 통상기선과 직선기선의 두 종류가 있다(국제연합해양법협약 제19조 2항).

통상기선은 해양법협약상 별다른 규정이 없는 한 연안국의 영해기선은 그 국가가 공식적으로 인정한 대축척 해도(1/50,000) 상에 표시된 간조선 또는 저조선이다. 저조선은 해안과 저조가 교차되는 부분으로 통상 해도 상에 저조선을 표시하는 것이 일반적인 국가관행이다. 그러나 해도 축척이 너무 작아 고조와 저조를 해도 상에서 구별하기 어려운 경우 또는 고조와 저조가 동일하여 조석의 변화가 없는 경우에는 표시하지 않는다.

직선기선은 불안정한 해안선, 즉 해안선의 굴곡이 톱니모양으로 복잡하거나 깊이 잘려 들어간 곳, 또는 해안에 인접한 근처에 섬들이 계속 연결되어 있으면 통상기선에 의한 영해측정이 어렵게 된다. 이 경우 적당한 외측 점들을** 직선으로 연결하는 직선기준선을 사용하여 영해기준선을 그을 수 있는데, 이러한 방식의 사용을 직선기선에 의한 영해기선 설정방식이라 한다.

국제연합해양법협약은 영해기선과 관련하여 만의 특수성을 인정하고 있다. 만이라 함은 그 연안이 단일국가에 속한 것으로, 단순한 굴곡이 아니라 몰입 정도가 심해서 만의 굴입부분의 자연적 입구 양단을 연결하는 폐쇄선을 긋고(만구폐쇄선), 그 선을 직경으로 하는 반원을 그렸을 때, 만 내부

---

* 대한민국은 1977년 12월 31일 영해법을 제정하여 1978년 4월 29일 대통령령 제894호로 그 시행을 하여 왔으며, 이후 신해양법협약의 등장으로 1995년 12월 6일 영해 및 접속수역법으로 개정하여 법률 제4986호로 공포되어 오늘에 이르고 있다.
** 이를 기점(basepoint)이라 하며, 직선기선 방식에서 하나의 직선기선은 공통점에서 또 다른 기선을 만나며, 하나의 선은 또 다른 기선을 형성하기 위한 점(point)에서 변환(turn)된다고 말할 수 있다. 그러한 점을 단순히 기점 또는 기선변환점(baseline turning point)이라 한다.

직선기선

직선기선

심히 굴곡한

도서가 산재한 해안선

〈그림 10-1〉 직선기선

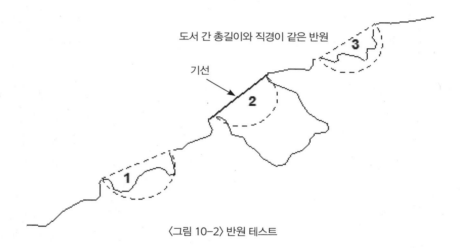

도서 간 총길이와 직경이 같은 반원

기선

〈그림 10-2〉 반원 테스트

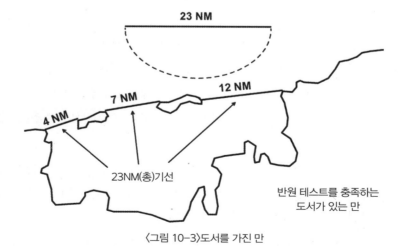

23 NM

4 NM

7 NM

12 NM

23NM(총)기선

반원 테스트를 충족하는
도서가 있는 만

〈그림 10-3〉도서를 가진 만

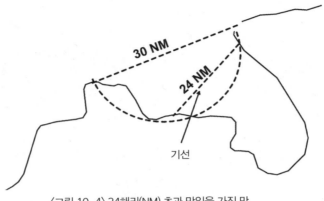

〈그림 10-4〉 24해리(NM) 초과 만입을 가진 만

수역의 면적이 반원의 면적보다 커야만 한다는 소위 반원테스트(semi-circle test) 이론을 충족시켜야 한다.

만구폐쇄선이 24해리를 초과하는 경우에는 24해리 직선기준선을 만 안에 긋되, 24해리 직선으로 가능한 최대범위의 수역을 포함하도록 해야 한다. 역사적 만이나 국제연합해양법협약 제7조에 규정된 직선기선제도가 적용되는 경우에는, 동 협약 제10조의 만에 관한 규정이 적용되지 않으므로 24해리 원칙이 적용되지 않는다. 즉 그 만의 입구를 연결하는 선을 직선기선으로 하며, 그 길이에는 제한이 없다는 것이다.

영해에 대하여 연안국은 주권을 행사할 수 있으며, 이러한 권리는 영해의 상공 및 해저에까지 미친다(국제연합해양법협약 제2조). 그러나 영해는 해상교통의 필수통로이므로 외국선박에게 영해를 통항할 수 있는 권리를 부여하는 이른바 무해통항제도 등이 인정되어 육지영토와 같은 완전한 영토주권을 향유하지는 못한다.

한국의 영해법은 1977년 12월 31일에 제정되었고(1978. 4. 30 시행, 1995.12.6 개정), 그다음 해인 1978년 9월 20일에 영해법시행령이 제정되었다. 동 법에서는 영해의 범위를 12해리로 하고 일정수역에서는 12해리 이내에서 영해의 범위를 따로 정할 수 있다고 규정하고 있는 바, 이는 대한해협이 국제수로로서 갖는 특수한 지위에 따라 선박통항의 자유를 가능한 보장해 주려는 조치로 보인다.

1995년 영해 및 접속수역법에 따라 대한해협에서는 1.5미터암(북위 35°09′59″, 동경 129°13′12″), 생도(북위 35°02′01″, 동경 129°05′43″) 및 홍도(북위 34°31′52″, 동경 128°44′11″)를 차례로 직선기선으로 연결하여 그 외측 3해리를 영해로 유지하고 있다.

국제연합해양법협약에 따라 연안국은 영해 내 무해통항과 관련하여 항행의 안전, 해저전선·송유관의 보호, 생물자원의 보존, 해양과학조사 및 수로측량, 어선 및 연안질서의 침해방지 등에 관한 법률과 규칙을 제정할 수 있는 권리가 있고 이에 대응하여 외국 선박은 무해통항권을 행사함에 있어서 그러한 법률과 규칙을 준수해야 할 의무가 있다(국제연합해양법협약 제21조). 연안국은 항행의 안전에 필요한 경우에 무해통항권을 행사하는 외국선박(특히 유조선, 핵추진선박, 핵 또는 위험·유독물질 수송선박)에 대하여 지정된 항로나 통항분리제도를 따르도록 요구할 권리가 있다(국제연합해양법협약 제22조).

즉, 연안국이 항로를 지정하고 통항분리제도를 실시함에 있어서, 관련 국제기구의 권고, 동 해로가 국제항행을 위해 관습적으로 이용되고 있는지의 여부, 특정 선박 및 항로의 특별한 성격 유무 및 항행선박의 집중도(국제연합해양법협약 제22조 3항) 등을 고려하여야 한다. 연안국이 영해 내에서 자국의 안전과 이익을 보호할 수 있는 권리를 갖는 것은 주권국가로서 당연히 인정된다. 따라서 연안국은 무해하지 아니한 통항을 방지하기 위하여 필요한 절차를 취할 수 있는데, 이러한 권리를 연안국의 보호권이라 한다(국제연합해양법협약 제22조).

또한 연안국은 외국선박에 차별을 하지 않고 영해의 특정수역에 있어서 외국선박의 무해통항을 일시적으로 정지할 수 있다. 그러나 그러한 정지는 연안국의 안전보호에 불가결한 경우에 한하고 정당히 공시한 후가 아니면 실시할 수 없으며, 국제해협을 통과하는 외국선박의 무해통항은 이를 정지할 수 없다.

한편 연안국은 다음과 같은 의무를 이행하여야 한다. 즉 연안국은 외국선박의 영해 무해통항을 방해해서는 안 된다(국제연합해양법협약 제24조 1항). 즉 연안국은 무해통항을 사실상 거부하거나 침해하는 결과를 초래하는 어떠한 부담도 부과해서는 아니 되며 특정국가의 선박 또는 특정화물의 적재국·선행국·소유국 간에 차별을 해서는 안 된다. 연안국은 자국 영해 내에서 탐지한 항행상의 위험을 적절히 공시해야 할 의무가 있다(국제연합해양법협약 제24조 2항). 한편, 연안국의 협약상 의무는 아니나, 연안국은 영해통항을 위한 기본적 항해시설 예를 들면, 등대, 부표, 항해보조물 및 인명구조설비 등을 유지·제공해야 할 것으로 보인다. 연안국은 영해를 단순히 통과만 하는 외국선박에 대하여는 부과금 즉 이른바 통항세를 징수할 수 없다. 이는 외국영해를 통항하는 선박에게 무해통항권이 법적으로 인정되고 있기 때문이다. 그러나 영해통항 중 연안국의 특별한 역무가 제공되는 경우에는 부과금을 징수할 수 있다(국제연합해양법협약 제26조).

4) 접속수역

영해에 접속되어 있는 일정범위의 수역으로 연안국이 관세, 재정, 출입국관리 및 위생법규를 위반하는 외국선박에 대하여 관할권을 행사할 수 있는 수역을 말한다(국제연합해양법협약 제33조 1항). 따라서 연안국은 접속수역에서 다음을 위하여 필요한 통제를 행사를 수 있다.

① 연안국의 관세, 재정, 출입국관리 또는 위생에 관한 법령의 영토 또는 영해 내에서의 위반을 방지하는 일

② 연안국의 영토 또는 영해 내에서 발생한 법령위반을 처벌하는 일 등이다.

접속수역은 영해기선으로부터 24해리를 초과할 수 없다(국제연합해양법협약 제33조 2항). 따라서 접속수역은 통상 연안국의 선포로 시행되나, 그 구체적 범위에 관하여는 해도 상에 표시하여 공표하거나 국제연합사무국 등에 비치하는 등의 법적 의무를 요구하고 있지는 아니다. 즉 연안국의 영해 범위가 국내법으로 확정되면 그 이원으로 12해리 접속수역이 자연히 생기게 되기 때문이다. 물론 접속수역은 연안국이 당연히 갖게 되는 수역이 아니라 배타적 경제수역처럼 연안국의 선포를 요한다.*

5) 국제해협

해협은 해양의 두 부분을 연결하는 부분으로 항해에 사용되는 통로구실을 하는 자연적 수로이다. 해협은 법률적 측면에서 국내법의 규율을 받는 국내해협과 국제법의 규율을 받는 국제해협으로 나눌 수 있다.

국내해협이란 그 수역이 동일한 국가의 영해에 속하고 동시에 폐쇄된 바다에 연결되는 해협이다. 그 수역이 동일한 국가의 영해에 속한다는 것은 그 수역의 넓이가 연안국 영해 폭의 2배를 넘지 않는 경우이다. 흑해와 아조프 해를 연결하는 우크라이나의 케르치 해협이 그 좋은 예이다.

다음 국제법이 적용되는 국제해협이 되려면 다음의 조건을 구비하여야 한다.

① 해협은 통항이 자유로운 두 개의 바다를 연결해야 하며 양쪽 해안이 동일한 국가에 속하든 2개 이상의 국가에 속하든 상관없다.**

② 공해와 다른 나라의 영해를 연결시켜 주는 해협도 국제해협이 될 수 있다.***

③ 해협이 국제항행에 사용되어야 한다.

해협에서의 통항제도를 통과통항이라 하는데, 통과통항이란 공해 또는 배타적 경제수역의 한 부

---

* 한일 양국 사이에 존재하는 대한해협의 경우처럼 해협의 폭이 48해리를 초과하지 않을 경우 영해기선으로부터 가상 중간선까지가 각자의 접속수역이 된다. 즉 약 23해리의 대한해협 폭을 가상할 때 기선으로부터 약 11.5해리 또는 영해 밖 약 8.5해리가 한국의 접속수역이 된다.

** 마르마라 해를 출입하는 다르다넬스 해협이나 보스포루스 해협은 그 양안이 모두 터키에 속하며 지브롤터 해협, 마젤란 해협, 코루프 해협 등은 양안이 두 개 이상의 국가에 속하는 해협이다.

분과 공해 또는 배타적 경제수역의 타 부분 사이의 해협에서 계속적이며 신속한 통과만을 위한 항행 및 상공비행의 자유를 행사하는 것을 의미한다(국제연합해양법협약 제38조 2항).

국제연합해양법협약 제39조 제1항은 통과통항 중인 선박 및 항공기의 의무로서 해협 및 그 상공을 지체 없이 항행할 것, 연안국의 주권, 영토보존 또는 정치적 독립에 대한 또는 국제연합헌장에 구현된 국제법원칙을 위반한 기타 방법으로 무력에 의한 위협 또는 행사를 삼가할 것 등을 규정하고 있다. 통과통항중인 선박 및 항공기는 다음 사항을 준수하여야 한다(국제연합해양법협약 제39조)

① 해협 또는 그 이상을 지체 없이 통과할 것

② 해협연안국의 주권, 영토보전 또는 정치적 독립에 대한 또는 국제연합헌장에 구현된 국제법원칙을 위반한 기타 방법으로 무력에 의한 위협 또는 행사를 삼가할 것

③ 불가항력 또는 조난으로 인하여 필요한 경우가 아닌 한 계속적이며 신속한 통과의 통상적인 방법에 부가되지 아니하는 기타 활동을 삼가할 것

④ 본 장의 기타 관계규정을 준수할 것 등이다.

한편, 해협연안국은 통과통항을 방해할 수 없고, 자국이 알고 있는 해협 내 또는 그 이원 해역에 있어서의 항행 및 상공비행에 대한 어떠한 위험도 이를 적절히 공시해야 하며, 통과통항을 정지시킬 수 없다. 또한 해협연안국은 해협이용국과의 합의에 의하여 안전운항을 위한 시설의 설치 및 유지·개선 또는 선박으로부터의 오염방지를 위하여 상호 협력하여야 한다.

6) 배타적 경제수역

배타적 경제수역(EEZ: Exclusive Economic Zone)이란 영해에 접속된 특정수역으로서 영해 기준선으로부터 200해리 이내의 해저, 하층토 및 상부수역의 천연자원 개발·탐사·보존에 관한 주권적 권리와 당해수역에서 인공도의 설치·사용, 해양환경의 보호·보존·과학적 조사의 규제에 대한 배타적 관할권을 행사하는 수역을 말한다(국제연합해양법협약 제56조).

그 후 신생국들은 보존수역제도에 만족하지 않고 보다 강력한 경제적 주권 내지 관할권을 행사해야 한다고 주장함으로써 배타적 경제수역 제도가 탄생하게 되었다.

1982년 국제연합해양법협약은 배타적 경제수역을 본 장에 확립된 특정 법적 제도에 따르는 영해 이원 및 영해와 인접한 수역이라고 규정함으로써(국제연합해양법협약 제55조) 동 수역의 법적 지

*** 홍해와 아카바 만 사이의 티란 해협은 이스라엘·요르단·사우디아라비아·이집트 등 4개국의 영해를 거쳐 이집트의 영해를 통과한다.

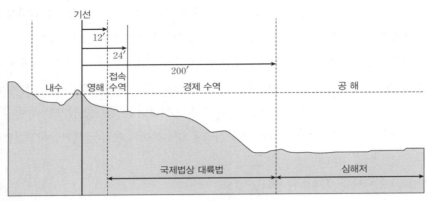

기선

12′

24′

200′

내수 영해 접속
수역 경제 수역 공 해

국제법상 대륙법 심해저

〈그림 10-5〉 해양수역도

위를 영해도 공해도 아닌 제3의 특별수역으로 보고 있다. 즉 배타적 경제수역은 연안국의 경제적 이익과 국제사회의 이해가 기능적으로 결합된 법제도로서 다양한 분야의 국가관할권과 공해자유의 일부가 병립하는 영해와 공해의 중간적 법제도로 볼 수 있다.

배타적 경제수역은 해양의 경제적 이용에 관련되는 기능을 연안국의 주권적 권리 또는 관할권에 포괄적으로 종속시킴으로써 연안국의 관할권 확장욕구를 충족시킴과 동시에 본래의 공해자유제도에 중대한 변혁도 가져왔다. 또한 연안국의 생물자원에 대한 권리는 자원보존의 우선적 권리로부터 주권적 권리로 강화되어 생물자원에 대한 제3국의 접근은 연안국의 동의 없이는 불가능한 것으로 변화되었으며, 연안국의 비생물자원에 대한 권리는 기존 대륙붕제도상의 주권적 권리가 배타적 경제수역제도에 수용된 것으로 선점의 대상도 되지 않으며 연안국의 동의 없이는 탐사·개발할 수 없다.

배타적 경제수역의 폭은 영해기선으로부터 200해리를 초과하지 못한다(국제연합해양법협약 제57조). 대향 또는 인접 국가 간의 배타적 경제수역 경계는 형평한 해결을 위하여 국제사법재판소규정 제38조에 의거한 국제법을 기초로 합의에 의해 획정되어야 한다(국제연합해양법협약 제74조 1항). 그러나 상당한 기간 내에 합의에 도달하지 못하는 경우, 관계국은 해양분쟁 해결절차에 이를 부탁해야 한다. 배타적 경제수역의 외측한계선과 대향 또는 인접 수역의 경계획정선은 해도 상에 표시되어야 한다(국제연합해양법협약 제76조 1항). 또한 연안국은 그와 같은 해도를 공시하고 그 사본을 유엔사무총장에게 기탁해야 한다(국제연합해양법협약 제76조 2항).

연안국은 배타적 경제수역 내에서 해양의 경제적 이용에 관한 다음의 권리를 행사한다. 첫째, 생물·비생물자원의 탐사·개발·보존 및 관리에 관한 주권적 권리를 가진다(국제연합해양법협약 제50조 1항 가). 생물자원의 보존과 이용에 관한 법적 권리는 연안국에 배타적으로 속하며, 비생물자원의 탐사·개발에 관한 연안국의 권리는 대륙붕제도에 따라 행사하도록 되어 있다(국제연합해양법협약 제56조 3항). 둘째, 해수·해류 및 해풍을 이용한 에너지생산과 같은 동 수역의 경제적 개발 및 탐사에 관한 주권적 권리를 가진다. 이 권리는 생물·비생물자원에 대한 경제적 권리 외에 장래의 해양에 대한 경제적 이용양태를 포괄하는 권리이다. 연안국은 배타적 경제수역 내에서 첫째, 인공도·시설물·구조물의 설치와 사용에 관한 관할권을 가진다(국제연합해양법협약 제56조 1항 나). 이 권리는 현대과학기술의 발달에 따라 해양이용의 적극화 추세를 반영한 것이다. 둘째, 해양의 과학적 조사에 대한 관할권을 가진다. 이는 해양선진국과 연안국 간에 이해관계의 충돌이 심한 문제로서 관할권 행사의 해석에 따라 연안국의 동의 필요여부가 결정된다. 셋째, 해양환경의 보호 및 보존에 관한 관할권을 가진다(국제연합해양법협약 제56조 1항 나).

한편, 연안국은 자국의 배타적 경제수역에서 타국선박의 항행이나 항공기의 비행을 방해해서는 안 되며, 또한 타국의 해저전선 및 관선 부설자유를 허용해야 할 의무가 있다(동 제56조 2항, 제58조). 공해에 대한 해양법협약의 제반 규정은 연안국의 배타적 경제수역에 대한 권리를 침해하지 않는 한 배타적 경제수역에 적용된다(동 제2항).

7) 공해

공해라 함은 어느 특정국가의 관할권에 속하지 않는 해역 즉, 내수 영해, 배타적 경제수역, 또는 군도수역에 포함되지 않는 모든 해역을 말한다(국제연합해양법협약 제86조). 여기서의 공해는 해저를 포함하지 않는 상부수역을 의미하며 공해 밑에 있는 해저는 심해저에 관한 별개의 법 규정에 의해 규율된다.

공해자유란 어떤 국가도 국제법상 공해를 영유할 수 없으며, 또한 공해는 원칙적으로 각국의 자유로운 사용을 위해 개방된다. 이를 가리켜 일반적으로 공해자유의 원칙이라 한다. 국제연합해양법협약은 공해는 연안국·내륙국에 관계없이 모든 국가에 개방된다. 공해의 자유는 본 협약 및 다른 국제법원칙에 정하여진 조건에 따라 행사된다라고 규정하고 있다(국제연합해양법협약 제87조).

공해는 자유이며 그 사용도 자유이나 그렇다고 무법상태로 방치되어 있는 것은 아니다. 그러나 원칙적으로 공해상에서 국가의 권리는 자국선박에 대해서만 행사될 수 있으며 국제법규가 인정하는 범위 내에서만 외국선박에 대하여 관할권을 행사할 수 있다.

공해상의 모든 선박은 그 기국(등록국)의 배타적 관할권하에 있게 되므로 모든 국가는 공해 상에서 자국기를 계양한 선박을 항행시킬 권리를 갖는다(국제연합해양법협약 제90조). 또한 선박은 그 국기를 계양할 수 있는 국가의 국적을 갖는다(국제연합해양법협약 제91조 1항). 다만 국가와 선박

간에는 진정한 관련이 존재하여야 한다(국제연합해양법협약 제91조 2항).

선박은 1개국만의 국기를 게양하고 항행하여야 하며, 편의에 따라 2개국 이상의 국기를 게양하고 항행하는 선박은 다른 국가에 대하여 어느 국적도 주장할 수 없으며 무국적선박과 동일시될 수 있다(국제연합해양법협약 제92조). 선박은 소유권의 진정한 양도 또는 등록변경의 경우를 제외하고, 항해중 또는 기항 중에 그 국기를 변경할 수 없다. 선박은 또한 원방에서 인식할 수 있는 선명을 선체에 표시하여야 하며, 허가 없이 또는 등기를 하지 않고 선명을 변경하지 못한다.

공해 상의 선박은 기국의 배타적 관할하에 있지만, 공해 상의 법질서를 위하여 예외적으로 군함과 공선 또는 군용항공기와 공항공기는 범법선박을 임검·수색할 수 있는 경우가 있다. 이 경우에 공선 또는 공항공기는 정당한 권한이 부여되고 공식표식이 뚜렷하여야 한다(국제연합해양법협약 제110조 5항). 상업용 공선은 이에 해당하지 않음은 물론이다. 그러나 범법선박에 대한 심리·처벌은 예외적인 경우를 제외하고는 선박소속국은 관할권 면제권을 가지므로(국제연합해양법협약 제95, 96조). 어떤 경우에 있어서도 소속국 이외의 관할권으로부터 완전히 면제된다.

외국선박에 대한 간섭에 관하여 별도로 조약이 체결되어 있는 경우에 체약국은 그 조약규정에 따라 간섭할 수 없음은 물론이나 기타의 경우는 국제관습법에 의해 인정되는 경우에 한하여 임검·수색할 수 있다. 국제연합해양법협약 제110조는 이러한 임검·수색에 관하여 규정하고 있는데, 이 규정은 대체로 관습법화된 것을 성문화한 것이라고 보아도 무방할 것이다.

8) 대륙붕

대륙붕이란 원래 지질학상의 개념으로서, 영해를 넘어서 육지영토의 자연적 연장을 통하여 대륙변계(continental margin)의 외측한계까지, 또는 대륙변계의 외측한계가 200해리까지 미치지 않는 경우에는 영해의 폭을 측정하는 선으로부터 200해리까지의 해상 및 하층토를 말한다(국제연합해양법협약 제76조 1항).

대륙붕은 대륙변계의 외측이 영해기준선으로부터 200해리 이내에 위치하는 경우에는 200해리까지 설정할 수 있다. 대륙변계가 영해의 폭을 측정하는 기선으로부터 200해리 이원에까지 확장되는 경우 퇴적암의 두께가 각 최외각 고정지점으로부터 대륙사면 단까지의 최단거리의 최소한 1%인 최외각 지점을 따라 연결한 선 또는 대륙사면 단으로부터 60해리를 넘지 않는 고정지점을 따라 연결한 선 중의 하나로 대륙변계의 외측을 정하여야 한다. 그러나 어떠한 경우에도 대륙붕의 외측한계는 영해 기준선으로부터 350해리 또는 2,500m 등심선으로부터 100해리를 초과할 수 없다(국제연합해양법협약 제76조).

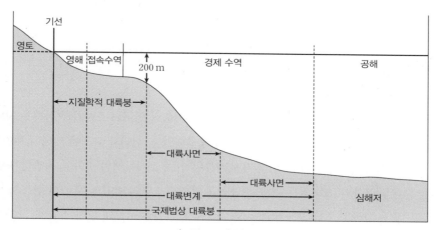

〈그림 10-6〉 대륙붕

국제연합해양법협약은 대륙붕의 경계획정에 관하여 1958년 대륙붕협약의 원칙과 1969년 국제사법재판소 판결을 절충하여 규정하고 있다. 즉 인접국 또는 대향국 간 대륙붕의 경계획정은 형평의 원칙에 따라, 국제법을 기초로 합의에 의하여 성립되어야 하며 합리적 기간 내에 합의에 도달할 수 없는 경우 관계국은 분쟁의 해결 절차에 의한다. 물론 관계국 간에 유효한 협정이 있는 경우, 대륙붕의 경계획정과 관련된 문제는 동 협정의 규정에 따라 결정된다(국제연합해양법협약 제83조).

연안국이 대륙붕에 대하여 갖는 권리의 내용은 먼저, 주권적 권리로, 연안국은 대륙붕을 탐사하고 그 천연자원을 개발하기 위해 주권적 권리를 행사한다(국제연합해양법협약 제77조 1항). 여기서 주권적 권리란 협약 제77조 2항에서 배타성을 인정한 것을 고려할 때, 주권과 동일하다는 견해가 있으나, 대륙붕은 결코 연안국의 영역이 아니며 연안국의 권리는 천연자원의 탐사와 개발이라는 특정 목적과 범위 내에서 인정되고 또한 대륙붕의 상부수역은 공해로서의 법적 지위가 인정되고 있으므로(국제연합해양법협약 제78조) 국가가 영토나 영해에 대하여 갖는 포괄적인 권능인 주권과 동일시될 수 없다. 다음 배타적 권리로, 대륙붕에 관한 연안국의 권리는 배타적이다(국제연합해양법협약 제77조 2항). 여기서 배타적이라 함은 연안국이 대륙붕을 탐사하지 않거나 천연자원을 개발하지 않더라도 타국은 연안국의 명시적 동의 없이는 그러한 활동을 할 수 없다는 의미이다.

한편 연안국은 대륙붕에 대하여 여러 의무를 이행하는 바, 즉 외국선박·항공기의 대륙붕 상부수역에서의 항행 및 상공비행을 부당하게 방해하지 않을 의무가 있다(국제연합해양법협약 제78조).

연안국은 자국의 대륙붕 상에 외국으로 하여금 해저전선·관선을 부설할 자유를 보장할 의무가 있다(국제연합해양법협약 제79조 1항). 그러나 연안국은 대륙붕탐사·천연자원개발 및 관선으로부터의 오염방지를 위해 합리적 조치를 취할 권리를 보유하며(국제연합해양법협약 제79조 2항) 200

해리 이원 대륙붕 개발기여금 납부의무 등이 있다.

9) 해양과학조사

해양에 대한 인간의 관심 고조로 해양에서의 전문적·기술적 연구와 조사가 절실히 요청되었다. 이와 더불어 과학조사 자체를 규제할 필요성 또한 요구되었다. 이러한 요구에 의해 국제연합해양법협약은 과학조사에 있어 준수해야 할 몇 가지 기본원칙, 즉 조사목적의 평화성, 적절한 방법과 수단의 사용, 다른 해양과의 조화 있는 조사, 해양법규 및 해양오염의 방지 등에 관한 법규의 준수 등을 규정하고 있다. 각국과 권한 있는 국제조직은 주권 및 관할권 존중의 원칙에 따라, 그리고 상호 이익의 기반 위에서, 평화적 목적을 위한 해양과학조사에 있어서 국제적 협력을 증진하여야 한다.

(1) 영해 내에서의 해양과학조사
연안국은 주권을 행사함에 있어서 영해 내의 해양과학조사를 규제·허가·수행할 배타적 권리를 갖는다. 영해 내의 해양과학조사는 연안국의 명시적 동의와 연안국이 정한 조건하에서만 수행된다 (국제연합해양법협약 제245조).

(2) 배타적 경제수역 및 대륙붕에서의 해양과학조사
연안국은 자국관할권을 행사함에 있어서 배타적 경제수역 및 대륙붕에서의 해양과학조사를 규제·허가·수행할 권리를 향유하며, 배타적 경제수역 및 대륙붕에서의 해양과학조사는 연안국의 동의에 따라 수행되어야 한다.

연안국은 통상적 상황에서 타국 또는 권한 있는 국제조직이 평화적 목적만을 위하여 수행하며 모든 인류의 이익을 위하여 해양환경에 대한 과학적 지식을 증진하기 위한 자국의 배타적 경제수역 또는 대륙붕 내의 해양과학조사계획에 동의하여야 한다. 이를 위하여 연안국은 이러한 동의가 부당히 지연되거나 거부되지 않도록 보장하는 규칙 및 절차를 확립하여야 한다. 그러나 연안국은 재량에 따라 해양과학조사계획에 대한 동의를 유보할 수도 있으며 해양과학조사 활동은 연안국의 주권적 권리 및 관할권행사에 대한 부당한 간섭을 할 수 없다.

10) 도서

도서의 정의를 함에 있어서 오랫동안 전개되어 온 주요한 2가지 기준은 첫째, 그것이 자연적으로 형성된 것이어야 하며 둘째, 만조 시에 수면 위로 드러나야 한다는 것이다. 국제연합해양법협약은 제121조에서 도서를 규정하기를, 즉 도서란 만조 시에 수면 위에 있고 바다로 둘러싸인 자연적으로 형성된 육지지역이라고 한다.

따라서 인공도, 시설 및 구조물은 도서의 지위를 갖지 않으며 그 자체의 영해를 갖지 아니한다. 또한 그 존재는 영해, 배타적 경제수역 또는 대륙붕의 경계획정에 영향을 미치지 않는다(국제연합해양법협약 제60조).

도서는 다른 육지영토와 마찬가지로 그 주변수역에 관하여 도서의 영해, 접속수역, 배타적 경제수역 및 대륙붕을 설정한다(국제연합해양법협약 제121조 2항). 따라서 도서는 육지영토와 동일한 기준과 원칙에 따라 영해의 기선을 설정하여 12해리까지의 영해, 24해리까지의 접속수역, 200해리까지의 배타적 경제수역을 설정할 수 있으며, 해양법협약의 규정에 따라 대륙붕을 설정할 수 있다.

한편 인간이 지속적으로 거주할 수 없거나 독자적인 경제생활을 지속할 수 없는 암석은 배타적 경제수역 또는 대륙붕을 가질 수 없다. 그러나 영해나 접속수역은 향유한다(국제연합해양법협약 제121조 3항).

1.2 해상인명안전협약

1) 개요

해상인명안전협약(海上人命安全協約, SOLAS: International Convention for the Safety of Life at Sea)의 정식명칭은 '1974년 해상에서의 인명안전을 위한 국제협약(1974)'이다. 약칭하여 SOLAS 협약이라고도 한다. 1974년 11월 1일 런던에서 작성되어, 1980년 5월 25일 발효되었다. 대한민국은 1981년 3월 31일 발효되었다.

2) 정의

(1) 일반 규정
① "규칙"이라 함은 본 협약의 부속서에 포함된 규칙을 말한다.
② "주관청"이라 함은 선박이 그 국가의 국기를 게양할 자격을 가진 국가의 정부를 말한다.
③ "승인"이라 함은 주관청의 승인을 말한다.

④ "국제항해"라 함은 협약이 적용되는 한 국가에서 그 국외의 항에 이르는 항해 또는 그 반대의 항해를 말한다.

⑤ "여객"이라 함은 다음에 게기한 자 이외의 자를 말한다.

– 선장과 선원 또는 자격여하를 불문하고 승선하여 선박의 업무에 고용되거나 종사하는 기타의 자

– 1세 미만의 유아

⑥ "여객선"이라 함은 12인을 초과하는 여객을 운송하는 선박을 말한다.

⑦ "화물선"이라 함은 여객선이 아닌 선박을 말한다.

⑧ "탱커"란 인화성 액체화물의 산적운송을 위하여 건조되거나 개조된 화물선을 말한다.

⑨ "어선"이라 함은 어류, 고래류, 해표, 해마, 기타 해양 생물자원을 포획하기 위해 사용되는 선박을 말한다.

⑩ "원자력선"이라 함은 원자력 시설을 설비한 선박을 말한다.

⑪ "신선"이라 함은 1980년 5월 25일 이후에 용골을 거치하거나 동등한 건조 단계에 있는 선박을 말한다.

⑫ "현존선"이라 함은 신선이 아닌 선박을 말한다.

⑬ "1해리"라 함은 1,852m 또는 6,080ft로 한다.

⑭ "선령"이라 함은 선박등록서에 기재하는 건조일로부터 경과된 기간을 말한다.

(2) 건조–구조, 구획 및 복원성, 기관 및 전기설비

① 선박의 "구획길이(L_s)"라 함은 최대구획만재흘수에서 선박의 수직 침수범위를 제한하는 갑판에서 또는 그 하부에서 측정한 선박의 최대투영형길이를 말한다.

② "길이 중앙"이라 함은 선박 구획길이의 중앙점을 말한다.

③ "후단"이라 함은 구획길이의 후부 한계를 말한다.

④ "전단"이라 함은 구획길이의 전부 한계를 말한다.

⑤ "길이(L)"라 함은 유효한 국제만재흘수선 협약에서 정의된 길이를 말한다.

⑥ "건현갑판"이라 함은 유효한 국제만재흘수선 협약에서 정의된 갑판을 말한다.

⑦ "전부 수선"이라 함은 유효한 국제만재흘수선 협약에서 정의된 전부 수선을 말한다.

⑧ "폭(B)"이라 함은 최대구획만재흘수선 또는 그 하부에서의 최대형폭을 말한다.

⑨ "흘수(d)"라 함은 선박길이의 중앙에서의 용골기선으로부터 그 구획만재흘수선까지의 수직거리를 말한다.

⑩ "최대구획만재흘수(ds)"라 함은 선박의 하기 만재흘수에 해당하는 수선을 말한다.

⑪ "경하운항흘수(dl)"라 함은 경하 예상 적재 및 관련 탱크적에 해당하는 운항흘수이지만, 복원성 또는 (추진기의) 잠김을 위하여 필요한 밸러스트도 포함한다. 여객선은 승선 중인 여객 및 승무원의 정원을 포함하여야 한다.

⑫ "부분구획만재흘수(dp)"라 함은 경하운항흘수와 최대구획만흘수와의 차이의 60%를 경하운항흘수에 더한 것을 말한다.

⑬ "트림"은 선수흘수와 선미흘수의 차이를 말하며, 여기에서 흘수는 용골경사각을 무시하고 전후부 말단에서 각각 측정한다.

⑭ 구획의 "침수율"이라 함은 그 구역에서 침수될 수 있는 부분의 비율을 말한다.

⑮ "기관구획"이라 함은 주로 추진용으로 이용되는 보일러, 발전기 및 전기 모터를 포함하여, 주 및 보조 추진기관이 설치된 구역의 수밀 경계사이의 구역을 말한다. 통상적인 배치가 아닌 경우에는 주관청이 기관구역의 범위를 정할 수 있다.

⑯ "풍우밀"이라 함은 어떠한 해상상태하에서도 선박에 물이 들어오지 아니하는 것을 말한다.

⑰ "수밀"이라 함은 비손상 및 손상상태에서 생길 수 있는 수두에서 어떠한 방향으로도 물이 통과하는 막을 수 있는 재료치수 및 배치를 말한다. 손상상태에서 수두는 침수의 중간과정을 포함하여 최악의 평형상태에 있는 것으로 간주하여야 한다.

⑱ "설계압력"이라 함은 비손상 및 손상상태 계산에서 수밀로 가정한 각 구조 또는 설비가 견딜 수 있도록 설계된 수압을 말한다.

⑲ 여객선의 "격벽갑판"이라 함은 주격벽 및 선체외판이 수밀이 되는 구획길이(Ls)의 어느 점에서의 최상층 갑판과 제8 규칙 및 이장의 B-2편에 규정된 손상의 경우에 대하여 침수의 어떠한 단계에서도 여객 및 선원의 탈출이 물에 의하여 방해받지 아니하는 최하층 갑판을 말한다. 격벽갑판은 계단모양의 갑판이 되어도 된다. 화물선에서 건현갑판은 격벽갑판으로 취할 수 있다.

⑳ "재화중량"이라 함은 지정된 하기건현에 해당하는 흘수에서 비중이 1.025인 해수에서의 선박의 배수중량과 선박의 경하중량의 톤수 차를 말한다.

㉑ "경하중량"이라 함은 화물, 연료유, 윤활유, 밸러스트 수, 탱크 내의 청수 및 보일러 급수, 소모품과 여객 및 승무원과 그들의 휴대품을 제외한 선박의 배수중량 톤수를 말한다.

㉒ "유탱커"라 함은 73/78 해양오염방지협약에 대한 1978의정서의 부속서 1 제1규칙에서 정의하는 유탱커를 말한다.

㉓ "로로여객선"이라 함은 제2-2장 제3규칙에서 정의한 로로화물구역 또는 특수분류구역을 가진 여객선을 말한다.

㉔ "산적화물선"이라 함은 제12장 제1-1규칙에서 정의된 산적화물선을 말한다.

㉕ "용골선"이라 함은 선박의 중앙에서 다음을 통과하는 용골의 경사면에 평행한 선을 말한다.

‒ 중심선 또는 금속외판을 가진 선박에서 방형용골이 그 선보다 아래로 연장되는 경우, 선체외판의 내측과 용골의 교선에서 용골의 상부이다.

‒ 목선 또는 합성재질의 선박에서, 이 거리는 용골 래빗의 하단으로부터 측정한다. 중앙 횡단면의 하부의 형상이 오목할 경우 또는 두꺼운 용골익판이 설치된 경우, 안쪽으로 연속된 평저선이 선체중앙의 중심선을 교차하는 점으로부터 거리를 측정한다.

㉖ "선체중앙"이라 함은 길이(L)의 중간을 말한다.

2. 국내법규

2.1 영해 및 접속수역법

1) 목적

우리 영해에 대한 주권행사 범위 및 권한 행사의 내용을 명확히 하여 국가영역인 영해에 대한 수호의지를 천명하고자 1977년 제정되었으며 국제연합해양법협약의 체결 및 발효에 따라 1995년 개정되어 오늘에 이르고 있다.

2) 주요 내용

대한민국의 영해는 기선(基線)으로부터 측정하여 그 바깥쪽 12해리의 선까지에 이르는 수역(水域)으로 한다. 다만, 대통령령으로 정하는 바에 따라 일정수역의 경우에는 12해리 이내에서 영해의 범위를 따로 정할 수 있다. 또한 영해의 폭을 측정하기 위한 통상의 기선은 대한민국이 공식적으로 인정한 대축척 해도에 표시된 해안의 저조선(低潮線)으로 하며, 지리적 특수사정이 있는 수역의 경우에는 대통령령으로 정하는 기점을 연결하는 직선을 기선으로 할 수 있다.

대한민국의 접속수역은 기선으로부터 측정하여 그 바깥쪽 24해리의 선까지에 이르는 수역에서 대한민국의 영해를 제외한 수역으로 한다. 다만, 대통령령으로 정하는 바에 따라 일정수역의 경우에는 기선으로부터 24해리 이내에서 접속수역의 범위를 따로 정할 수 있다. 대한민국의 접속수역에서 관계 당국은 다음 각 호의 목적에 필요한 범위에서 법령에서 정하는 바에 따라 그 직무권한을 행사할 수 있다.

① 대한민국의 영토 또는 영해에서 관세·재정·출입국관리 또는 보건·위생에 관한 대한민국의 법규를 위반하는 행위의 방지

② 대한민국의 영토 또는 영해에서 관세·재정·출입국관리 또는 보건·위생에 관한 대한민국의 법규를 위반한 행위의 제재 등

인접국 또는 대향국과의 경계선은 대한민국과 인접하거나 마주 보고 있는 국가와의 영해 및 접속수역의 경계선은 관계국과 별도의 합의가 없으면 두 나라가 각자 영해의 폭을 측정하는 기선상의

가장 가까운 지점으로부터 같은 거리에 있는 모든 점을 연결하는 중간선으로 한다.

외국선박의 통항에 관하여는, 외국선박은 대한민국의 평화·공공질서 또는 안전보장을 해치지 아니하는 범위에서 대한민국의 영해를 무해통항할 수 있다. 외국의 군함 또는 비상업용 정부선박이 영해를 통항하려는 경우에는 대통령령으로 정하는 바에 따라 관계 당국에 미리 알려야 한다.

2.2 공간정보의 구축 및 관리 등에 관한 법률

1) 목적

해양에 관한 여러 가지 자료를 갖추어 해상 교통의 안전을 확보하고, 나라 사이의 수로에 관한 정보 교환에 이바지하려고 제정한 1989년 「수로업무법」이 정부직제 개편에 따라 1996년 폐지되고 현재의 법률인 「공간정보의 구축 및 관리 등에 관한 법률」로 대체되었다. 본 법은 측량 및 수로조사의 기준 및 절차와 지적공부(地籍公簿)·부동산종합공부(不動産綜合公簿)의 작성 및 관리 등에 관한 사항을 규정함으로써 국토의 효율적 관리와 해상교통의 안전 및 국민의 소유권 보호에 기여함을 목적으로 한다.

2) 정의

① "측량"이란 공간 상에 존재하는 일정한 점들의 위치를 측정하고 그 특성을 조사하여 도면 및 수치로 표현하거나 도면상의 위치를 현지에 재현하는 것을 말하며, 측량용 사진의 촬영, 지도의 제작 및 각종 건설사업에서 요구하는 도면작성 등을 포함한다.

② "기본측량"이란 모든 측량의 기초가 되는 공간정보를 제공하기 위하여 국토교통부장관이 실시하는 측량을 말한다.

③ "공공측량"이란 다음 각 목의 측량을 말한다.

가. 국가, 지방자치단체, 그 밖에 대통령령으로 정하는 기관이 관계 법령에 따른 사업 등을 시행하기 위하여 기본측량을 기초로 실시하는 측량

나. 가목 외의 자가 시행하는 측량 중 공공의 이해 또는 안전과 밀접한 관련이 있는 측량으로서 대통령령으로 정하는 측량

④ "지적측량"이란 토지를 지적공부에 등록하거나 지적공부에 등록된 경계점을 지상에 복원하기

위하여 제21호에 따른 필지의 경계 또는 좌표와 면적을 정하는 측량을 말하며, 지적확정측량 및 지적재조사측량을 포함한다.

⑤ "수로측량"이란 해양의 수심·지구자기·중력·지형·지질의 측량과 해안선 및 이에 딸린 토지의 측량을 말한다.

⑥ "일반측량"이란 기본측량, 공공측량, 지적측량 및 수로측량 외의 측량을 말한다.

⑦ "측량기준점"이란 측량의 정확도를 확보하고 효율성을 높이기 위하여 특정 지점을 제6조에 따른 측량기준에 따라 측정하고 좌표 등으로 표시하여 측량 시에 기준으로 사용되는 점을 말한다.

⑧ "수로조사"란 해상교통안전, 해양의 보전·이용·개발, 해양관할권의 확보 및 해양재해 예방을 목적으로 하는 수로측량·해양관측·항로조사 및 해양지명조사를 말한다.

⑨ "수로조사성과"란 수로조사를 통하여 얻은 최종 결과를 말하며, 수로조사 자료를 분석하여 얻은 예측정보를 포함한다.

⑩ "해양관측"이란 해양의 특성 및 그 변화를 과학적인 방법으로 관찰·측정하고 관련 정보를 수집하는 것을 말한다.

⑪ "항로조사"란 선박의 안전항해를 위하여 수로와 수로 주변의 항해목표물, 장애물, 항만시설, 선박편의시설, 항로 특이사항 및 유빙(流氷) 등에 관하여 조사하고, 관련 자료 또는 정보를 수집하는 것을 말한다.

⑫ "수로도지"란 다음 각 목의 도면을 말한다.

가. 항해용으로 사용되는 해도

나. 해양영토 관리, 해양경계 획정 등에 필요한 정보를 수록한 영해기점도

다. 연안정보를 수록한 연안특수도

라. 해저지형과 해저지질의 특성을 나타낸 해저지형도

마. 해저지층분포도, 지구자기도, 중력도 등 해양 기본도

바. 조류와 해류의 정보를 수록한 조류도 및 해류도

사. 해양재해를 줄이기 위한 해안침수 예상도

아. 그 밖에 수로조사성과를 수록한 각종 주제도

⑬ "수로서지(水路書誌)"란 다음 각 목의 서지류를 말한다.

가. 연안 및 주요 항만의 항해안전정보를 수록한 항로지

나. 주요 항만 등에 대한 조석 및 조류 자료를 수록한 조석표

다. 항로표지의 번호, 명칭, 위치, 등질, 등고, 광달거리 등을 수록한 등대표

라. 천문항해 시 원양에서 선박의 위치를 결정하는 데에 필요한 정보를 수록한 천측력

마. 해양위기 발생 시 선박의 안전에 관한 신호방법을 수록한 국제신호서

바. 주요 항 사이의 거리를 수록한 해상거리표

사. 그 밖에 수로조사성과를 수록한 각종 서지류

⑭ "수로도서지"란 해양에 관한 각종 정보와 그 밖에 이와 관련된 사항을 수록한 인쇄물과 수치제작물(해양에 관한 여러 정보를 수치화한 후 정보처리시스템에서 사용할 수 있도록 제작한 것을 말한다.

⑮ "항행통보"란 해양수산부장관이 수로도서지의 수정, 항해에 필요한 경고, 그 밖에 해상교통안전과 관련된 사항을 해양수산부령으로 정하는 바에 따라 항해자 등 관련 정보가 필요한 자에게 제공하는 인쇄물과 수치제작물을 말한다.

⑯ "해양지명"이란 자연적으로 형성된 해양·해협·만·포 및 수로 등의 이름과 초·퇴·해저협곡·해저분지·해저산·해저산맥·해령·해구 등 해저지형의 이름을 말한다.

3) 수로조사

해양수산부장관은 다음 각 호의 사항이 포함된 수로조사기본계획을 5년마다 수립하여야 한다.

① 수로조사에 관한 기본 구상 및 추진 전략

② 수로조사에 관한 기술연구

③ 수로도서지의 간행 및 보급에 관한 사항

④ 수로조사의 구역과 내용

⑤ 수로조사에 관한 장기 투자계획

⑥ 조사용 선박의 건조(建造), 해양관측시설의 설치·운영 등에 관한 사항

⑦ 수로조사의 국제협력에 관한 사항

⑧ 수로조사에 관한 기술교육 및 인력 양성에 관한 사항

⑨ 그 밖에 수로조사를 위하여 필요한 사항

또한 해양수산부장관은 제1항에 따른 수로조사기본계획에 따라 연도별 시행계획을 수립·시행하여야 한다.

해양수산부장관은 수로조사기본계획 및 연도별 시행계획에 따라 선박, 부표(浮標), 관측시설, 위성 등을 이용하여 다음의 수로조사를 하여야 한다.

① 항해의 안전을 위한 항만, 항로, 어항 등의 수로측량과 항로조사

② 국가 간 해양경계 획정을 위하여 필요한 수로조사

③ 조석, 조류, 해류, 해양기상 등 해양현상에 관한 자료를 수집하기 위한 관측

④ 관할 해역에 관한 지구물리적 기초자료 수집을 위한 탐사

⑤ 해양의 보전 및 이용에 관한 조사

또한 해양수산부장관이 발행한 수로도서지의 내용을 변경하게 하는 행위로서 다음 각 호의 어느 하나에 해당하는 행위를 하는 자는 그 공사 등을 끝내면 수로조사를 하여야 한다. 다만, 대통령령으로 정하는 규모 이하 공사 등의 경우에는 그러하지 아니하다.

① 항만공사(어항공사를 포함한다.) 또는 항로준설

② 해저에서 흙, 모래, 광물 등의 채취

③ 바다에 흙, 모래, 준설토 등을 버리는 행위

④ 매립, 방파제·인공안벽의 설치나 철거 등으로 기존 해안선이 변경되는 공사

⑤ 해양에서 인공어초 등 구조물의 설치 또는 투입

⑥ 항로상의 교량 및 공중 전선 등의 설치 또는 변경

또한 다음의 어느 하나에 해당하는 자는 해양수산부령으로 정하는 바에 따라 해양수산부장관에게 신고하여야 한다.

① 상기에 따라 수로조사를 하려는 자

② 해양수산부장관에게 수로도서지의 제작 또는 변경을 요청하기 위하여 수로조사를 하려는 자, 또한 선박을 사용하여 수로조사를 하는 자는 수로조사에 사용되는 선박에 해양수산부령으로 정하는 표지를 달아야 한다.

수로조사를 한 자는 그 수로조사성과를 지체 없이 해양수산부장관에게 제출하여야 하며, 해양수산부장관은 제1항에 따라 수로조사성과를 받았으면 지체 없이 그 내용을 심사하여 심사 결과를 제1항에 따른 제출자에게 알려야 한다. 또한 해양수산부장관은 제2항에 따른 심사 결과 수로조사성과가 적합하다고 인정되면 대통령령으로 정하는 바에 따라 그 수로조사성과를 항행통보 및 수로도서지에 게재하여야 한다. 수로기술자는 다음 중의 어느 하나에 해당하는 자로서 대통령령으로 정하는 자격기준에 해당하는 자이어야 하며, 대통령령으로 정하는 바에 따라 그 등급을 나눌 수 있다.

① 「국가기술자격법」에 따른 해양, 해양환경, 해양공학, 해양자원개발, 측량 및 지형공간정보 분야의 기술자격 취득자

② 해양, 해양환경, 해양공학, 해양자원개발, 측량 및 지형공간정보 분야의 일정한 학력 또는 경력을 가진 자

③ 국제수로기구가 인정하는 수로측량사 자격 취득자

수로조사업 또는 해도제작업, 그 밖에 대통령령으로 정하는 사업(이하 "수로사업"이라 한다.)을

하려는 자는 해양수산부장관에게 등록하여야 하며, 수로사업을 등록하려면 업종별로 대통령령으로 정하는 기술인력·시설·장비 등의 등록기준을 갖추어야 한다.

해양수산부장관은 수로사업의 등록을 한 자(이하 "수로사업자"라 한다.)에게 수로사업등록증 및 수로사업등록수첩을 발급하여야 한다. 수로사업자는 등록사항이 변경된 경우에는 해양수산부장관에게 신고하여야 한다.

수로사업의 등록, 등록사항의 변경신고, 수로사업등록증 및 수로사업등록수첩의 발급절차 등에 필요한 사항은 대통령령으로 정한다.

2.3 해양과학조사법

1) 목적

해양과학조사법은 외국인 또는 국제기구가 실시하는 해양과학조사의 절차를 정하고, 대한민국 국민, 외국인 또는 국제기구가 실시한 해양과학조사의 결과물인 조사자료의 효율적 관리 및 공개를 통하여 해양과학기술의 진흥에 이바지함을 목적으로 한다.

2) 정의

① "해양과학조사"란 해양의 자연현상을 연구하고 밝히기 위하여 해저면·하층토·상부수역 및 인접대기를 대상으로 하는 조사 또는 탐사 등의 행위를 말한다.

② "외국인"이란 다음 각 목의 어느 하나에 해당하는 자를 말한다.

가. 대한민국 국적을 가지지 아니한 사람(「국적법」에 따른 복수국적자를 포함 한다.)

나. 외국의 법률에 따라 설립된 법인(제3호 나목 단서에 따른 법인을 포함한다.)

다. 외국정부

③ "대한민국 국민"이란 다음 각 목의 어느 하나에 해당하는 자를 말한다.

가. 대한민국 국적을 가진 사람(「국적법」에 따른 복수국적자는 제외한다.)

나. 대한민국 법률에 따라 설립된 법인. 다만, 외국에 본점 또는 주된 사무소가 있는 법인이나 그 법인의 주식 또는 지분의 2분의 1 이상을 외국인이 소유하고 있는 법인은 제외한다.

④ "관할해역"이란 다음 각 목의 어느 하나에 해당하는 해역을 말한다.

가. 「영해 및 접속수역법」에 따른 내수 및 영해

나. 「배타적 경제수역법」에 따른 배타적 경제수역

다. 대한민국이 주권적 권리 및 관할권을 행사하는 대륙붕

⑤ "조사자료"란 해양과학조사를 통하여 얻은 기초자료 및 시료를 말한다.

⑥ "기초자료"란 현장에서 얻은 자료 중 이용자가 보편적으로 사용할 수 있도록 정리된 자료와 그 자료를 해석·평가하는 데에 필수적인 관련 정보를 말한다.

3) 해양과학조사 실시 원칙

외국인 또는 국제기구(이하 "외국인 등"이라 한다.)가 해양과학조사를 실시하는 경우에는 다음의 원칙에 따른다.

① 평화적 목적을 위해서만 실시할 것

② 해양에 대한 다른 적법한 이용을 부당하게 방해하지 아니할 것

③ 해양과학조사와 관련된 국제협약에 합치되는 과학적인 방식 또는 수단으로 실시할 것

④ 해양환경의 보호 및 보전을 위한 관련 국제협약에 위배되지 아니할 것 등

4) 영해에서의 해양과학조사에 대한 허가

대한민국의 영해에서 해양과학조사를 실시하려는 외국인 등은 해양수산부장관의 허가를 받아야 하며, 이러한 허가를 받으려는 외국인 등은 해양과학조사 실시 예정일 6개월 전까지 대통령령으로 정하는 사항이 포함된 조사계획서(이하 "조사계획서"라 한다.)를 외교부장관을 거쳐 해양수산부장관에게 제출하여야 한다.

해양수산부장관은 제2항에 따라 허가 신청을 받은 경우에는 관계 중앙행정기관의 장과 협의하여 그 신청일부터 4개월 이내에 허가 여부를 결정하고, 지체 없이 그 결정 사항을 신청인에게 알려야 한다.

5) 배타적 경제수역 또는 대륙붕에서의 해양과학조사에 대한 동의

대한민국의 배타적 경제수역 또는 대륙붕에서 해양과학조사를 실시하려는 외국인 등은 해양수산부장관의 동의를 받아야 하며, 이에 따른 동의를 받으려는 외국인 등은 해양과학조사 실시 예정

일 6개월 전까지 조사계획서를 외교부장관을 거쳐 해양수산부장관에게 제출하여야 한다.

해양수산부장관은 제2항에 따라 동의 신청을 받은 경우에는 관계 중앙행정기관의 장과 협의하여 그 신청일부터 4개월 이내에 동의 여부를 결정하고, 지체 없이 그 결정 사항을 신청인에게 알려야 한다. 또한 해양수산부장관은 다음 각 호의 어느 하나에 해당하는 경우에는 제1항에 따른 동의를 거부할 수 있다.

① 조사계획서의 내용이 대한민국 국민 또는 대한민국 국가기관(이하 "국민 등"이라 한다.)이 수행하는 해양자원의 탐사 및 개발에 직접적인 영향을 미치는 경우

② 조사계획서의 내용에 대륙붕의 굴착, 폭발물의 사용 또는 해양환경에 유해할 물질의 투입에 관한 사항이 포함된 경우

③ 조사계획서의 내용에 인공섬, 설비 또는 구조물을 건조(建造)하여 사용·운용하는 사항이 포함된 경우

④ 조사계획서의 내용이 불명확하거나 관련 국내법 또는 국제협약에 위배되는 경우

⑤ 국민 등의 해양과학조사를 정당한 이유 없이 거부한 국가의 국가기관 또는 국민이 조사계획서를 제출하는 경우

⑥ 조사계획서의 내용이 제4조에 따른 해양과학조사 실시 원칙에 위배되는 경우

⑦ 해양과학조사의 동의 신청을 한 외국인 등이 이 법에 따라 실시한 다른 해양과학조사와 관련하여 대한민국에 대한 의무를 이행하지 아니하는 경우

6) 해양과학조사의 정지 및 중지

해양수산부장관은 다음 중의 어느 하나에 해당하는 경우에는 외국인 등의 해양과학조사를 정지시킬 수 있다. 다만, 정지의 사유가 해소된 경우에는 해양과학조사를 다시 시작하도록 할 수 있다.

① 해양과학조사가 조사계획서에 따라 실시되고 있지 아니한 경우

② 외국인 등이 제10조 제1항 제1호 및 제5호부터 제7호까지의 규정에 따른 의무를 이행하지 아니한 경우

③ 국방부장관이 군작전 수행을 위하여 해양수산부장관에게 해양과학조사의 정지를 요청하는 경우

또한 해양수산부장관은 외국인 등의 해양과학조사가 다음 각 호의 어느 하나에 해당하는 경우에는 해양과학조사를 중지시킬 수 있다.

① 해양과학조사가 규정에 따른 허가 또는 동의의 범위를 벗어나서 이루어지는 등 대통령령으로

정하는 중대한 사유가 발생한 경우

② 상기에 따른 의무 불이행에 대하여 해양수산부장관이 정하는 시정기간 이내에 시정되지 아니한 경우

③ 관계 중앙행정기관의 장이 대한민국의 평화·질서유지 및 안전보장을 이유로 해양수산부장관에게 해양과학조사의 중지를 요청한 경우

7) 대한민국 국민의 해양과학조사

정부는 다른 법률에 특별한 규정이 있는 경우를 제외하고는 대한민국 국민이 해양과학조사를 자유롭게 실시할 수 있도록 보장하고 적극 장려하여야 한다. 해양수산부장관은 해양과학기술의 진흥을 위하여 조사자료의 공개 및 제공이 원활히 이루어질 수 있도록 필요한 지원조치를 마련하여야 한다.

국가기관 또는 지방자치단체(이하 "국가기관 등"이라 한다.)의 장 및 대통령령으로 정하는 법인의 대표자는 국가기관 등의 예산으로 실시한 해양과학조사로 얻은 조사자료를 성실히 관리하여야 한다. 다만, 필요하다고 인정하는 경우에는 조사자료의 관리를 제22조에 따른 관리기관에 위탁할 수 있다. 국가기관 등의 장 및 법인의 대표자는 조사자료를 공개하고, 이용자가 기초자료의 제공을 요청할 때에는 그 자료를 제공하여야 한다. 이 경우 기초자료의 제공에 필요한 비용은 이용자에게 부담하게 할 수 있다.

2.4 해양환경관리법

1) 목적

이 법은 해양환경의 보전 및 관리에 관한 국민의 의무와 국가의 책무를 명확히 하고 해양환경의 보전을 위한 기본사항을 정함으로써 해양환경의 훼손 또는 해양오염으로 인한 위해를 예방하고 깨끗하고 안전한 해양환경을 조성하여 국민의 삶의 질을 높이는 데 이바지함을 목적으로 한다.

2) 정의

① "해양환경"이라 함은 해양에 서식하는 생물체와 이를 둘러싸고 있는 해양수(海洋水)·해양지(海洋地)·해양대기(海洋大氣) 등 비생물적 환경 및 해양에서의 인간의 행동양식을 포함하는 것으로서 해양의 자연 및 생활상태를 말한다.

② "해양오염"이라 함은 해양에 유입되거나 해양에서 발생되는 물질 또는 에너지로 인하여 해양환경에 해로운 결과를 미치거나 미칠 우려가 있는 상태를 말한다.

③ "배출"이라 함은 오염물질 등을 유출(流出)·투기(投棄)하거나 오염물질 등이 누출(漏出)·용출(溶出)되는 것을 말한다. 다만, 해양오염의 감경·방지 또는 제거를 위한 학술목적의 조사·연구의 실시로 인한 유출·투기 또는 누출·용출을 제외한다.

④ "폐기물"이라 함은 해양에 배출되는 경우 그 상태로는 쓸 수 없게 되는 물질로서 해양환경에 해로운 결과를 미치거나 미칠 우려가 있는 물질(제5호·제7호·제8호에 해당하는 물질을 제외한다)을 말한다.

⑤ "기름"이라 함은 「석유 및 석유대체연료 사업법」에 따른 원유 및 석유제품(석유가스를 제외한다.)과 이들을 함유하고 있는 액체상태의 유성혼합물(이하 "액상유성혼합물"이라 한다.) 및 폐유를 말한다.

⑥ "밸러스트수"라 함은 선박의 중심을 잡기 위하여 선박에 싣는 물을 말한다.

⑦ "유해액체물질"이라 함은 해양환경에 해로운 결과를 미치거나 미칠 우려가 있는 액체물질(기름을 제외한다.)과 그 물질이 함유된 혼합 액체물질로서 해양수산부령이 정하는 것을 말한다.

⑧ "포장유해물질"이라 함은 포장된 형태로 선박에 의하여 운송되는 유해물질 중 해양에 배출되는 경우 해양환경에 해로운 결과를 미치거나 미칠 우려가 있는 물질로서 해양수산부령이 정하는 것을 말한다.

⑨ "유해방오도료(有害防汚塗料)"라 함은 생물체의 부착을 제한·방지하기 위하여 선박 또는 해양시설 등에 사용하는 도료(이하 "방오도료"라 한다.) 중 유기주석 성분 등 생물체의 파괴작용을 하는 성분이 포함된 것으로서 해양수산부령이 정하는 것을 말한다.

⑩ "잔류성유기오염물질(殘留性有機汚染物質)"이라 함은 해양에 유입되어 생물체에 농축되는 경우 장기간 지속적으로 급성·만성의 독성(毒性) 또는 발암성(發癌性)을 야기하는 화학물질로서 해양수산부령이 정하는 것을 말한다.

⑪ "오염물질"이라 함은 해양에 유입 또는 해양으로 배출되어 해양환경에 해로운 결과를 미치거나 미칠 우려가 있는 폐기물·기름·유해액체물질 및 포장유해물질을 말한다.

⑫ "오존층파괴물질"이라 함은 「오존층 보호를 위한 특정물질의 제조규제 등에 관한 법률」제2조 제1호에 해당하는 물질을 말한다.

⑬ "대기오염물질"이란 오존층파괴물질, 휘발성유기화합물과 「대기환경보전법」 제2조 제1호의 대기오염물질 및 같은 조 제3호의 온실가스 중 이산화탄소를 말한다.

⑭ "황산화물배출규제해역"이라 함은 황산화물에 따른 대기오염 및 이로 인한 육상과 해상에 미치는 악영향을 방지하기 위하여 선박으로부터의 황산화물 배출을 특별히 규제하는 조치가 필요한 해역으로서 해양수산부령이 정하는 해역을 말한다.

⑮ "휘발성유기화합물"이라 함은 탄화수소류 중 기름 및 유해액체물질로서 「대기환경보전법」 제2조제10호에 해당하는 물질을 말한다.

⑯ "선박"이라 함은 수상(水上) 또는 수중(水中)에서 항해용으로 사용하거나 사용될 수 있는 것(선외기를 장착한 것을 포함한다) 및 해양수산부령이 정하는 고정식·부유식 시추선 및 플랫폼을 말한다.

⑰ "해양시설"이라 함은 해역(「항만법」 제2조제1호의 규정에 따른 항만을 포함한다. 이하 같다)의 안 또는 해역과 육지 사이에 연속하여 설치·배치하거나 투입되는 시설 또는 구조물로서 해양수산부령이 정하는 것을 말한다.

⑱ "선저폐수(船底廢水)"라 함은 선박의 밑바닥에 고인 액상유성혼합물을 말한다.

⑲ "항만관리청"이라 함은 「항만법」 제20조의 관리청, 「어촌·어항법」 제35조의 어항관리청 및 「항만공사법」에 따른 항만공사를 말한다.

⑳ "해역관리청"이란 「영해 및 접속수역법」에 따른 영해 및 내수의 경우에는 해당 광역시장·도지사 및 특별자치도지사(이하 "시·도지사"라 한다.)로 하며, 다음 각 목의 어느 하나에 해당하는 경우에는 해양수산부장관을 말한다.

가. 「배타적 경제수역법」 제2조의 규정에 따른 배타적 경제수역 및 대통령령이 정하는 해역

나. 대통령령이 정하는 항만 안의 해역

㉑ "선박에너지효율"이란 선박이 화물운송과 관련하여 사용한 에너지량을 이산화탄소 발생비율로 나타낸 것을 말한다.

㉒ "선박에너지효율설계지수"란 1톤의 화물을 1해리 운송할 때 배출되는 이산화탄소량을 해양수산부장관이 정하여 고시하는 방법에 따라 계산한 선박에너지효율을 나타내는 지표를 말한다.

3) 적용범위

이 법은 다음 각 호의 해역·수역·구역 및 선박·해양시설 등에서의 해양환경관리에 관하여 적용한다. 다만, 방사성물질과 관련한 해양환경관리 및 해양오염방지에 대하여는 「원자력안전법」이 정하는 바에 따른다.
　①「영해 및 접속수역법」에 따른 영해 및 대통령령이 정하는 해역
　②「배타적 경제수역법」 제2조의 규정에 따른 배타적 경제수역
　③ 제15조의 규정에 따른 환경관리해역
　④「해저광물자원 개발법」 제3조의 규정에 따라 지정된 해저광구

4) 국가의 책무 등

국가와 지방자치단체는 해양오염으로 인한 위해(危害)를 예방하고 훼손된 해양환경을 복원하는 등 해양환경의 적정한 보전·관리에 필요한 시책을 수립·시행하여야 한다. 해양에서의 개발·이용행위 등 해양환경에 영향을 미치는 행위 또는 사업을 행하는 자는 해양오염 및 해양환경의 훼손을 최소화하도록 필요한 조치를 하여야 한다.
모든 국민은 건강하고 쾌적한 해양환경에서 생활할 권리를 가지며, 국가와 지방자치단체가 시행하는 해양환경의 보전·관리와 관련한 시책에 적극 협력하여야 한다.

참고문헌

김현수·이민효, 2015, 『국제법』, 연경문화사.

김현수, 2010, 『해양법총론』, 청목.

Brownlie, I.(ed.), 1983, *Basic Documents in International Law*, Oxford University Press.

Pak, C.Y., 1988, *The Korea Straits*, Martinus Nijhoff.

Poulantzas, N.M., 1969, *The Right of Hot Pursuit in International Law*, Martinus Nijhoff.

United Nations, 1983, *The Law of the Sea, United Nations Convention on the Law of the Sea*, United Nations.

찾아보기

김영배

서울시립대학교 공간정보공학과에서 석사학위를 취득하였다. 해양수산부 국립해양조사원에서 2012년까지 해양 과장, 측량과장 등을 역임하고, 2014년까지 한국해양조사협회 이사장으로 재직하였으며, 이후 한국수로학회 이 사로 활동한 바 있다. 2015년부터 한국해양조사협회가 주관하는 수로기술 기본교육의 해도제작 분야 강의를 담 당하고 있다.

김종인

일본오사카대학교 토목공학과에서 박사학위를 취득하였다. 1998년부터 4년간 부경대학교 해양공학과에서 강의 하였으며, 2002년부터 (주)지오시스템리서치에서 해양조사를 담당하였다. 현재는 (주)에스엠오션의 대표자로서 해양조사 및 해양수치모델링 관련 업무를 수행 중에 있다. 국가직무능력표준 해양관측 분야 개발위원으로 활동한 바 있으며, 한국수로학회 편집위원을 역임하고 있다.

김현수

영국웨일스대학교에서 박사학위를 취득하였다. 현재 인하대학교 법학전문대학원에서 교수로 재직하면서 학생 지원처장직을 수행하고 있다. 국제수로기구 산하 해양법자문위원회(IHO ABLOS) 위원, 국민안전처·해경·외교 부 정책자문위원, 국가지명위원회위원, 중국우한대학교 초빙 교수로 활동하고 있다. 지은 책으로는 『해양법총론』 (2010) 외 다수가 있다.

박요섭

인하대학교 자동화공학과에서 박사학위를 취득하였다. 남태평양 지구과학위원회(South Pacific GeoSciecne Commission, SOPAC)에서 수로측량 기술지도위원(Technical Advisor)을 역임하였으며, 한국수로학회 편집이사 로 활동하고 있다. 현재, 한국해양과학기술원 책임기술원으로 재직하고 있다.

서영교

부경대학교에서 박사학위를 취득하였다. 2003년부터 지마텍(주) 대표이사로 재직하면서 부경대학교 에너지자원 공학과에서 해양지질 및 해양탐사 분야의 강의를 하고 있다. 고용노동부 국가기술자격 정책심의위원회 위원으로 활동하고 있다. 지은 책으로는 『실무자를 위한 고해상 해양 지구물리탐사』(2012) 외가 있다.

오세웅

한국해양대학교에서 박사학위를 취득하였다. 2008년부터 한국해양과학기술원 부설 선박해양플랜트연구소 해양안전연구부에서 선임연구원으로 재직하고 있다. 한국항해항만학회, 해양환경안전학회, 수로학회에서 학술 활동을 하고 있으며, 국제수로기구(IHO), 국제항로표지협회(IALA), 동아시아 지역수로위원회(EAHC)의 국제회의에 참여하여 차세대 수로정보 및 해사안전 분야 정보표준 개발에 참여하였다. 차세대 수로정보 표준, S-100 기반 항해지원 시스템, 한국형 e-내비게이션 서비스 기술 개발 등에 관심이 있다.

유동근

충남대학교에서 박사학위를 취득하였다. 현재 한국지질자원연구원 석유해저연구본부에서 근무하고 있으며 과학기술연합대학원대학교(UST) 석유자원공학과에서 강의하고 있다.

윤창범

한국해양대학교 해양공학과를 졸업하였다. 2010년부터 2013년까지 한국폴리텍대학 산업잠수공학과에서 해양측량에 관하여 강의하였으며 현재 주식회사 더모스트의 대표이사로 재직하고 있다.

장은미

미국 캔사스대학교 지리학과에서 박사학위를 취득하였다. 삼성에스디에스 및 여러 중소기업에서 일하였으며, 현재는 (주)지인컨설팅 대표이사로 재직하면서 서울시립대 공간정보학과 겸임교수로 일하고 있다. GIS 표준 개발과 실무 적용에 노력을 해 왔으며, 격자형 자료를 활용한 모델링, 방재 GIS, 지명 연구에 관심이 있다.

장태수

독일브레멘대학교에서 박사학위를 취득하였다. 2006년부터 2016년까지 한국지질자원연구원의 책임연구원으로 근무하면서 관할해역 대륙붕에서 연안에 이르는 해저지질 관련 연구를 수행하였다. 2016년부터 한국해양대학교 해양환경학과 부교수로 재직하면서 해양지질, 연안퇴적환경 관련 과목을 강의하고 있다. 현재 Geo-Marine Letters, Geosciences Journal, 『한국지구과학회지』 편집위원으로 활동하고 있다. 지은 책으로는 『동해 연안지질 여행』(공저, 2015)이 있으며, 다수의 국제학술논문이 있다.

최윤수

수로측량 및 해양공간정보 전문가로 성균관대학교에서 박사학위를 취득하였다. 2001년부터 서울시립대학교 공간정보공학과에서 교수로 재직하고 있다. 한국공간정보학회 회장과 한국측량학회 부회장을 역임하였다. 지은 책으로는 『항공레이저측량 기초와 응용』(공저,2009), 『방재지도의 기초와 응용』(공역,2007), 『신GPS측량의 기초』(공역,2005), 『측량용어사전』(공저,2003), 『한국토목사』(공저,2001), 『토목공학개론』(공저,1996) 등이 있다.